3판

급식·외식관리자를 위한

HACCP 이론 및 실무

저자 소개

배현주
대구대학교 식품영양학과 교수 (이학박사)

백재은
부천대학교 식품영양학과 교수 (이학박사)

주나미
숙명여자대학교 식품영양학과 교수 (이학박사)

윤지영
숙명여자대학교 문화관광학전공 교수 (외식급식경영학박사)

이혜연
한국식품안전관리인증원 인증심사본부 심사관 (이학박사)

3판 급식·외식관리자를 위한
HACCP 이론 및 실무

초판 발행 2012년 9월 6일 | **2판 발행** 2017년 2월 27일
3판 발행 2023년 8월 25일

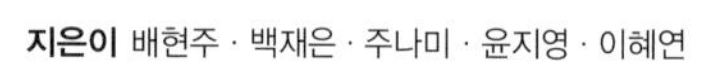

지은이 배현주 · 백재은 · 주나미 · 윤지영 · 이혜연
펴낸이 류원식
펴낸곳 교문사

편집팀장 성혜진 | **책임진행** 전보배 | **디자인** 신나리 | **본문편집** 우은영

주소 10881, 경기도 파주시 문발로 116
대표전화 031-955-6111 | **팩스** 031-955-0955
홈페이지 www.gyomoon.com | **이메일** genie@gyomoon.com
등록번호 1968.10.28. 제406-2006-000035호

ISBN 978-89-363-2520-6 (93590)
정가 26,000원

잘못된 책은 바꿔 드립니다.

HACCP

Principles and Applications

3판

급식·외식관리자를 위한

HACCP 이론 및 실무

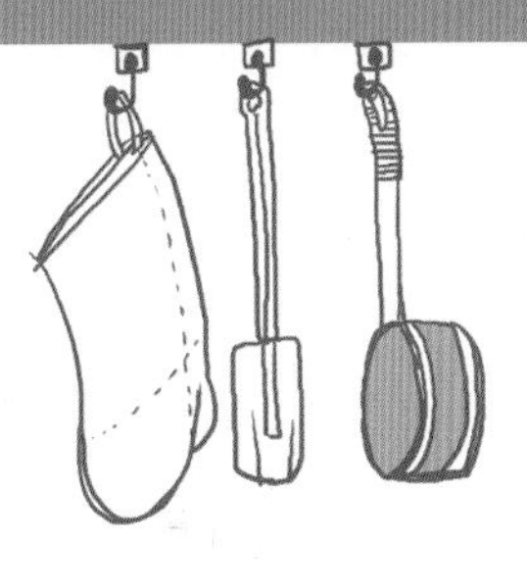

배현주 · 백재은 · 주나미 · 윤지영 · 이혜연 지음

교문사

우리나라 국민의 25% 이상이 하루 한 끼는 급식소를 이용하고 있는 것으로 추정하고 있고, 최근 설문조사 결과에 따르면 국내 소비자의 90%가 외식업체에서 식사한 경험이 있다고 했다. 급식 · 외식업소의 이용이 꾸준히 증가하는 상황에서 최근 5년간의 우리나라 식중독 발생 통계에 의하면 급식 · 외식업소에서의 식중독 발생 건수는 전체의 80.7%, 발생 환자 수는 전체의 76.2%로, 다른 원인시설에 비해 매우 높은 비중을 차지하고 있다. 이에 급식 · 외식의 질 개선을 통해 국민건강증진에 기여하기 위해서는 급식 · 외식업소에서의 식중독 저감화를 위한 지속적인 위생관리의 개선이 요구되고 있다.

1995년 12월 식품위생법에 HACCP의 개념이 처음 도입된 이후 식품제조 · 가공업뿐만 아니라 급식 · 외식업 전반에 걸쳐 HACCP이 적용되어 2023년 상반기 기준으로 전국적으로 총 10,500곳이 운영되고 있다. 이에 산업현장의 HACCP관리자와 식품위생과 HACCP을 공부하는 전공생들에게 도움을 주고자 2020년에 2판을 발간한 이후 국내 · 외 위생관리 법령과 지침 등이 변경된 부분을 반영하여 3판을 새롭게 출간하게 되었다.

이 책은 HACCP 이론 편과 HACCP 실무 편, 총 2부로 구성하였다. 1부 HACCP 이론 편에는 최근 변경된 식품위생행정체계와 변경된 관련 법령, 최근 식중독 발생 동향 분석, 선행요건관리와 HACCP관리의 평가기준 중 변경 내용과 변화된 HACCP인증 동향 등을 추가로 수록하였고, 2부 HACCP 실무 편에는 2021년 개정된 학교급식 위생관리 지침서 제5판의 내용을 반영하여 HACCP 7원칙 12절차의 각 단계별로 급식 · 외식관리자가 수행해야 할 직무와 적절한 수행 예시를 함께 수록하였다.

앞으로도 이 책이 산업현장의 HACCP 관리자와 급식 · 외식업 HACCP 관리자로 활동하기를 희망하는 전공생들에게 「HACCP관리 지침서」로 널리 활용될 수 있기를 바란다. 마지막으로 3판이 출판되기까지 많은 지원과 수고를 해주신 교문사 대표님과 직원 여러분께 감사의 마음을 전한다.

2023년 8월

저자 일동

최근 사회 · 경제적인 변화와 더불어 지속적으로 성장하고 있는 급식 · 외식산업 규모를 살펴보면, 급식소는 2005년 말 기준으로 25,646개소였던 것이 2010년에는 38,992개소로 5년간 약 52%가량 증가하였고, 전 국민의 25% 이상이 하루 한 끼는 단체급식을 이용하는 것으로 추정하고 있다. 종업원 10인 이상 외식업소도 2005년 46,252개소에서 2010년에는 67,565개소로 5년간 약 46% 정도 증가하였고 매출액도 총 68조원으로 10년 전에 비해 2배가량 성장하였다.

그러나 이와 같은 급식 · 외식산업의 양적 성장에 비해 고객의 기대를 충족시켜 줄 수 있는 질적 성장은 여전히 미흡한 실정이다. 통계청 자료에 의하면 다른 나라에 비해 우리나라 국민의 식품안전에 대한 기대치는 높으나 식품안전에 대한 신뢰도는 낮다고 한다. 또한 여러 연구결과에 따르면 국민들은 식품구매 시에도 안전성을 최우선으로 고려하고 있으며, 급식 · 외식업소에서 제공하는 음식에 대해서도 위생품질에 대한 관심이 가장 높은 것으로 조사되었다. 그러나 2011년 기준 식중독 발생현황을 살펴보면 급식소에서 총 40건, 외식업소에서 총 117건이 발생하여 전체 식중독 발생 건수 중 불명인 경우를 제외하고 약 79.3%가 급식 · 외식업소에서 발생했다. 이에 관련 당국에서는 식품위생 행정관리 체계를 새롭게 개편하고 여러 가지 식품안전관리 대책 중 가장 효과적이라고 전 세계적으로 인정받고 있는 HACCP 제도를 적극적으로 적용하고자 다양한 지원정책을 도입하고 있다.

우리나라에서는 1995년 12월 식품위생법에 HACCP의 개념이 처음 도입된 이후로 식품산업 전반에 걸쳐 HACCP이 단계적으로 적용되어 왔고, 2000년 10월에는 집단급식소, 식품접객업소, 도시락제조 · 가공업소용 HACCP 관리기준이 마련되었다. 그러나 급식 · 외식업소에서 HACCP을 도입하고자 할 때 예산 부족뿐만 아니라 HACCP 운영을 담당할 전문인력 부족과 효과적인 위생교육 프로그램의 부재 등으로 어려움을 겪고 있다. 특히 성공적인 HACCP 적용을 위해서는 전 종사원의 전사적인 참여가 필요하며 그중에서도 HACCP팀장으로서 급식 · 외식관리자의 역할은 매우 중요하다. 따라서 급식소나 외식업소의 관리자가 되기를 희망하는 학생뿐만 아니라 현재 산업현장에서 근무하고 있는 관리자가 HACCP 도입 시 원활하게 업무를 수행할 수 있도록 도움을 주고자 이 책을 집필하게 되었다.

전체적인 책의 구성은 식품위생과 HACCP 관련 이론을 숙지한 후에 HACCP 실무를 학습할 수 있도록 HACCP 이론 편과 HACCP 실무 편의 총 2부로 하였다. 제1부 HACCP 이론 편에서는 HACCP의 역사와 각국의 위생관리체계, 주요 식중독균의 특성과 최근 발생동향, 식중독균 성장에 영향을 미치는 요인을 살펴보고 급식 · 외식업소에 적용되는 선행요건프로그램의 구체적인 수행방법과 개선 사례를 첨부하여 이해를 돕고자 하였다. 급식소와 외식업소에서의 HACCP 적용과정의 특징을 설명하고 효과적인 적용 방법에 대해서 설명하였으며 위해분석과 검증과정에서 활용되는 미생물 실험에 대해서도 학습할 수 있도록 구성하였다. 제2부 HACCP 실무 편에서는 HACCP 7원칙 12절차의 각 단계별로 급식 · 외식관리자가 수행해야 할 역할을 설명하며 HACCP 관리계획을 수립하고 수행 · 유지해 나가기 위한 방법을 각 단계별 예시와 함께 제시하였다. 마지막 장에서는 선행요건프로그램과 HACCP 관리기준을 종사원이 잘 이해하고 실천할 수 있도록 교육 · 훈련시키는 방법에 대해서 산업 현장의 사례와 함께 자세히 다루었다.

이 책이 대학교에서는 HACCP 전문인력 양성을 위해, 산업체 현장에서는 관리자 교육을 위해 많이 활용되기를 바라면서 우수한 HACCP 전문인력의 양성을 통해 급식 · 외식업소의 HACCP 적용이 더욱 활성화될 수 있기를 기대해본다. 앞으로도 식품위생 · 안전관리에 대한 새로운 이슈들이 등장하고 관련 고시가 개정될 때마다 본 책의 내용을 지속적으로 개정해 나가는 노력을 게을리하지 않겠다.

마지막으로 이 책이 출판되기까지 많은 지원과 수고를 해주신 교문사 류제동 사장님과 교문사 편집부 직원 여러분께 다시 한 번 감사드리며 참고자료를 제공해주신 위탁급식업체와 비오메리으코리아 관계자, 김지해 선생님과 HACCP 지원사업단의 이혜연 선생과 이진향 선생에게도 감사의 마음을 전한다.

2012년 8월

저자 일동

차례

PART 1 HACCP 이론

1 HACCP 제도의 이해

2 식중독의 이해

7 HACCP 제도 도입 7원칙

8 급식 · 외식업소 종사원 위생교육 · 훈련

PART 1

HACCP 이론

CHAPTER 1 HACCP 제도의 이해

CHAPTER 2 식중독의 이해

CHAPTER 3 선행요건프로그램의 이해

CHAPTER 4 급식 · 외식산업과 HACCP 제도

CHAPTER 5 HACCP 관리를 위한 미생물 검사

1 HACCP 제도의 이해

학습목표

1. HACCP을 정의할 수 있다.
2. 각국의 HACCP과 위생관리체계를 이해할 수 있다.
3. 급식 · 외식업소 HACCP 인증절차를 이해할 수 있다.
4. 급식 · 외식업소 HACCP 도입의 필요성과 도입효과를 설명할 수 있다.
5. HACCP과 ISO 및 제조물책임법의 상관관계를 설명할 수 있다.

1. HACCP의 정의

식품 및 축산물 안전관리인증기준HACCP : Hazard Analysis and Critical Control Point이란 '식품 · 축산물의 원료관리, 제조 · 가공 · 조리 · 소분 · 유통 · 판매의 모든 과정에서 위해한 물질이 식품 또는 축산물에 섞이거나 식품 또는 축산물이 오염되는 것을 방지하기 위하여 각 과정의 위해요소를 확인 · 평가하여 중점적으로 관리하는 기준'을 말한다. 또한 유엔식량농업기구FAO : Food and Agricultural Organization United Nations와 세계보건기구WHO : World Health Organization가 공동으로 운영하는 국제식품규격위원회CAC : Codex Alimentarius Commission가 식품의 국제교역 촉진과 소비자의 건강보호를 목적으로 제정한 국제식품규격 Codex에 의하면, HACCP이란 '식품안전에 중대한 위해요소를 확인, 평가 및 관리하는 시스템'이다. 이와 같이 HACCP에 대한 여러 정의를 종합해 볼 때 HACCP은 최종 제품을 검사하여 안전성을 확보하는 개념이 아니라 식품의 생산 · 유통 · 소비의 전 과정을 지속적으로 관리하여 최종 생산되는 식품 또는 음식의 안전성을 확보하고 보증하는 예방 차원의 개념이라고 할 수 있다.

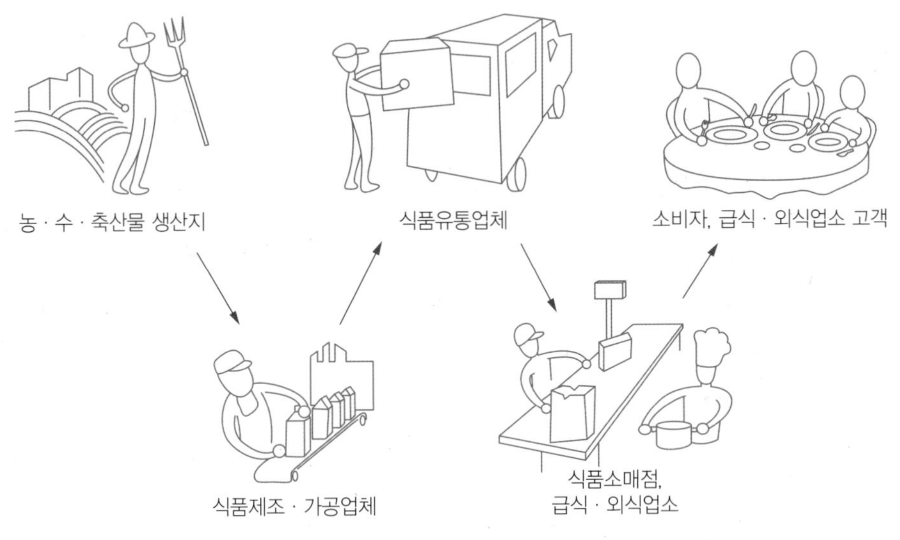

그림 1-1 **식품의 원료 · 생산 · 유통 · 소비단계의 식품안전성 확보**

〈그림 1-1〉과 같이 식품의 원료가 생산되는 단계에서부터 소비자의 식탁에 차려지기까지의 모든 과정에서 인간에게 위해가 되는 요소가 존재할 가능성이 있다. 이 모든 과정에서 HACCP이 적용되고 있으며, 이를 통해서 위해요소를 가장 효율적이고 안전하게 관리해 나가는 방법이 체계화되고 있다. 오늘날 HACCP은 식품제조 · 가공업소뿐만 아니라 직영 · 위탁급식소, 피자전문점, 뷔페레스토랑, 도시락 등 운반급식, 고속도로 휴게소 식당 등 다양한 유형의 급식 · 외식업소에서 최종 제품의 안전성을 확보하기 위해 적용되고 있다.

2. 식품위생과 HACCP 제도

세계보건기구에 의하면, 식품위생이란 '식품의 재배(생육), 생산, 제조로부터 최종적으로 사람에게 섭취될 때까지의 모든 단계에서 식품의 안전성Safety, 완전성Wholesomeness, 건전성Soundness을 확보하기 위해서 필요한 모든 수단과 방법'이다. 또한 식품위생법 제2조 제11호에서는 식품위생을 '식품, 식품첨가물, 기구 또는 용기 · 포장을 대상으로 하는 음식에 관한 위생'이라고 정의하고 있다.

식품의 위생관리는 식품의 안전성을 확보하기 위한 기본적인 수단이다. 그러나 최종 완제품이 만들어지기까지 원재료에 상존하는 위해hazard뿐만 아니라 각 단계에서 많은 종류의 기기를 사용하고 여러 사람의 손을 거치게 되므로 이 과정에서의 교차오염cross-contamination의 발생도 문제가 될 수 있다. 각종 위해를 위험risk 수준 이하로 감소시키거나 제거해 소비자가 안전한 식품을 섭취할 수 있도록 하기 위해서는 관련 업소 종사원의 식품위생관리시스템에 대한 올바른 이해와 정확한 실행 및 상호 협력이 필요하다.

식품위생관리의 주체는 행정기관과 민간부문으로 구분할 수 있다. 행정기관은 식품취급자와 소비자에 대한 보건교육, 위생 감시 및 지도, 유해 오염물질의 배출관리, 식품검사, 식품위생 관련 교육과 전문가 양성 및 위생관리를 위한 지원 등의 역할을 수행한다. 민간부문의 개인이나 회사는 영업장의 자율적 위생관리, 식품 관련 시설에 대한 보건대책, 소비단계에서의 식품 변질 방지대책, 유해식품의 감별대책 등 과학적 지식과 안전 식품을 선택하는 능력 등이 요구된다.

HACCP 제도는 이러한 식품위생관리를 위한 여러 노력 중 현재로서는 가장 체계화되어 있는 관리기법이라고 할 수 있다. HACCP 제도의 효율성이 국제적으로 인정받고 있으므로 우리나라 행정기관에서는 민간부문에서 HACCP 제도를 하루빨리 도입할 수 있도록 여러 측면에서 지원하고 있고, 식품산업분야의 특성을 고려하여 각 업종에 HACCP의 의무적용 또는 자율적용을 연차적으로 추진해 나가고 있다. 최근에는 식품 관련 업체에서도 HACCP 제도를 단순히 식품위생관리 개선을 위한 조치로서뿐 아니라, 경쟁력 있는 제품을 만들거나 국제무역에서의 장애요인을 제거하기 위한 품질관리기법으로 받아들이면서 효율적 품질경영관리를 위한 필수 요소로 인식하고 있다.

기존 식품의 안전성 검사방법과 HACCP 제도를 비교해 보면, HACCP 제도는 식품의 위생관리에 필요한 특정 규격이나 기준이라기보다는 효율적인 식품 위생관리를 할 수 있는 총체적인 시스템의 기획 및 이행을 의미한다는 것을 알 수 있다. 전통적인 식품위생 검사방식은 최종 제품에 대한 안전성 검사에 초점을 맞춘 것이거나 이를 보완하여 생산 중에 공정별로 생산된 것을 검사하는 것이다. 이렇게 완성된 제품 또는 중간 단계의 공정별 제품을 검사하는 경우 전수조사total inspection보다는 흔히 샘플링sampling 방식을 취한다. 이 경우에는 전 제품에 대한 안전성을 확신하는 데 문제가 있다. 또한 제품의 품질을 확인하기 위해 관능검사뿐만 아니라 이화학적 검사, 미생물 검사 등을 실시하고 그 결과를 얻기까지 일정 시간이 소요되므로 이 결과를 현장의 생산과정에 반영하기까지는 시차가 발생한다. 한편, 이미 출고되어 유통되고 있는 제품에서 문제가 발견되면 해당 제품을 회수하여 폐기해야 할 뿐만 아니라 소비자에게 그로 인한 손해를 배상해야 하는 등 경제적 측면에서도 큰 손실이 발생하기도 한다.

그러나 HACCP 제도는 식품의 제조 · 가공 · 조리 · 보관 · 유통의 전 과정을 실시간 모니터링하여 문제가 발생되면 현장에서 즉각적으로 개선조치 후 다음 단계로 이행하는 시스템이므로 기존의 전통적 제품검사방법의 단점을 극복할 수 있고 최종 제품의 불량률을 최소화할 수 있는 효과적인 위생 · 품질관리 방법이다.

3. 여러 나라의 위생관리체계와 HACCP 제도

1) 미 국

미국의 식품위생에 관련된 정부기관은 연방federal, 주state, 지방local 정부 등에 다양하고 복잡하게 구성되어 있으며 여러 식품 관련 협회도 식품위생관리와 관련하여 다양한 역할을 수행하고 있다.

미국의 PHSPublic Health Service에 속해 있는 FDAFood and Drug Administration, USDA U. S. Department of Agriculture, EPAEnvironmental Protection Agency 등과 같은 연방정부 기관에서는 식품위생관리표준을 마련하고 업무분장을 한다. 그 내용을 살펴보면 USDA는 축산물, FDA는 비축산물, EPA는 농약 관계 등을 주로 다루고 있다. 식품제조와 수입식품에 대해서는 FDA가 관여하는데, 특히 이 기관에서 제정한 GMPGood Manufacturing Practice 법규는 식품취급업소의 기본적인 위생관리에 대해 규정하고 있다. 특히 PHS에서 FDA와 CDCCenters for Disease Control and Prevention는 위생과 관련된 법규와 규칙을 정하는 데 중요한 역할을 하는 곳이다. CDC는 식중독 발생보고와 식중독 예방에 관한 프로그램 개발과 교육 등을 담당하고 있다. USDA 산하의 FSISFood Safety and Inspection Service는 축산물의 위생상태, 제품의 라벨 등에 관여한다. EPA는 급식 · 외식업체의 환경과 관련된 부분, 특히 수질기준, 대기오염 상태,

소음, 쓰레기 처리, 해충관리 등을 담당한다.

식품업소에 대한 구체적인 규정은 주정부 보건국이 FDA의 GMP를 기초로 한 위생법규를 마련하여 각 지방정부가 위생법규를 채택할 것을 권장하고 있으며, 지방정부는 주정부의 법규를 그대로 채택하기도 하고 자체적으로 법규를 만들어 시행하기도 한다. 식품위생법의 집행은 지방정부가 책임을 지며, 지방정부가 감당하기 어려운 장소나 시설의 위생감시는 주정부가 관여한다. 주정부는 주로 식품제조 · 가공공장, 식품도매업, 지방정부에 속하지 않는 고속도로 휴게소의 음식점 등에 대해 허가 및 식품위생검사를 실시하고 지방정부에서 협조 요청을 하면 전문가를 파견한다. 한편 각 지방의 학교 · 병원 · 양로원 · 산업체 급식소 및 외식업소에 대해서는 지방정부가 허가 및 단속을 실시한다.

주요 식품위생관리 행정 사항은 급식시설공사 전의 시설 설계도면 검토, 정기 위생검사, 특별감사, 식품가검물 수거검사, 위생불량 급식소에 대한 행정조치, 식품위생교육, HACCP 제도의 권장 등이 있다. 정부기관뿐만 아니라 급식 · 외식업체에서도 자체적으로 위생수칙을 만들어 급식대상자(고객)에게 좀 더 위생적으로 안전한 음식을 제공하고자 노력하고 있다.

미국에서는 1960년대 말 우주개발계획을 추진하면서 우주식량의 안전성을 확보하기 위하여 우주식량 개발에 HACCP 제도를 성공적으로 적용한 이후 식품산업 전반에 걸쳐서 HACCP을 도입하기 시작했다. 1971년 미국 식품안전성학회에서 HACCP 개념을 최초로 공개하였으며, 1985년 전국과학아카데미NAS : National Academy of Science 산하의 '식품보호위원회'가 HACCP 제도의 유효성을 평가하고 식품업체에 대해 HACCP 채택을 권고하여 미국 식품업체가 HACCP의 도입을 논의하게 되었다. 이후 1987년 NAS의 권고에 따라 각 분야의 전문가로 구성된 '국립식품미생물기준자문위원회NACMCF : National Advisory Committee on Microbiological Criteria for Foods'가 설치되었고, 1989년 동 위원회는 HACCP의 7원칙이 포함된 지침을 발표했다.

한편, 미국 식약처FDA는 이미 1973년에 저산성 통조림 규정에 HACCP의 개념을 도입했고, 국내외 수산제품에 안전하고 위생적인 가공 및 수입 절차를 마련하여 1997년 이를 의무적용했다. 또한 1996년 미국 농무성 산하기관인 FSIS는 도축장, 식육처리장, 도계처리장, 식육식품 및 알 가공품 제조시설에 대하여 해당 분야에 맞게 개발된 HACCP 규정을 일정기간 시험 시행을 거친 다음 2001년 모든 식육, 가금육 공장에 HACCP을 의무적용했다.

미국에서는 각 분야별로 HACCP 제도가 개발 · 발전되어 나가면서, 수산제품용 HACCP, 축산제품용 HACCP, 식품가공용 HACCP, 주스제품용 HACCP, 소매업자용 HACCP, 낙농용 HACCP 등이 보급되었다. 이와 같이 미국의 HACCP 제도는 행정관청에 의하여 강제적으로 적용되기도 하고, 각종 관련 협회 등의 주도 아래 자발적으로 도입되기도 하였으며, 2011년 초부터 HACCP을 기반으로 한 위생관리를 통해 식품의 위해분석과 예방관리 계획 이행을 의무화한 식품안전현대화법FSMA : Food Safety Modernization Act을 시행하여 테러를 포함한 식품의 의도적 오염에 대한 위해요소 분석, 농산품의 생산 · 수확에 대한 과학적 기준, 피해 예방 등에 대한 정책을 수행하고 있다.

2) 캐나다

캐나다의 식품안전 관할 행정부서는 보건부Health Canada 건강제품 식품국Health products and Food Branch과 공중보건청Public Health Agency of Canada, 농무부Agriculture and Agri-Food Canada 식품검사청CFIA : Canadian Food Inspection Agency이 있다. 건강제품 식품국은 식품안전 및 영양 관련 정책을 관장하며, 공중보건청에서는 식중독 등 역학조사를 담당하고 있다. 식품검사청에서는 연방정부 차원의 모든 식품과 관련된 검사업무를 수행하며 보건부가 설정한 식품안전 및 영양품질 기준을 집행한다.

캐나다에서는 1990년대 초 농무성AC : Agriculture Canada에서 식품안전성강화계획에 따라 HACCP 제도의 적용을 권장하였다. 식품안전성 확보 지향 프로그램인 식품안전강화계획FSEP : Food Safety Enhancement Program은 식품검사청의 집행팀, 식품감시원 및 업체의 경영진과 실무자를 지원하기 위해 작성되었다. FSEP는 식품안전에 관한 정부의 정책과 의지를 소개하고 있고, 유제품, 가공 과실 및 채소, 란shell eggs, 가공란processed eggs, 벌꿀, 단풍 당maple syrup과 부화장 또는 사육장을 대상으로 HACCP 일반 모델 개발을 위한 내용, 선행요건프로그램과 평가방법, 개발된 HACCP 일반 모델의 적용방법, 식품위생 감시원의 감시지침을 수록하고 있으며 HACCP 수행이 용이하도록 식품군별로 작성된 매뉴얼이 포함되어 있다. 수산해양성DFO : Department of Fisheries and Oceans에서는 수산물 품질경영 프로그램QMP : Quality Management Program을 강제 시행해 왔다. 1997년 4월 이후 농무성 산하의 캐나다 식품검사청CFIA에서는 그간 부처별로 나누어 운영하던 품질경영프로그램QMP과 식품 안전성강화계획FSEP을 통합 관리하고 있다.

3) 일 본

일본 후생성에서는 1995년 5월 식품위생법을 개정하여 HACCP에 기초를 둔 '총합위생관리제조과정 승인제도'를 마련했으며, 1996년 이후 우유 · 유제품 및 식육제품, 레토르트파우치식품, 어육연제품, 가압 · 가열 살균식품인 통 · 병조림, 청량음료수 등에 대하여 승인제도의 형태로 운영하고 있다. 이 제도는 식품제조업자의 신청에 따라 HACCP에 의한 관리가 적절히 이루어지고 있는지 평가하여 승인해 주는 것으로, HACCP에 따라 최종제품이 적절히 관리되고 있으며 이제까지 일률적으로 규제되었던 제조기준을 반드시 따를 필요가 없다는 규제 완화의 측면도 고려한 제도이다.

그리고 도도부현, 정령 지정 도시 등이 식품 관련 사업자를 대상으로 HACCP 방식을 구축하는 자치단체 HACCP 인증도 있으며, 업계 단체가 HACCP 개념을 도입하여 업계 독자적으로 위생관리기준을 정하고 인증을 실시하는 것도 HACCP 지원법에 의해 인정하고 있다.

일본은 지난 1996년 5월 학교급식 식재납품에서 비롯된 *E. coli* O157:H7에 의한 사상 최대의 식중독 사고가 발생하자 이를 법정 감염병으로 지정하고, 농림수산성은 병원성 대장균에 의한 집단 식중독의 재발을 막기 위해 식품제조업과 수경재배농업, 축산업 등 식품 생산 현장에 HACCP 제도를 도입했다. 또한 1회 300식 이상 또는 1일 700식 이상의 대량 조리시설에 HACCP 제도 적용을 위한 'HACCP 개념에 근거한 대량 조리시설 위생관리 매뉴얼'을 개발해 1997년 3월부터 적용하고 있다.

4) 유럽연합

유럽연합EU은 모든 식품을 대상으로 HACCP에 기초한 '식품위생에 관한 지침93/43/EEC'을 제정하여 1995년 12월까지 EU회원국에서 HACCP의 적용을 법제화할 것을 규정하였다.

또한, 1991년 7월 '수산물의 생산 및 판매에 관한 위생조건Council Directive 91/493/EEC'을 제정하여 수산물에 대한 HACCP의 적용을 입법화하였으며, 1994년 5월 HACCP 시행을 위한 세부규칙Commission Decision 94/356/EEC을 각 회원국에 공포하였다. 이에 따라 1996년 10월 이후부터 EU 지역 내로 수입되는 모든 수산식품에 HACCP을 의무적용하였다. 2002년에는 유럽식품안전청EFSA : European Food Safety Authority이 신설되어 통합된 위생관리체계를 확립하고 있으며, 2006년 이후에는 모든 EU회원국에 HACCP을 의무적용할 것을 권고하고 있다.

5) 오스트레일리아

오스트레일리아 정부가 농업·식품산업을 위해 고안한 HACCP 제도는 SQF 2000CM이다. 이것은 GMP, SSOP, HACCP을 포함한 식품의 안전 및 품질 보증에 초점이 맞추어져 있고, ISO 9000 표준과 연계되어 있다. 이는 오스트레일리아 식품산업에서 급속히 확산되어 지금은 뉴질랜드뿐만 아니라 아시아, 미국, 유럽에서도 채택되고 있어 국제적인 식품안전성 및 품질의 인증기법으로 발전하는 과정에 있다.

6) 중국

중국은 국무원 식품안전위원회 위생부에서 식품안전 행정 업무를 총괄하고 있으며, 국가식품약품감독관리총국China Food and Drug Administration에서 식품, 의약품, 의료기기, 화장품, 건강기능식품의 안전성 및 유효성에 대한 관리·감독을 하고 있고, 농업부Ministry of Agriculture of the People's Republic of China에서 신선농산물 품질안전과 축산물도축 등을 관리·감독하고 있다. 또한 국가위생계획생육위원회National Health and Family Planning Commission of the People's Republic of China에서 식품안전 위험평가 실시 및 관련 표준을 제정하고 있고, 국가질량감독검험검역총국General Administration of Quality Supervision, Inspection and Quarantine of the People's Republic of China에서는 수출식품 HACCP 검증업무를, 국가인증인가감독관리위원회Certification and Accreditation Administration of the People's Republic of China에서는 전국 HACCP 관리체계 인증 업무를 관장하고 있다.

2009년 6월 시행된 식품안전법에 의해 식품안전 위험 모니터링 평가, 식품안전 기준, 식품생산 및 경영, 식품검사, 식품 수출입, 식품안전사고 처리, 관리 감독, 법률 책임 등이 관리되고 있으며, 이 법은 2015년 10월 개정되어 식품 안전관리가 더욱 강화되었다.

2002년 이후 통조림류, 수산식품, 육제품, 급속냉동 채소류, 과일즙과 채소즙, 고기 또는 수산품이 함유된 급속냉동 편의식품, 유제품 수출업체 등은 반드시 HACCP을 적용해야 하고, 생산가공 수출식품 기업에는 HACCP 관리 적용을 권장하며, 수출식품을 제외한 분야에는 HACCP을 강제 적용하지 않고 있다.

7) 우리나라

우리나라는 식품안전을 보장하기 위한 위생관리체계를 도입하고자 1995년 12월 식품위생법 제32조 제2항의 규정을 신설함으로써 HACCP 제도 적용을 위한 법적 기틀을 마련하였다. 1996년 12월에는 식품가공품 중 식육햄류 및 소시지류에 대한 '식품안전관리인증'을 고시했으며, 1997년에는 어육가공품 중 어묵류에 적용했고, 1998년에는 일부 냉동수산식품과 일부 유가공품에 대한 '식품안전관리인증'을 고시했

식품접객업(식품위생법 시행령 제21조 제8호)

- 휴게음식점영업 : 주로 다류, 아이스크림류 등을 조리 · 판매하거나 패스트푸드점, 분식점 형태의 영업 등 음식류를 조리 · 판매하는 영업으로서 음주 행위가 허용되지 아니하는 영업(편의점, 슈퍼마켓, 휴게소, 그 밖에 음식류를 판매하는 장소에서 컵라면, 1회용 다류 또는 그 밖의 음식류에 뜨거운 물을 부어주는 경우 제외)
- 일반음식점영업 : 음식류를 조리 · 판매하는 영업으로서 식사와 함께 부수적으로 음주행위가 허용되는 영업
- 단란주점영업 : 주로 주류를 조리 · 판매하는 영업으로서 손님이 노래를 부르는 행위가 허용되는 영업
- 유흥주점영업 : 주로 주류를 조리 · 판매하는 영업으로서 유흥종사자를 두거나 유흥시설을 설치할 수 있고 손님이 노래를 부르거나 춤을 추는 행위가 허용되는 영업
- 위탁급식영업 : 집단급식소를 설치 · 운영하는 자와의 계약에 의하여 그 집단급식소 내에서 음식류를 조리하여 제공하는 영업
- 제과점영업 : 주로 빵, 떡, 과자 등을 제조 · 판매하는 영업으로서 음주행위가 허용되지 아니하는 영업

다. 집단급식소 및 식품접객업소 · 도시락제조 · 가공업소에 대한 '식품안전관리인증기준'은 2000년 10월에 마련되었고, 2005년 10월부터는 관련 고시의 전문개정을 통해 관리기준이 식품제조 · 가공업소와 구분되어 적용되기 시작하였고, 2022년에는 식품운반업, 공유주방의 HACCP 평가기준이 신설되었다.

2002년 8월 국민 다소비 식품 중 위해 발생 우려가 높은 어육가공품 중 어묵류, 냉동수산식품 중 어류 · 연체류 · 조미가공품, 냉동식품 중 만두류 · 피자류 · 면류, 빙과류, 비가열음료, 레토르트식품에 2012년까지 HACCP을 의무적용하는 법적 근거를 마련하였으며 2006년 12월에는 김치류 중 배추김치에 2014년까지 HACCP을 의무적용하는 근거를 마련하였다.

2010년 11월에는 의무적용 품목 중 소규모 HACCP 관리기준이 마련되었고 2011년 4월부터는 HACCP의 활성화를 위해 인증신청 절차를 기존의 방식보다 간소화하였다. 2011년 6월부터는 자율적용 품목에 대한 소규모 HACCP 관리기준이 적용되었고 식품접객업(일반음식점, 휴게음식점, 제과점)의 HACCP 관리기준이 신설되었으며 식품소분업 관리기준이 신설되었다. 또한 2014년 11월에는 어린이기호식품인 과자 · 캔디류, 빵류 · 떡류, 초콜릿류, 어육소시지, 음료류, 즉석섭취식품, 국수 · 유탕면류 및 특수용도식품 8가지를 의무적용 품목으로 확대하였고, 전년도 총매출액이 100억 이상인 영업소에서 제조 · 가공하는 식품도 의무적용으로 포함하였다. 2018년에는 식용란선별포장업, 식육가공업을 HACCP 의무적용 품목으로 확대하였고, 2020년에는 식육포장처리업으로 확대하였다. HACCP 의무적용 유형 · 업종별 시행일은 〈표 1-1〉과 같다.

표 1-1 HACCP 의무적용 유형 · 업종별 시행일

적용 항목	의무적용 시행일
도축업	2003년 7월 1일
어육가공품 중 어묵류, 냉동식품 중 피자류 · 만두류 · 면류, 냉동수산식품 중 어류 · 연체류 · 조미가공품, 빙과류, 비가열음료, 레토르트식품	2012년 12월 1일
배추김치	2014년 12월 1일
집유업	2016년 1월 1일
즉석조리식품(순대), 알가공업	2017년 12월 1일

(계속)

적용 항목	의무적용 시행일
유가공업	2018년 1월 1일
식용란선별포장업	2018년 4월 25일
과자 · 캔디류, 빵류 · 떡류, 초콜릿류, 어육소시지, 음료류, 즉석섭취식품, 국수 · 유탕면류, 특수용도식품	2020년 12월 1일

자료 : 한국식품안전관리인증원(2023)

그리고 전년도 매출액이 100억 이상인 업체는 제조 · 가공하는 모든 식품에 대하여 2017년 12월까지 HACCP 인증을 받도록 하였으며, 2015년부터 순대, 알가공품에 대한 HACCP 의무적용을 시작하여 2017년까지 완료하였고, 떡류는 3단계 적용 대상 업체 중 10인 이상인 곳은 HACCP 의무적용 기한이 2018년까지였던 것을 2017년까지 완료하였다. 최근 5년간 HACCP 의무적용 완료(추진 중) 추이는 〈그림 1-2〉와 같다.

한편, HACCP 인증업체 사후관리를 강화하기 위해서 2014년 11월에는 '즉시 인증취소One-Strike-Out' 규정을 도입하여 HACCP 업체 정기조사 · 평가결과가 60점 미만이거나 주요관리항목인 '원 · 부재료 입고 시 시험성적서 수령 또는 자체검사 실시',

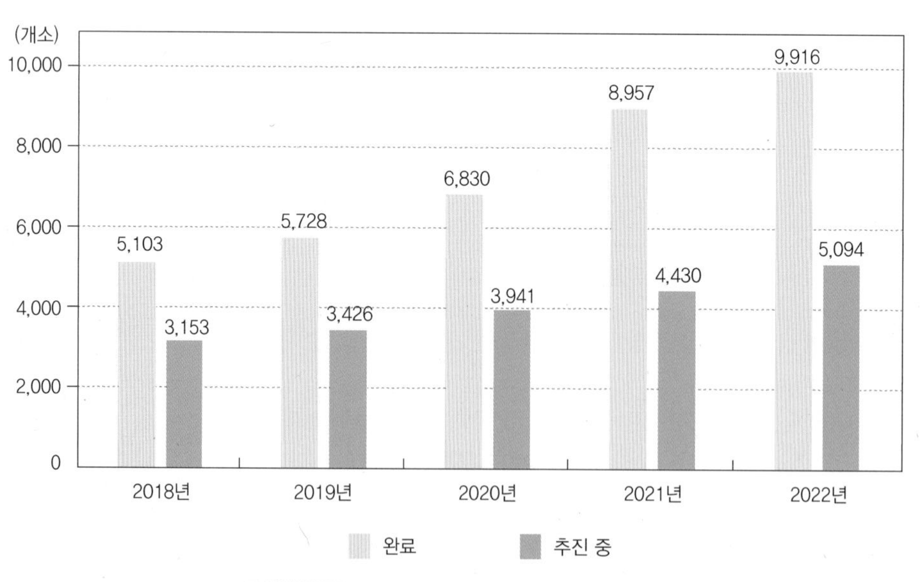

그림 1-2 HACCP 의무적용 완료(추진 중) 추이

자료 : 한국식품안전관리인증원(2023)

표 1-2 HACCP 의무적용 유형 · 업종별 인증 현황

(단위 : 개소)

구분	2018년	2019년	2020년	2021년	2022년
어묵	111	114	109	110	113
냉동수산식품	923	941	937	1,005	1,065
냉동식품	334	353	383	419	424
빙과	57	52	49	47	56
비가열음료	21	18	16	14	16
레토르트식품	126	135	139	159	170
배추김치	532	536	504	497	507
즉석조리식품(순대)	160	159	144	143	143
과자	343	476	748	1,111	1,317
캔디류	108	143	214	311	368
빵류	377	475	711	1,054	1,228
떡류	307	383	467	635	717
초콜릿류	106	123	159	183	189
즉석섭취식품	143	180	233	303	336
국수	98	120	155	196	244
유탕면	12	13	14	17	19
특수용도식품	78	82	114	157	183
음료류	498	677	1,015	1,308	1,455
어육소시지	13	14	16	13	14
도축업	148	135	136	141	137
집유업	65	62	62	60	56
알가공업	170	150	160	176	199
유가공업	373	338	327	331	368
식용란선별포장업	–	49	18	567	592
식육가공업*	879	1,002	1,237	1,531	1,847
식육포장처리업*	2,274	2,424	2,704	2,899	3,247

* HACCP 의무적용을 추진 중인 업종

자료 : 한국식품안전관리인증원(2023)

'작업장 세척 또는 소독 및 종사자 위생관리', '중요관리점 모니터링 및 한계기준 이탈 시 개선조치 이행', '비가열 섭취식품에 세척 용수 또는 배합수로 지하수 사용 시 살균 또는 소독' 등 4가지 중 1가지라도 위반하였을 경우 HACCP 인증을 즉시 취소하도록 했고, 2016년 8월부터는 HACCP 인증 유효기간을 3년으로 하는 '인증연장심사제'를 시행하였다. 이 제도는 연 1회 실시하는 정기 · 조사 평가(사후심사) 외에 3년마다 최초 인증 심사항목으로 HACCP 인증 심사를 다시 받도록 하여 부적합 판정 시 HACCP 인증을 취소한다. 또한 2020년 1월부터 HACCP 인증평가 시 안전관리인증기준 관리의 필수항목인 중요관리점 결정, 한계기준 설정 등에 대하여 이를 미준수하는 경우 '부적합'으로 처리하고, 전년도 조사 · 평가 결과 위반사항이 당해 연도 평가 시 개선되지 아니한 경우 해당 감점의 2배의 감점을 적용한다. 또한 2019년에는 소규모업소 평가기준을 기존 20개에서 25개 항목으로 강화하였고, 식품위생법령 등 위반업체에 대한 HACCP 조사 · 평가 시 감점을 하는 근거를 마련하였다.

그리고 2013년부터 식품과 축산물의 이원화된 안전관리업무를 식약처로 일원화하였고, 2017년 2월부터는 식품과 축산물 HACCP을 일원화하여 관리하고자 식품위생법 하위 법령으로 식품과 축산물 '통합안전관리인증제도'를 마련하였고, 한국식품안전관리인증원에서 통합 관리해 나간다.

또한 식약처는 HACCP 적용 활성화를 위하여 2016년 10월부터 모든 식품 및 축산물에 대한 「농장부터 판매 · 조리까지 영업종류별, 식품 · 축산물별 HACCP관리 표준기준서」를 개발하여 보급하고 있으며, 2017년 2월부터는 모든 식품 및 축산물에 대한 「HACCP관리 전산기준서」를 인터넷 사이트http://fresh.haccp.or.kr에서 제공하고 있다. 2022년에는 HACCP 준비 및 인증업소의 위해요소 분석에 대한 이해를 돕고 업체의 경제적 부담을 줄이고자 「위해요소 분석 정보집」을 제공하였다.

4. HACCP 제도 적용 절차

HACCP 절차는 국제식품규격위원회에서 정한 것으로 일반적으로 7원칙 12절차로 구분된다(그림 1-3). 이와 같은 원칙과 절차를 적용해 나갈 때는 그 본래 목적을 고려하면서 각 조직의 현실에 맞게 도입한 후 지속적으로 개선해 나가야 한다.

절차 1 : HACCP 실시를 위한 준비팀을 편성한다.

HACCP 도입은 HACCP 계획의 작성 책임자와 HACCP에 대해 전문적인 지식과 기술 및 경험을 가진 인력이 참여하는 팀을 편성하는 것에서부터 시작한다. HACCP팀은 HACCP의 구축 및 유지관리, HACCP 계획의 개정 등이 주된 업무가 된다.

절차 2 : 제품의 특징을 기술한다.

HACCP 적용 시 생산제품에 대하여 종류, 원재료, 제조공정, 특성, 포장형태 등을 분명히 기재하여야 한다. HACCP 계획의 작성 시 원재료 및 제품에 관한 고유의 정보는 위해분석의 기초 자료로 활용되므로 상세히 기재한다.

절차 3 : 제품의 사용방법을 명확히 한다.

제품의 용도 및 용법을 확인하는 절차이다. 출고된 제품이 어떻게, 누구에게 사용되는지를 예측하는 것이 필요하다. 특히 위해원인물질에 대하여 감수성이 있는 특정 집단, 예를 들면 환자식 혹은 노인식이나 영유아식으로의 제공 여부를 명확히 하는 것은 효과적인 HACCP 계획 작성을 위해 매우 중요하다.

절차 4 : 제조(조리)공정흐름도, 시설의 도면 및 표준작업서를 작성한다.

원재료의 반입부터 제품의 출하까지의 공정에 대하여 그 흐름을 알 수 있는 제조공정흐름도flow diagram, 시설 · 설비의 구조, 제품과 작업자의 이동경로 등을 기재한 시설 도면 및 제조 · 가공에 이용하는 기기의 성능, 작업의 절차, 제조 · 가공상의 중요한 기준에 대하여 기재한 표준작업절차서를 작성한다.

절차 5 : 제조(조리)공정흐름도를 현장에서 확인한다.

전 단계에서 작성한 제조공정흐름도, 시설의 도면 및 표준작업절차서에 대하여 제조현장에서 실제의 작업내용과 일치하고 있는지를 확인하여 작성내용에 잘못이나 부족 여부를 충분히 검토한다.

절차 6 : 위해분석(HA : Hazard Analysis)을 실시한다(원칙 1).

위해요소 자체에 대한 정보 또는 위해요소가 발생할 수 있는 환경, 원료, 제조과정 등과 관련된 정보를 수집하고 수집된 정보를 평가하여 제품에 내재할 수 있는 위해요소를 규명한다.

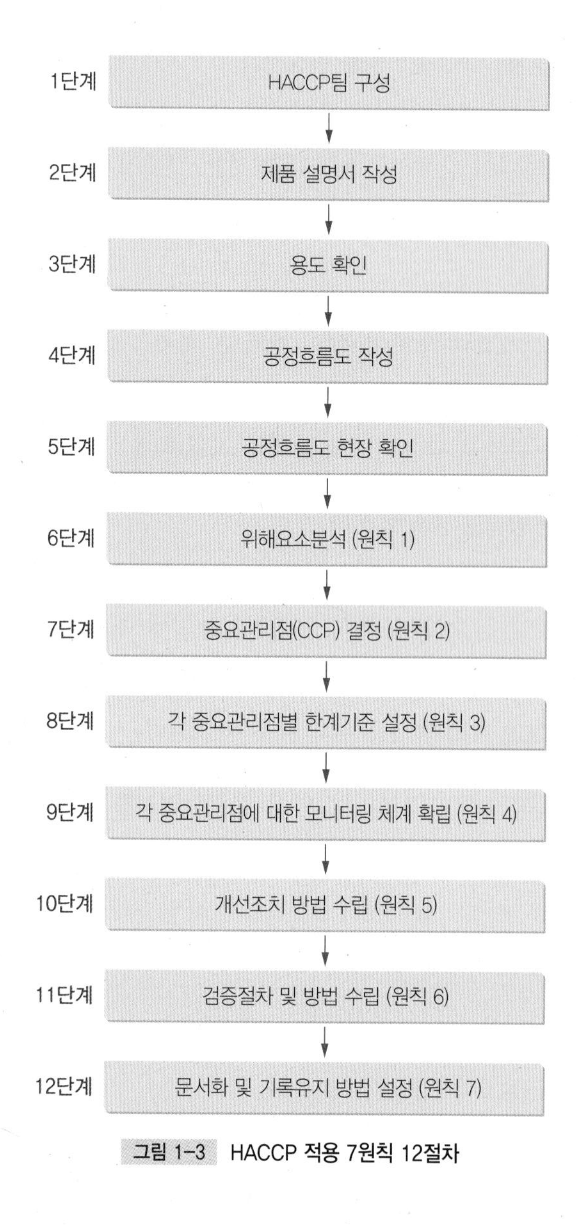

그림 1-3 HACCP 적용 7원칙 12절차

절차 7 : 중요관리점(CCP : Critical Control Point)을 결정한다(원칙 2).

식품의 안전을 확보하기 위하여 공정상의 어느 항목을 중점적으로 관리할 것인지를 결정하는 것으로 위해분석에서 수집한 정보에 따라 가능하면 객관적인 방법으로 결정한다.

절차 8 : 각 CCP에 대한 한계기준(CL : Critical Limit)을 설정한다(원칙 3).

절차 7에서 결정된 중요관리점에 대하여 위해를 예방, 배제 또는 허용범위 내로 관리하기 위하여 기준을 작성한다. 한계기준은 관리항목과 해당 항목의 기준 · 규격으로 구성한다.

절차 9 : 각 CCP에 대한 모니터링(Monitering) 방법을 정한다(원칙 4).
중요관리점의 관리기준 적합 여부를 확인하기 위하여 관찰, 측정 또는 검사방법을 정한다.

절차 10 : 모니터링 결과 CCP에 대한 CL 위반 시의 개선조치(Corrective Action)를 정한다(원칙 5).
개선조치는 안전성이 손상되어 있을 가능성이 있는 제품에 대하여 식품위생관리상 필요한 처분을 행함과 동시에 위반요인을 즉시 시정하고 공정의 관리 상태를 계획대로 되돌리기 위한 과정이다.

절차 11 : HACCP이 효과적으로 시행되는지를 검증(Verification)하는 방법을 정한다(원칙 6).
HACCP이 정확하고 효과적으로 시행되고 있는지에 대하여 계획 시부터 정기적으로 검증해야 하며, CCP 및 CL이 적절하게 설정되어 위해가 충분하게 관리되고 있는지를 보다 과학적인 방법으로 평가해야 한다.

절차 12 : 이들 원칙 및 그 적용에 관한 모든 기법에 관하여 기록을 유지 · 관리한다(원칙 7).
HACCP 제도를 실시하고 있는 동안 계속적이고 신뢰성 있는 기록이 유지 · 관리되지 않는다면 HACCP 제도는 성립될 수 없다.

한국식품안전관리인증원에서 HACCP 적용 희망업체에 제안하는 HACCP 적용절차는 〈그림 1–4〉와 같다. HACCP을 적용하고자 할 때 우선 HACCP팀을 구성하고 현장점검을 실시하여 필요시 시설 · 설비를 개보수하고 선행요건프로그램 기준서를 작성한다. 이때 작성된 선행요건 기준을 현장에 적용해 본 후 관리기준을 최종적으로 수정 · 보완한다. 이후 생산제품에 대해 제품설명서와 제조공정흐름도를 작성하고 이를 토대로 하여 위해분석을 실시한다. 위해분석 결과를 근거로 하여 HACCP 관리계획을 수립하고 HACCP 관리기준서를 작성한다. 선행요건프로그램 관리기준서와 HACCP 관리기준서의 내용을 종사원에게 교육 · 훈련시키면서 HACCP을 시범적용

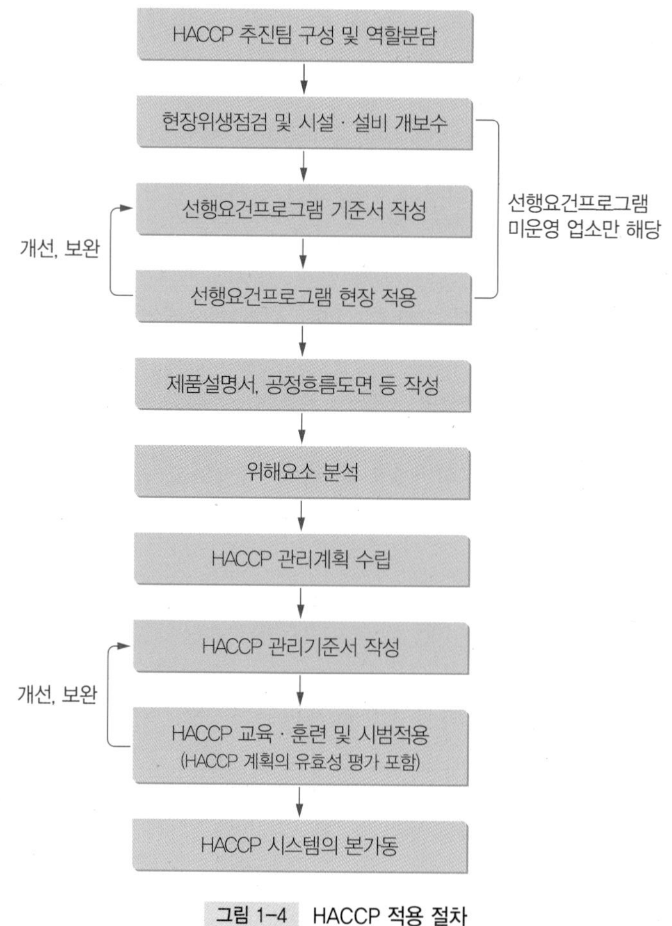

그림 1-4 HACCP 적용 절차

자료 : 한국식품안전관리인증원(2023)

하고 이 과정에서 HACCP 관리기준서를 수정 · 보완하면서 HACCP의 성공적인 도입을 모색한다.

5. HACCP 제도 인증 절차

인증이란 행정 관청이나 단체가 필요에 따라 정하는 바에 의하여 사정을 조사한 다음 어떤 것에 특별한 자격을 주는 것이다. HACCP 인증의 경우는 ISO 인증과는 다른 양상을 띠고 있는데, 최초 Codex에 의하여 만들어진 HACCP 12절차는 공정관리의 도구이기는 하나 인증요건을 갖추지는 못하였다. 따라서 국제표준의 ISO와 HACCP의 결합으로 새로운 인증SQF 2000CM, HACCP-9000이 탄생하였고, 이와 같은 인증을 감독하기 위한 상위 감독기관이 ISO와 별개로 존재하고 있다.

HACCP 인증은 EU나 호주 등과 같이 민간에 의해 이루어지기도 하고 우리나라나 태국과 같이 국가기관이 담당하기도 한다. 우리나라에서는 식약처로부터 위탁을 받은 한국식품안전관리인증원에서 HACCP 인증업무를 수행하고 있다. 우리나라에서도 외국계 인증업체에 의해 HACCP 인증서가 발행되기도 하나, 이들 중 감독기관이 불분명한 업체도 다수 있으므로 외국업체에 의한 인증을 준비할 경우 유의해야 한다.

우리나라는 1995년 12월 29일 식품위생법에 HACCP 개념을 도입하여 식품제조·가공업체·집단급식소·식품접객업소 및 도시락제조·가공업소·공유주방에 대한 HACCP 인증제도를 실시하여 관련 업체의 위생관리체계에 대한 인증을 적용해 오고 있다.

〈그림 1-5〉는 HACCP 적용업소 인증 절차이다. HACCP 적용업소로 인증받고자 하는 영업자는 적용대상 식품별 식품안전관리인증계획서(중요관리점의 한계기준, 모니터링 방법, 개선조치 및 검증방법)를 첨부하여 HACCP 적용업소 인증신청서(부록 1)를 작성하여 한국식품안전관리인증원장에게 제출해야 한다. 이때 한국식품안전관리인증원장은 제출한 서류가 기준에 미흡한 경우 일정기간을 정하여 보완하도록 신청자에게 요구할 수 있다. 서류 심사 후에는 HACCP 평가자가 HACCP 실시상황평가표(부록 2, 부록 3)에 의한 현지조사를 실시하여 평가기준에 적합한 경우 해당 식품의 제조·가공·조리·소분·유통 시설이나 영업장을 HACCP 적용업소로 인증하고 인증서(부록 4)를 식품별로 발급한다.

현지조사 평가결과 보완이 필요한 경우 신청인으로 하여금 3개월 이내에 보완할 것을 요구할 수 있으며 보완사항을 기한 내에 이행하지 아니한 경우 HACCP 적용업소 인증 절차를 종결할 수 있다. 또한 HACCP 적용업소 중 영업소를 폐쇄하거나 집단급식소 중 위탁 계약 만료 등으로 운영자가 변경된 경우 해당 영업소의 HACCP 적용업소 인증이 취소된다.

지방식품의약품안전청에서는 HACCP 적용업소를 대상으로 연 1회 이상 HACCP 적용을 위한 선행요건관리와 HACCP 관리기준의 준수 여부를 조사 및 평가하며, 일부 사항이 미흡하거나 개선되어야 할 필요성이 있다고 인정되는 때에는 일정 기간

신청인(영업자 또는 농업인) → **한국식품안전관리인증원**

신청서 작성		
식품	축산물	사료
인증(연장) 신청서	인증(연장) 신청서	인증(연장) 신청서
인증/연장 지정/정기 심사		
» 안전관리인증계획서 (HACCP PLAN) » 인허가서류 사본(앞, 뒤) (제조)영업등록증 (소분·판매·보존·접객) 영업신고증 (첨가물)영업등록증 » 사업자등록증 사본 » HACCP 인증서 (연장심사일 경우)	» 안전관리인증계획서 (HACCP PLAN) » 인허가서류 사본(앞, 뒤) (가공)영업허가증 (유통)신고필증 (농장)축산업허가증 » HACCP교육 수료증 대표자 4시간 종업원 24시간 (부득이한 경우 미이수 사유서 제출) » (가공·유통)허가(신고) 면적 확인을 위한 서류 인허가서류 뒷면에 허가(신고) 면접 미기재된 경우 허가(신고) 관리대장 등 » (농장)사육두수 확인 서류 사육일보(1일, 30일) 또는 주보(1주, 4주) 등 » 사업자등록증 사본 사업자등록이 없는 농업인의 경우 전자계산서 발행을 위한 주민등록증(번호) 필요 » HACCP 인증서 (연장심사일 경우)	» 제조업등록증 사본 (앞, 뒤) » 대표자 또는 종업원의 교육·훈련 수료증 사본(18시간) » 최근 3개월간의 생산 실적 사본 » 위생관리프로그램 » 자체 위해요소중점관리기준 » 1개월 이상의 위해요소중점관리기준 적용 실적 사본 » 사업자등록증 사본 ※ 정기심사일 경우 » 제조업등록증 사본 (앞, 뒤) » 사업자등록증 사본
소규모 HACCP을 적용하려는 경우		
소규모 인증 판단을 위한 서류(매출액 또는 인원수) » 생산실적보고서 » 건강보험 가입자 명부(인원수 확인용) ※ 생산실적보고 대상이 아닌 업종 및 인원 확인이 필요한 경우 객관적인 증빙자료 제출		해당 없음

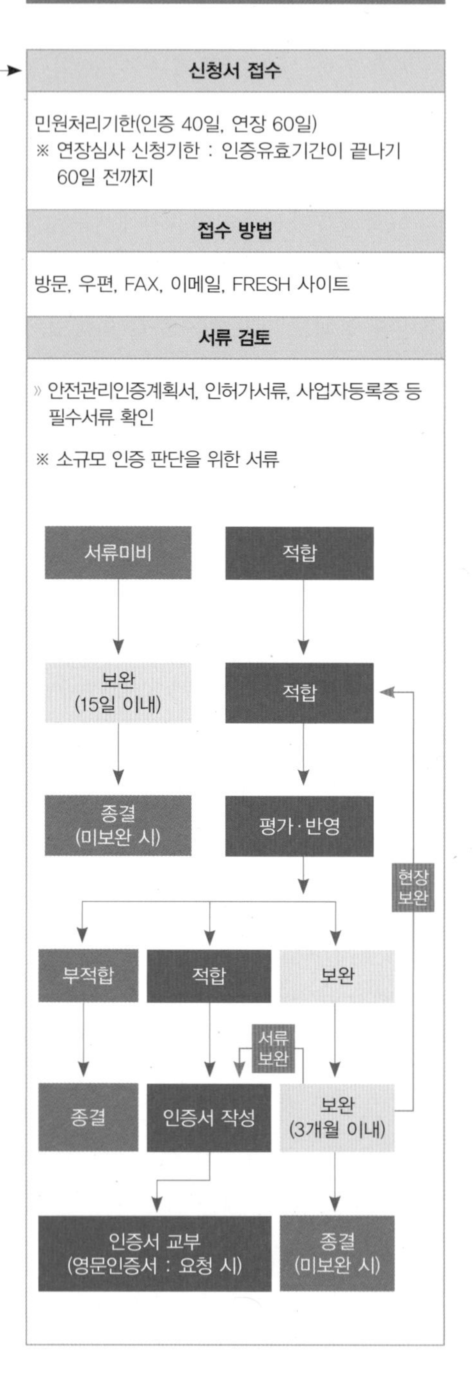

그림 1-5 HACCP 적용업소 인증(연장) 절차

자료 : 한국식품안전관리인증원(2023)

을 정하여 수정·보완 또는 개선을 명할 수 있으며, 기준에 적합하지 않은 것으로 평가된 경우 HACCP 인증이 취소될 수 있다. 또한 즉시인증취소 규정 4가지 중 1가지라도 미준수일 경우에는 HACCP 인증이 취소되며, 한국식품안전관리인증원에서는 '연장심사제'를 통해 HACCP 준수 여부를 조사 및 평가하고 있다.

6. HACCP 제도 도입 효과

전 세계적으로 생산·유통·소비되고 있는 식육제품이나 냉동식품, 아이스크림류 등에서 살모넬라균, 병원성 대장균, 리스테리아균 등의 식중독균이 빈번하게 검출되고 있으며, 농약이나 잔류 수의약품, 항생물질, 중금속 및 화학물질에 의한 위해발생도 광역화되고 있어 체계적인 식품위생관리가 요구되고 있다. 또한 유럽연합(EU), 미국 등 선진 각국에서는 이미 자국으로 수입되는 몇몇 식품에 대하여 HACCP을 적용하도록 요구하고 있어 수출분야에서도 HACCP의 도입이 절실히 필요하게 되었다.

식품·급식·외식업체에서 HACCP 제도를 도입하게 되면 업체 입장에서는 예상되는 위해요소를 과학적으로 규명하여 이를 효과적으로 제어함으로써 위생적이고 안전성이 확보된 식품(음식)의 생산이 가능해진다. 또한 위해발생이 예상되는 생산단계를 집중적으로 관리함으로써 위생관리의 효율성을 극대화할 수 있다. 이 과정을 통해 기존의 정부 주도형 위생관리에서 벗어나 업체 자율적으로 위생관리를 수행할 수 있는 체계적인 관리 시스템 확립이 가능해진다. 한국식품안전관리인증원에서 HACCP 인증업체를 대상으로 인증 효과를 조사한 결과에 의하면 HACCP 인증을 받은 후 납품처 수는 평균 21.9%, 연평균 매출액은 23.1%, 당기순이익은 29.1%가 증가하였고, 이물 발생 건수도 평균 56.4%가 감소하였다.

한편, HACCP 적용 초기에는 시설·설비 개·보수 및 전문 인력 충원 등으로 인해 생산 비용 증가가 예상되나 장기적으로는 관리인원의 감축과 제품 불량률의 감소 등으로 인해 제품품질 향상뿐만 아니라 생산량이 증가하는 효과가 있으며, 생산 비용도 절감될 수 있고, HACCP 마크 부착과 광고를 통하여 기업 이미지 제고와 신뢰도 향상 효과를 기대할 수 있다.

HACCP 제도 도입 시 소비자는 안전하고 위생적으로 생산된 제품을 안심하고 소비할 수 있으며, 식품(음식)구매 시 HACCP 마크 확인을 통해 안전한 식품을 소비자가 스스로 판단하여 선택할 수 있는 기회를 제공받을 수 있게 된다. 〈그림 1-6〉은 HACCP 마크의 예이다. 그리고 정부의 입장에서는 HACCP 도입을 통해 국제 식품교역이 원활해짐에 따라 국가경제발전을 도모할 수 있고, 공중보건 향상 및 공중보건 비용 감소, 효율적인 식품위생관리체계 구축 등의 효과를 기대할 수 있다.

그림 1-6 HACCP 마크

이와 같은 HACCP 도입 시 기대되는 효과에도 불구하고 급식·외식산업에서 HACCP의 적용이 빠르게 확산되지 못하는 이유는 낙후된 시설·설비, 낙후된 시설·설비 등의 개·보수를 위한 초기투자 비용 과다, 경영자의 HACCP 제도 도입에 대한 인식 부족, HACCP 전문인력과 훈련된 조리종사원 확보의 어려움 등이 지적되고 있다. 또한 HACCP을 도입한다고 해도 내·외부 검증과 감사를 위한 비용이 지속적으로 소요되기 때문에 식단가가 낮거나 영세한 규모의 급식·외식업소의 경우에는 HACCP 제도 도입과 유지를 위한 지속적인 비용 투자가 쉽지 않은 실정이다.

그러나 위생적이고 신뢰할 수 있는 식품(음식)에 대한 소비자의 요구가 지속적으로 증가함에 따라 국내·외 다양한 업종의 여러 업체에서 HACCP 적용을 지속적으로 추진해 나가고 있다. 또한 식품·급식·외식업체의 조직, 인력, 예산, 시설, 업무 등과 전체적으로 연결되면서 식품안전성 확보만을 위한 시스템이 아니라 기업의 생산성 향상, 동종업계에서의 경쟁우위 확보는 물론 제품의 신뢰성, 가치성을 향상하는 종합경영시스템으로 발전해 나가고 있다.

7. HACCP 제도와 ISO

식품의 품질을 우수하게 관리하기 위해서 식품의 안전성을 확보하는 것은 필수적인 전제조건이며, 식품의 안전성을 확보하려는 과정을 통해 우수한 품질의 식품이 만들어질 수 있다. 따라서 식품의 안전성 확보와 우수한 품질보증을 위한 노력은 상당 부분에서 공통된다.

급식 · 외식업체에서 도입하고 있는 대표적인 국제품질인증제도에는 ISO 9000 시리즈, ISO 14001, ISO 22000, KOSHA 18001 등이 있다. 이 중 ISO 9001은 국제표준화기구ISO : International Organization for Standardization가 제정한 품질경영시스템에 관한 국제표준으로서 고객에게 제공되는 제품이나 서비스실현 체계가 규정된 요구사항을 만족하고 있음을 제삼자 인증기관에서 객관적으로 평가하여 인증해주는 제도이다. 주요 내용은 품질경영시스템의 수립과 문서화, 실행 · 유지 및 효과성의 지속적 개선에 관한 사항을 규정한 일반 요구사항 및 품질 방침과 목표, 매뉴얼 및 규격 요구절차서, 문서관리, 기록관리, 내부 감사, 부적합품 관리, 시정조치, 예방조치 및 프로세스의 기획, 운영 및 관리 관련 절차서와 같은 문서화 요구사항 등이다.

ISO 14001은 기업활동의 전 과정에 걸쳐 지속적 경영성과를 개선하는 일련의 경영활동을 위해 ISO에서 제정한 환경경영시스템에 관한 국제표준으로, 환경법규나 규제기준의 준수 차원을 넘어 환경방침, 추진계획, 실행 및 운영, 점검 및 시정조치, 경영검토, 지속적 개선 등의 포괄적인 환경경영이 적합하게 구축되었는지를 제삼자 인증기관에서 객관적으로 평가하여 인증해주는 제도이다.

KOSHA 18001은 한국산업안전보건공단에서 제정한 기준으로 국내 기업의 안전보건시스템 도입을 촉진하고 작업장 안전보건경영의 효율성을 제고시키고자 표준을 제정하여 인증제도로 운영하는 것으로, 이를 통해 사업장의 위험을 정량적으로 평가할 수 있어 합리적 경영이 실현 가능하며 재해율, 작업손실률 등의 감소로 생산성 향상과 근로자 복지 개선을 도모할 수 있다. KOSHA 18001이 국내기준인증이라면, ISO 45001은 세계기준인증이다. 국제인증제도의 차이 비교는 〈표 1-3〉과 같다.

표 1-3 국제인증제도 비교

구분	ISO 9001	ISO 14001	KOSHA 18001/ ISO 45001*
규격성격	품질경영시스템	환경경영시스템	안전보건경영시스템
목표	고객만족	이해관계자 만족 (주로 외부)	이해관계자 만족 (주로 내부/내부 + 외부*)
규격구조	PDCA CYCLE	PDCA CYCLE	PDCA CYCLE
관리대상	제품 또는 서비스	제품 또는 서비스 부산물	작업장 상태 작업자 행동

자료 : 한국표준협회(2023)

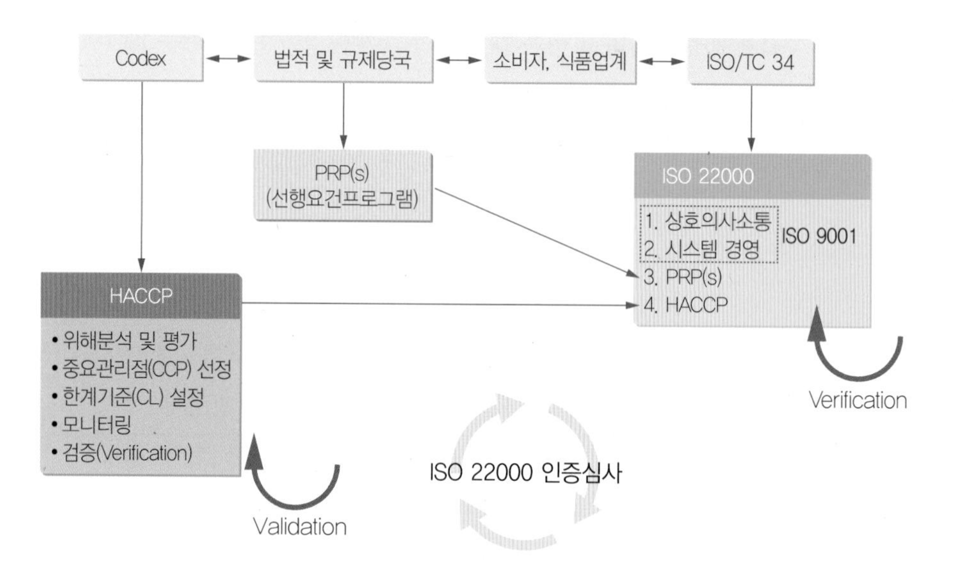

그림 1-7 ISO 9001, ISO 22000 및 HACCP의 상관관계도

자료 : ISO인증센터(2023)

ISO 22000은 Codex의 HACCP 원칙과 ISO 경영시스템을 통합한 인증표준으로 식품안전 위해요소 관리를 실증하기 위한 식품안전경영시스템의 요구사항을 규정한 제도이다. ISO 22000은 ISO 9001을 기본 틀로 하고 있으면서 ISO 9001 구성요건 제7항에서 '제품실현' 대신 ISO 22000에서는 제7항에서 HACCP의 7원칙 12단계를 모두 포함한 '안전한 제품의 기획 및 실현'에 대한 요구사항을 규정하고 있다. 따라서 ISO 22000 인증심사과정에서 HACCP 계획에 대한 타당성 확인validation과 식품안전경영시스템food safety management system에 대한 검증verification이 가능하다(그림 1-7).

우리나라 전문위탁급식업체의 국제품질인증제도 도입 및 HACCP 인증 운영현황은 〈표 1-4〉와 같다. 중소기업의 경우에는 경제적 부담이나 전문가의 부족 등으로 ISO 9001, ISO 22000이나 HACCP 등을 도입·적용하여 품질개선을 실시하기는 쉽지 않다. 그러나 〈그림 1-7〉을 통해서 알 수 있듯이 ISO 9001을 도입할 경우 ISO 22000과 HACCP의 도입이 용이해질 수 있으므로 ISO 9001과 그 외의 다른 품질인증을 획득하고자 할 때 영업장의 특성에 맞춰 HACCP도 함께 도입하고자 하는 전략적인 계획 수립이 필요하다.

표 1-4 위탁급식업체의 품질인증 적용 현황

급식업체명	품질인증제도 적용 현황[1]	홈페이지
삼성웰스토리㈜	ISO 9002, ISO 14001, HACCP(1곳)[2]	www.samsungwelstory.com
㈜아워홈	ISO 9002, ISO 9001, ISO 14001, ISO 22000, HACCP(1곳)	www.ourhome.co.kr
㈜현대그린푸드	ISO 9001, HACCP(1곳)	www.hyundaigreenfood.com
CJ프레시웨이㈜	ISO 22000, KOSHA 18001, HACCP(2곳)	www.cjfreshway.com
㈜신세계푸드	ISO 9002, ISO 14001, KOSHA 18001, FSSC 22000	www.shinsegaefood.com
푸디스트㈜	HACCP(1곳)	www.efoodist.com
㈜풀무원푸드앤컬처	ISO 9001, ISO 14001, HACCP(1곳)	www.pulmuonefnc.com
㈜동원홈푸드	ISO 9001, ISO 14001, HACCP(2곳)	www.dwhf.co.kr
제이제이케터링㈜	ISO 9001, ISO 14001	www.jjfs.co.kr

[1] 2023년도 상반기, 위탁급식업체 홈페이지 공지 기준

[2] 2023년 6월, HACCP 인증업체 현황 자료 기준

8. HACCP 제도와 제조물책임법

우리나라에서는 제조물책임법PL법 : Product Liability Act이 2000년 1월 12일 자로 공포되어 2002년 7월 1일부터 시행되고 있다. 이 법은 제조물의 결함으로 인하여 소비자 또는 제삼자의 생명, 신체, 재산상에 손해가 발생했을 때 이를 제조업자 또는 판매업자가 배상하는 손해배상책임제도이다. 이 법은 피해자(소비자)를 보호하고 국민생활의 안전 향상과 국민경제의 건전한 발전에 기여함을 목적으로 하고 있다.

PL법에서 '제조업자'라 함은 제조물의 제조·가공 또는 수입을 업으로 하는 자 및 제조물에 성명·상호·상표 기타 식별 가능한 기호 등을 사용하여 자신을 제조물의 제조·가공 또는 수입을 업으로 하는 자로 표시한 자 또는 그러한 자로 오인시킬 수 있는 표시를 한 자를 말하며 '제조물'이라 함은 제조 또는 가공된 동산動産을 말한다. 제조물은 식품을 포함하는 개념으로 해석되며 나아가 집단급식소나 외식업소의 조리식품, 도시락류 등도 포함된다.

〈표 1-5〉의 사례를 살펴보면 PL법의 시행으로 급식 · 외식업소는 식중독, 부적절한 용기포장으로 인한 상해, 식품첨가물에 의한 건강상의 장애, 이물질의 혼합으로 인한 건강상 장애 등 다양한 사고로 인한 급식대상자(고객)의 손해에 대하여 제조업자로서의 배상책임이 강화된 것을 알 수 있다.

PL법에 의하면 제조업자의 과실책임이 없더라도 제품의 결함으로 인해 소비자가 피해를 본 경우 손해배상이나 기타 책임을 피할 수 없다. 따라서 제조업자 입장에서 가장 효과적인 PL 대책은 결함이 있는 상품을 시장에 유통시키지 않는 것이다. 그러므로 HACCP은 기존의 결과물 중심의 위생 및 품질관리방법에 비해 매우 효과적인 PL 대책이라 할 수 있다. 그러나 급식 · 외식업소에 HACCP을 적용하는 것이 제조물책임의 발생원인을 차단한다는 점에서 효과적인 예방대책이지만 HACCP만으로 모든 PL 소송을 방지하기는 쉽지 않다.

표 1-5 식품 · 급식 · 외식업소의 제조물책임법 적용 유형과 사례

유 형	정 의	사 례
제조상의 결함	제조업자의 제조물에 대한 제조 · 가공상의 주의의무의 이행 여부에 불구하고 제조물이 원래 의도한 설계와 다르게 제조 · 가공되어 안전하지 못하게 된 경우	패스트푸드점에서 햄버거를 먹고 식중독 사고가 발생하여 피해자가 의사 진료 후 소송을 제기함
		음식점에서 서빙된 오렌지주스 속의 금속 조각으로 인해 고객의 식도에 상처가 남
설계상의 결함	제조업자가 합리적인 대체설계를 채용하였더라면 피해나 위험을 줄이거나 피할 수 있었음에도 대체설계를 채용하지 아니하여 당해 제조물이 안전하지 못하게 된 경우	소비자가 소스회사 광고 그대로 손으로 소스 병의 밑을 강하게 때리면서 소스를 뿌리다가 혈관이 파열됨
		사탕류의 겉포장인 프로펠러 장난감을 아이가 가지고 놀다가 부모의 얼굴에 프로펠러를 날려서 상처가 남
경고 · 표시상의 결함	제조업자가 합리적인 설명 · 지시 · 경고 기타의 표시를 하였더라면 당해 제조물에 의하여 발생될 수 있는 피해나 위험을 줄이거나 피할 수 있었음에도 이를 하지 아니한 경우	패스트푸드점에서 60대 할머니가 커피를 주문한 후 이동 중 커피를 흘려 손등에 화상을 입었음. 종사원은 커피가 뜨겁다고 주의시키지 않았으며 컵에도 경고 문구가 없었음
		유아가 밀성분이 포함된 음식을 섭취한 후 알레르기 발작으로 호흡곤란이 유발됨
		급식소의 파손된 식기의 파편에 의해 식기 다루던 사람의 각막이 손상됨

PL 대책에는 '사전대책'과 '사후대책'이 있다. '사전대책' 중 '제품안전대책'에 해당하는 것이 HACCP의 구축이라면, '품질보증대책'에 해당하는 것이 ISO 9000 시리즈이다. ISO 품질인증은 제품의 안전성에 초점을 맞춘 HACCP으로 제조물책임법과는 직접적인 관련성이 없다고 생각할 수도 있으나 급식 · 외식업체에 ISO 9000 시리즈와 HACCP 제도를 함께 도입할 경우 제품의 안전성과 품질을 동시에 확보할 수 있게 되므로 궁극적으로는 제조물책임법의 효과적인 대책이 될 수 있다.

한편 급식 · 외식업소 관리자는 식중독 사고 외에 알레르기 유발 사고로 인한 피해가 발생할 경우에 대비하여 사전에 급식대상자(고객)에게 알레르기 유발식품에 대해서 알리는 것이 좋다. 가공식품의 경우에는 주요한 알레르기 유발식품인 난류(가금류), 우유, 메밀, 땅콩, 대두, 밀, 고등어, 게, 새우, 돼지고기, 복숭아, 토마토, 아황산류, 호두, 닭고기, 쇠고기, 오징어, 조개류(굴, 전복, 홍합 포함), 잣을 사용 또는 함유된 경우 그 원재료명과 알레르기 주의사항을 표시해야 한다.

또한 어린이 식생활안전관리 특별법 제11조의2에 따라 2017년 5월 30일부터 식품접객업소에서 조리 · 판매하는 어린이 기호식품 중 제과 · 제빵류, 아이스크림류, 햄버거, 피자, 어린이 식품안전보호구역에서 조리하여 판매하는 라면, 떡볶이, 꼬치류, 어묵, 튀김류, 만두류, 핫도그 등에 알레르기를 유발할 수 있는 성분 · 원료가 포함된 경우에도 그 원재료명을 식품의약품안전처장이 정하는 표시기준 및 방법 등에 따라 표시해야 한다.

급식소 조리음식은 알레르기 유발식품 표시대상은 아니다. 그러나 교육부에서는 2012년 2학기부터 모든 학교급식 식단표에 알레르기 유발식품 사용 여부를 표시하도록 하는 '알레르기 유발식품 표시제'를 적용하고 있다. 〈표 1-6〉은 알레르기 유발식품을 표시한 학교급식소 식단의 예이다. 급식 · 외식업소에서 알레르기 유발식품 표시제를 적극적으로 도입할 경우 〈표 1-5〉의 '경고 · 표시상의 결함'의 사례 중 유아가 밀성분이 포함된 음식을 섭취한 후 알레르기 발작으로 호흡곤란이 유발되어 PL법의 적용을 받게 된 경우 등에 대비할 수 있다.

PL법의 '사후대책'(소송대책)으로는 사고가 일어난 후 PL소송에 대비하여 고문변호사와 계약관계를 맺는 방법이나 PL 보험, 생산물오염보험에 가입하는 방법 등이 있다. 이 중 'PL 보험'이 피해자에 대한 손해배상을 위한 보험이라면 '생산물오염보험'은 오염된 제품의 회수조치 등에 드는 비용에 대비하기 위한 보험이다.

표 1-6 초등학교 급식소 일주일 식단의 예

월	화	수	목	금
기장밥 아욱된장국⑤⑥⑨⑬ 안동찜닭⑤⑥⑬⑮ 느타리버섯볶음⑤⑥⑬ 콩나물무침⑤⑥ 포기김치⑨⑬ 과일핫케이크①②⑤⑥⑪⑬ 우유②	혼합잡곡밥⑤ 육개장⑤⑥⑯ 삼치엿장조림⑤⑥⑬ 모듬떡볶이①⑤⑥⑬ 시금치나물⑤⑥ 포기김치⑨⑬ 바나나 우유②	현미밥/잔치국수①⑤⑥⑨⑬ 닭튀김①②⑤⑥⑬⑮ 스틱오이/쌈장⑤⑥⑬ 풋고추된장무침⑤⑥⑬ 깍두기⑨⑬ 우유②	보리밥 순두부찌개⑤⑥⑨⑩⑬⑱ 오징어브로콜리숙회/초고추장⑤⑥⑬⑰ 달걀말이①⑤ 근대무침⑤⑥ 방울토마토⑫ 포기김치⑨⑬ 우유②	현미밥 어묵국①⑤⑥⑬ 쇠고기우엉조림⑤⑥⑬⑯ 감자조림⑤⑥⑬ 과일샐러드(요거트드레싱)①②⑤⑫⑬ 양배추쌈/쌈장⑤⑥⑬ 깍두기⑨⑬ 우유②
에너지/단백질/칼슘/철분 621.6/29.0/420.9/4.2	에너지/단백질/칼슘/철분 676.1/28.6/339.1/4.2	에너지/단백질/칼슘/철분 646.1/33.0/437.8/4.7	에너지/단백질/칼슘/철분 543.9/28.8/400.1/4.2	에너지/단백질/칼슘/철분 569.8/23.1/415.5/3.9

〈학교급식 식재료의 원산지 표시〉

1. 김치류는 국내산 재료(배추, 고춧가루, 마늘, 국멸치 등)를 사용하여 급식실에서 직접 만듭니다.
2. 쇠고기(국내산 한우 1등급 이상), 돼지고기(국내산 2등급 이상), 닭고기(국내산 1등급), 오리고기(국내산 1등급), 달걀(친환경), 기타 육가공품등(국내산 돈육 및 닭고기만 사용한 제품)
3. 쌀(국내산, 친환경), 찹쌀(국내산), 국수 및 떡류(국내산쌀로 가공한 제품), 잡곡류(국내산)를 사용합니다.
4. 고등어(국내산), 삼치(국내산), 참조기(중국산), 미꾸라지(국내산)를 사용합니다.

알레르기 정보 : ①난류, ②우유, ③메밀, ④땅콩, ⑤대두, ⑥밀, ⑦고등어, ⑧게, ⑨새우, ⑩돼지고기, ⑪복숭아, ⑫토마토, ⑬아황산류, ⑭호두, ⑮닭고기, ⑯쇠고기, ⑰오징어, ⑱조개류(굴, 전복, 홍합 포함), ⑲잣

REVIEW QUESTION

1 HACCP을 정의하시오.

2 결과물 중심의 식품위생관리와 과정 중심의 식품위생관리의 차이점은 무엇인지 설명하시오.

3 HACCP 제도의 7원칙 12절차에 관해 설명하시오.

4 식품제조 · 가공업체 및 급식 · 외식업소에서 HACCP을 도입해야 하는 필요성에 관해 설명하시오.

5 급식 · 외식업소에서의 HACCP 제도 도입효과에 관해 설명하시오.

6 HACCP과 PL법의 관계를 설명하시오.

2 식중독의 이해

학습목표

1. 식중독의 분류를 이해할 수 있다.
2. 식중독 발생의 주요 원인과 발생현황을 파악할 수 있다.
3. 식중독균의 성장에 영향을 미치는 인자에 대해 설명할 수 있다.
4. 대표적인 식중독균의 특성을 이해할 수 있다.
5. 식중독 발생 시 보고체계를 이해할 수 있다.
6. 급식 · 외식업소 관리자로서 식중독 발생 시 적절하게 대응할 수 있다.

1. 식중독의 분류와 발생현황

세계보건기구WHO는 식중독을 식품 또는 물의 섭취에 의하여 발생되었거나 발생된 것으로 생각되는 감염성 또는 독소형 질환이라고 정의하고 있다. 식품위생법 제2조 제14호에는 식품 섭취로 인하여 인체에 유해한 미생물 또는 유독물질에 의하여 발생하였거나 발생한 것으로 판단되는 감염성 질환 또는 독소형 질환이라고 규정되어 있다.

식중독의 주요 증상은 복통, 설사, 오심, 구토, 발열 등이며 여러 가지 증상이 동시에 발생한다. 식중독이 경구 감염병과 다른 점은 경구 감염병은 2차 감염을 일으키고 적은 양으로도 발병할 수 있으며 특정 병원체나 병원체의 독성물질로 인하여 발생하는 질병으로 사람으로부터 감수성이 있는 사람에게 감염되는 질환이지만, 식중독은 바이러스성 식중독을 제외하고는 대부분 2차 감염을 일으키지 않으며 일정수준의 원인균을 섭취해야 발병하고 발병원인은 균 자체이거나 균의 대사산물이라는 것이다. 제1군 감염병으로는 세균성 이질, 콜레라, 장티푸스, 페스트, 파라티푸스, 장출혈성 대장균 감염증 등이 있다. 세균성 이질의 경우 외국에서는 우리나라와 같이 경구 감염병으로 분류하지 않고 식중독균으로 구분하여 관리하고 있다. 우리나라의 경우 수인성 감염병 및 식품 매개 질환은 질병관리청에서 전반적으로 관리하고 있으며, 식중독은 식품의약품안전처에서 식품 위주로 관리하고 있다.

1) 식중독의 분류

식중독에는 살모넬라균, 황색포도상구균, 장염비브리오균 등의 세균성 식중독과 노로바이러스, 노워크바이러스, 로타바이러스 등의 바이러스 식중독, 복어독 · 감자독 · 아플라톡신 등의 자연독 식중독, 수은 · 납 등의 중금속류와 농약 등에 의한 화학성 식중독이 있다.

표 2-1 식중독의 분류

분류	종류	원인균 및 물질	
미생물 식중독 (30종)	세균성 (18종)	감염형	살모넬라, 장염비브리오, 비브리오 불니피쿠스, 리스테리아 모노사이토제네스, 병원성 대장균(EPEC, EHEC, EIEC, ETEC, EAEC), 바실러스 세레우스(설사형), 쉬겔라, 여시니아 엔테로콜리티카, 캠필로박터 제주니, 캠필로박터 콜리
		독소형	황색포도상구균, 클로스트리디움 퍼프린젠스, 클로스트리디움 보툴리눔, 바실러스 세레우스(구토형)
	바이러스성 (7종)	–	노로, 로타, 아스트로, 장관아데노, A형간염, E형간염, 사포바이러스
	원충성 (5종)	–	이질아메바, 람블편모충, 작은와포자충, 원포자충, 쿠도아
자연독 식중독		동물성	복어독, 시가테라독
		식물성	감자독, 원추리, 여로 등
		곰팡이	황변미독, 맥각독, 아플라톡신 등
화학적 식중독		고의 또는 오용으로 첨가되는 유해물질	식품첨가물
		본의 아니게 잔류 · 혼입되는 유해물질	잔류농약, 유해성 금속화합물
		제조 · 가공 · 저장 중에 생성되는 유해물질	지질의 산화생성물, 니트로아민
		기타물질에 의한 중독	메탄올 등
		조리기구 · 포장에 의한 중독	녹청(구리), 납, 비소 등

자료 : 식품의약품안전처(2023)

(1) 미생물에 의한 식중독

미생물에 의한 식중독은 세균, 바이러스, 원생동물, 기생충이 원인이 된다. 세균에 의한 식중독은 세균감염에 의한 것과 세균이 식품 속에 증식하면서 분비한 독에 의한 것이 있다. 세균감염에 의한 식중독에는 전 세계적으로 살모넬라균에 의한 것이 가장 흔했으나, 최근 캠필로박터균에 의한 것이 살모넬라균보다 더 많이 발생하는 것으로 보고되고 있으며, 장염비브리오균, 리스테리아균, 쉬겔라균, 여시니아균, 병원성 대장균 등이 주요 식중독의 원인균으로 알려져 있다. 세균분비독에 의한 식중독은 황색포도상구균에 의한 것이 가장 흔하고, 클로스트리디움 보툴리눔, 클로스트리디움 퍼프리젠스에 의한 식중독 등이 알려져 있다.

세균 감염에 의한 것과 세균분비독에 의한 식중독의 주된 차이는 균이나 독이 체내에 들어와 증세가 발현되기까지의 잠복기간이다. 세균 감염에 의한 식중독은 보통 6시간에서 2~3일 정도의 잠복기를 가지는 반면, 세균분비독에 의한 식중독은 1~6시간 정도의 비교적 짧은 잠복기를 갖는다. 이로 인해 세균분비독에 의한 식중독은 원인식품이 쉽게 규명될 가능성이 높으나 세균감염에 의한 식중독 중 잠복기가 긴 경우에는 역학조사에 의해 원인을 밝히기 어려워 재발방지 대책 수립에 어려움이 있다.

바이러스에 의한 식중독은 세균에 의한 식중독에 비해 원인식품이 잘 알려져 있지 않다. 왜냐하면 식중독 발생 직후 역학조사과정에서 바이러스의 검출과 분석이 용이하지 않기 때문이다. 흔히 소화기질환을 일으키는 바이러스에는 간염바이러스, 노워크바이러스, 폴리오바이러스 등이 있다. 여러 연구결과 바이러스는 세균보다 열 저항성이 커서 일반적인 살균온도에서는 파괴되지 않고 100℃ 정도로 완전히 익히는 경우에 사멸된다고 보고되고 있다. 식품의약품안전처에서는 바이러스 식중독 예방을 위해서 급식 · 외식업소에서 제공되는 메뉴의 가열조리 시 내부중심온도를 85℃ 이상에서 1분 이상으로 유지 관리할 것을 권장하고 있다.

원생동물에 의한 식중독은 수인성 감염병인 크립토스포리디움Cryptosporidium에 의한 것이 있으며 세균성 식중독 예방법과 동일한 방법으로 관리하면 된다. 기생충에 의한 식중독 중 톡소포자충Toxoplasma gondii에 의한 식중독은 전 세계적으로 분포하며 특히 유럽과 북미에서 유병률이 높다. 돼지고기 생식이 가장 주요한 감염경로이므로 돼지고기는 완전히 익힌 후 섭취해야 한다. 특히 임산부가 톡소포자충에 감염될 경우 태아의 뇌에 치명적인 이상이 유발될 수 있으므로 임산부는 애완동물, 특히 고양이를 가까이하지 않는 것이 좋다. 생으로 먹거나, 생으로 마리네이드되었거나, 살짝 익힌 것 또는 살짝 익혀 마리네이드한 생선류는 −20℃ 혹은 그 이하에서 7일 이상, 혹은 −35℃ 이하에서 15시간 이상 냉동하여 기생충과 그 알들을 사멸시킨 후 섭취하도록 한다. 다만, 참치 중 일부 품종과 살짝 익혀 마리네이드한 연체동물, 조개, 게, 새우 등의 갑각류는 냉동처리 없이 사용해도 무방하다.

(2) 화학성 식중독

화학물질에 의한 식중독은 자연독에 의한 것과 인공적인 것으로 구분할 수 있다. 식품이 가지고 있는 자연독에 의한 식중독은 원료 구입 시에 각별히 조심하면 예방할 수 있다. 인공적인 독성물질에 의한 식중독은 일반적으로 세척제, 소독제 등을 식품과 분리보관하고, 독성물질 용기가 식품용기와 구분되도록 정확한 표시를 하여 해당 물질이 부주의에 의해 식품에 유입되는 일이 없게 하면 방지할 수 있다.

자연독에는 식물 유래의 독버섯, 감자의 솔라닌, 매실의 아미그달린 등이 있고, 동물 유래의 복어독(테트로도톡신), 조개류의 마비성 패독, 일부 어류의 시구아테라독 등이 있다. 또한 곡류나 땅콩 등을 부적절하게 저장했을 때 곰팡이가 분비하는 아플라톡신과 같은 곰팡이독소(마이코톡신)가 있다. 인공적인 것에는 허가된 해당 식품 이외에는 첨가가 금지된 인공감미료 · 타르색소 · 표백제 · 발색제 등을 들 수 있고, 실수로 혼입되는 세척제 · 소독제 · 살충제 등과 식재료의 잔류농약, 비소 · 납 · 카드뮴 · 수은 등의 유해성 중금속류를 들 수 있다.

2) 식중독의 원인

집단 식중독이란 역학조사결과 식품 또는 물이 질병의 원인으로 확인된 경우로 동일한 식품이나 동일한 공급원의 물을 섭취한 후 2인 이상이 유사한 질병을 경험한 사건을 말한다. 식중독이 지속적으로 증가되고 있는 주요한 원인은 〈표 2–2〉의 내용과 같이 급식 · 외식을 하는 인구의 증가, 국제무역의 활성화, 해외여행 인구의 증가뿐만 아니라 지구온난화 및 실내온도 상승 등의 사회적 · 경제적 · 환경적 변화 때문이다.

특히 식품의약품안전처의 연구보고서에 의하면 평균 기온이 1℃ 상승 시 살모넬라, 장염비브리오 및 황색포도상구균에 의한 식중독 발생이 각각 47.8%, 19.2%, 5.1% 증가하는 것으로 나타났다. 전 세계적으로 평균 기온이 꾸준히 상승하는 추세이므로 지구온난화에 따른 식중독 예방관리가 더욱더 중요해지고 있다.

표 2-2 수인성 · 식품매개성 감염병 출현의 관련 요인

관련 요인	내 용
1. 인구학적 변화	• 노령 인구 증가와 의학 기술 발달로 인한 면역 억제 상태, 만성질환자의 숫자가 증가함에 따라 과거에 비해 발병이 위중한 경우가 많아짐
2. 인간 행태의 변화	• 유기농법 등의 번창으로 인한 살충제 사용 감소와 신선한 채소, 과일의 생식이 증가됨에 따라 오염의 기회가 오히려 증가함 • 외식산업이 발달하고 단체급식이 확대됨 • AIDS 등 다른 분야가 강조되면서 식품안전 등에 대한 교육 기회가 감소됨
3. 산업과 기술의 발달	• 식품산업의 대규모, 다국적화로 인하여 오염의 확산이 용이해짐 • 대규모로 유통됨에 따라 여러 단계에서 크고 작은 오염 발생이 가능하며 이로 인해 국지적인 오염 발생이 가능함
4. 여행과 통상의 변화	• 국가 간, 지역 간 이동이 용이해지면서 외부에서의 감염 기회가 많아졌고 이들에 의한 새로운 감염병의 유입이 가능해짐
5. 미생물의 진화	• 자연 선택에 의해 환경적응에 성공한 미생물이 살아남게 됨 • 항생제의 광범위한 사용으로 인하여 항생제 내성 균주가 출현하게 됨
6. 경제 개발과 경작지 확대	• 대규모 목축사업과 해양 양식 등을 통해 오염의 기회가 증가함
7. 공중보건 하부조직의 와해	• 감염병의 감소로 방역 담당 조직들이 점차 축소되어 인력과 재원이 부족한 상태임

자료 : Altekruse et al.(1997)

3) 식중독 발생현황

식약처는 식중독 발생으로 인한 사회경제적 손실이 1조 6천억 원에 이를 것으로 추정하고 있다. 따라서 식중독 관리 주무부처에서는 연중 식중독 발생 저감화를 위한 노력을 다각도로 수행해 나가고 있다.

2012년부터 2021년까지 최근 10년간 식중독 발생 건수 및 환자수 통계는 〈표 2-3〉과 같다. 2021년 기준으로 학교와 기업체 등 급식소에서의 식중독 발생 환자수는 전체의 37.5%, 음식점에서의 식중독 발생 환자수는 전체의 52.4%로, 급식 · 외식업소에서 발생한 식중독 환자수가 전체의 89.9%를 차지하고 있으므로 식중독 발생 저감화를 위해서는 급식 · 외식업소를 대상으로 한 위생관리 개선 및 위생교육과 위생감시를 더욱 강화해야 한다.

표 2-3 최근 10년간 식중독 발생 건수 및 환자수

단위 : 발생 건수(건), 환자수(명)

원인시설	구분	2012년	2013년	2014년	2015년	2016년	2017년	2018년	2019년	2020년	2021년	합계
학교	발생 건수	54	44	51	38	36	27	44	24	13	21	352
	환자수	3,185	2,247	4,135	1,980	3,039	2,153	3,136	1,214	401	708	22,198
학교 외 집단급식	발생 건수	9	14	15	26	32	23	38	29	25	55	266
	환자수	246	608	380	802	904	426	1,875	620	1,043	1,227	8,131
음식점	발생 건수	95	134	213	199	251	222	202	175	108	119	1,718
	환자수	1,139	1,297	1,761	1,506	2,120	1,994	2,323	1,409	797	2,705	17,051
가정집	발생 건수	14	5	7	9	3	2	3	3	3	3	52
	환자수	54	22	28	34	16	6	10	7	13	12	202
기타	발생 건수	22	24	50	54	73	52	67	48	15	44	449
	환자수	758	502	1,078	1,641	974	776	4,094	764	280	501	11,368
불명	발생 건수	72	14	13	4	4	10	9	7	0	3	136
	환자수	676	282	84	18	109	294	66	61	0	7	1,597
합계	발생 건수	266	235	349	330	399	336	363	286	164	245	2,973
	환자수	6,058	4,958	7,466	5,981	7,162	5,649	11,504	4,075	2,534	5,160	57,547

자료 : 식품의약품안전처(2023)

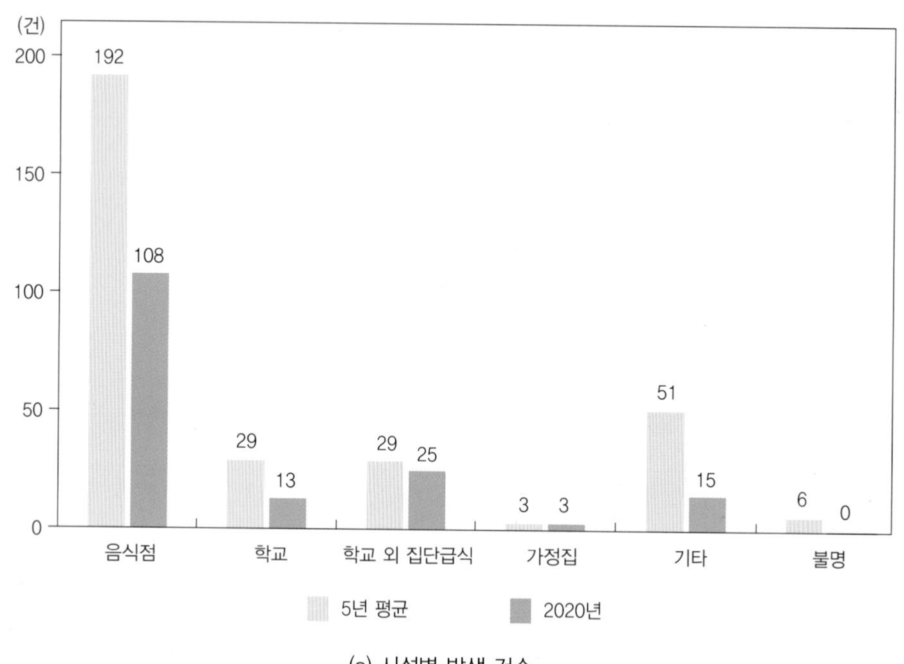

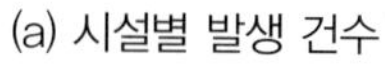

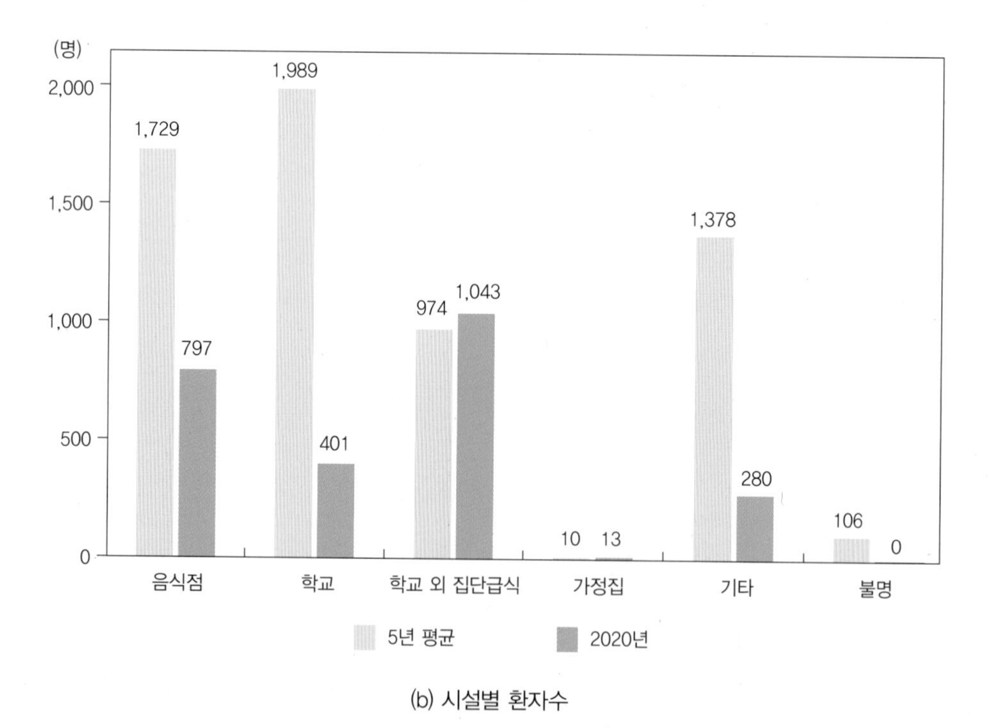

(b) 시설별 환자수

그림 2-1 원인시설별 식중독 발생 건수 및 환자수(2016~2020년 기준)

자료 : 식품의약품안전처(2023)

2020년 기준 5년 평균 식중독 발생 건수를 원인시설별로 분석해 보면[그림 2-1(a)] 음식점에서 식중독이 발생한 건수가 가장 많았다. 2000년대 초에는 학교급식소에서의 식중독 발생률이 높았으나, HACCP의 적용과 급식시설 · 설비 현대화사업 등의 노력으로 식중독 발생이 점차 감소한 반면, 음식점의 경우 매년 식중독 발생 건수가 여러 시설 중 가장 많은 것으로 보고되었으므로 음식점 위생관리의 지속적인 개선이 필요하다. 또한 식중독 발생 환자수를 원인시설별로 구분해 보면[그림 2-1(b)] 최근 5년 평균으로 학교(68.6명/건)나 학교 외 집단급식소(33.6명/건)에서 식중독이 발생한 경우가 음식점(9명/건)이나 가정(3.3명/건)에서의 식중독 사고보다 발생 건수당 환자수가 더 많다는 것을 알 수 있다. 따라서 급식소에서는 식중독 예방을 위하여 위생관리와 종사원 위생교육을 철저히 수행해야 하며, 특히 대규모의 급식소나 면역력이 약한 노인이나 영유아를 대상으로 급식을 실시하는 급식소, 학교급식소 중 공동조리교의 경우에는 식중독 사고 발생위험이 더욱 높고, 식중독 발생 시 큰 피해가 예상되므로 위생관리에 만전을 기해야 한다.

2017~2022년의 식중독 원인물질에 따른 발생 건수와 환자수를 비교해 보면(표 2-4) 노로바이러스, 병원성 대장균, 살모넬라가 식중독의 주요 원인인 것을 알 수 있고, 클로스트리디움 퍼프린젠스도 꾸준히 검출되었다. 한편 식중독의 원인물질을 규명하지 못한 경우가 2022년 기준 5년 동안 전체 발생 건수의 35.5%에 달하므로 이를 개선하고 효과적인 식중독 저감화 대책을 수립하기 위해서는 급식 · 외식업소 관리자가 보존식을 올바르게 실시하고, 식중독 발생 시 적절한 대응을 해야 한다(4. 식중독 발생보고 및 대처방안 참고).

식중독이 연중 발생되는 주요한 원인은 급식이나 외식인구의 증가와 함께 실내온도의 상승, 동절기의 바이러스성 식중독의 발생 증가가 있다. 〈그림 2-2〉를 살펴보면 식중독의 주요 원인물질 중 세균성 식중독균인 병원성 대장균, 살모넬라, 캠필로박터 제주니는 하절기에 주로 발생한 반면, 노로바이러스와 같은 바이러스성 식중독은 건조하고 추운 동절기와 환절기에 주로 발생하였다.

〈그림 2-3〉의 2022년도 월별 식중독 발생 현황에 의하면 과거에는 식중독 사고가 5~8월까지 하절기에 집중되었던 것에 비해 최근에는 계절에 상관없이 연중 발생되고 있는 것을 알 수 있다. 이는 식품 취급 시 온도-시간관리가 부적절하거나 교차오염 등이 발생되면 계절적 요인과 무관하게 언제라도 식중독이 발생할 수 있음을 나타낸다.

표 2-4 식중독 원인물질에 의한 식중독 발생 건수 및 환자수(2017~2022)

원인물질	구분	2017년	2018년	2019년	2020년	2021년	2022년	합계
병원성 대장균	발생 건수	47	51	25	23	32	31	209
	환자수	2,383	2,715	497	628	668	839	7,730
살모넬라	발생 건수	20	19	18	21	32	41	151
	환자수	662	3,516	575	529	1,561	1,219	8,062
장염비브리오	발생 건수	9	11	5	3	2	0	30
	환자수	354	213	25	12	8	0	612
캠필로박터 제주니	발생 건수	6	14	12	17	28	17	94
	환자수	101	453	312	515	584	293	2,258
황색포도상구균	발생 건수	0	3	4	1	5	9	22
	환자수	0	52	56	4	82	164	358
클로스트리디움 퍼프린젠스	발생 건수	7	14	10	8	11	11	61
	환자수	69	679	251	207	615	857	2,678
바실러스 세레우스	발생 건수	10	15	5	3	7	14	54
	환자수	73	242	75	26	113	150	679
기타 세균	발생 건수	1	5	1	0	2	3	12
	환자수	26	801	17	0	18	11	873
노로바이러스	발생 건수	46	57	46	29	57	56	291
	환자수	968	1,319	1,104	243	1,058	1,041	5,733
기타 바이러스	발생 건수	2	2	8	1	8	1	22
	환자수	52	128	230	6	32	13	461
불명	발생 건수	147	134	102	48	58	114	603
	환자수	763	1,153	615	324	412	792	4,059
합계	발생 건수	336	363	286	164	245	304	1,698
	환자수	5,649	11,504	4,075	2,534	5,160	5,410	34,332

자료 : 식품의약품안전처(2023)

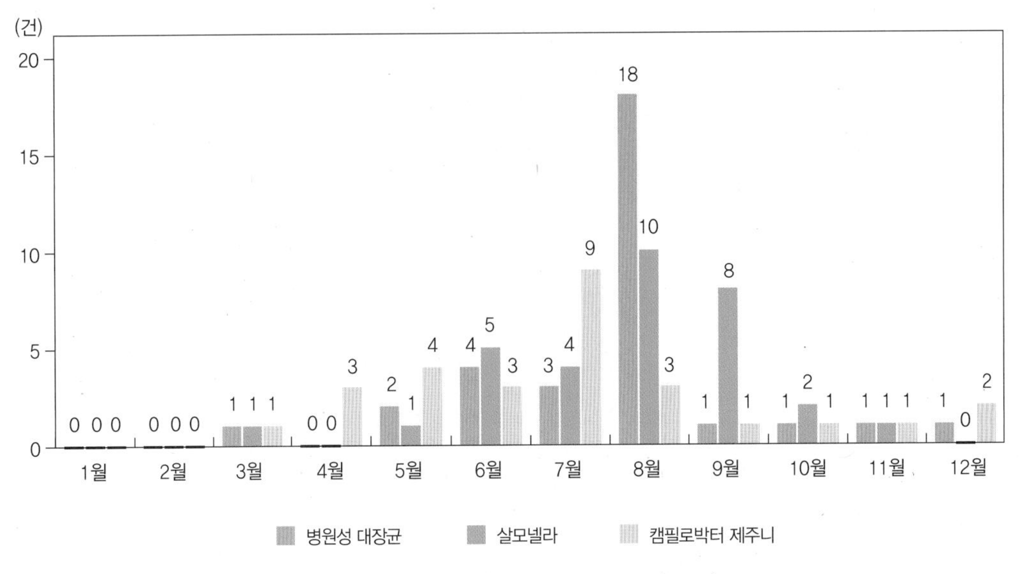

(a) 월별 주요 세균성 식중독 발생 건수(2021)

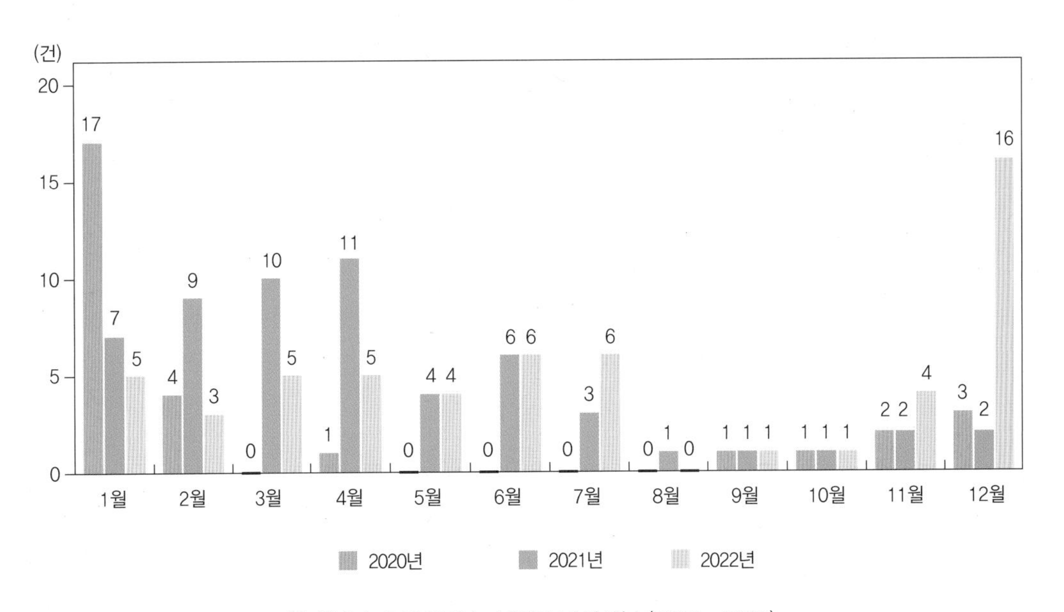

(b) 월별 노로바이러스 식중독 발생 건수(2020~2022)

그림 2-2 월별 · 원인물질별 식중독 발생 현황

자료 : 식품의약품안전처(2023)

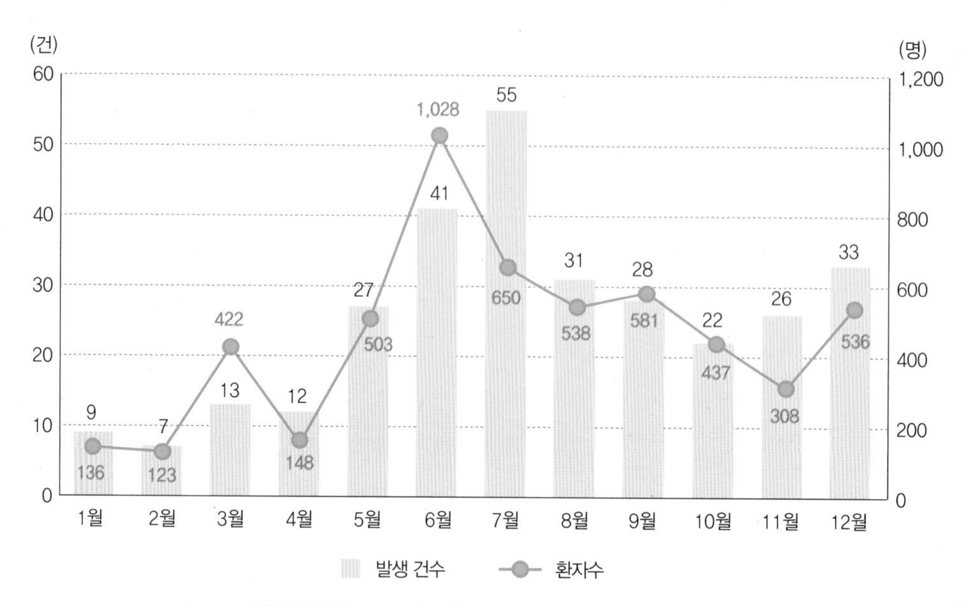

그림 2-3 2022년도 월별 식중독 발생 건수와 환자수

자료 : 식품의약품안전처(2023)

2. 식중독균의 성장에 영향을 미치는 인자

식품의 원·부재료에는 다양한 미생물들이 부착되어 있으나 이들 대부분의 미생물은 육안으로 확인할 수 없다. 또한 식품에 부착되어 있는 수많은 미생물들은 식품이 재배·수확·보관·저장·가공·유통·조리과정에서 때로는 문제가 되는 수준으로 증식하여 건강상의 위험risk을 유발하기도 한다.

그러나 식품 속에 내재되어 있는 모든 미생물학적 위해가 최종적으로 소비되는 단계에서 위험하지는 않다. 즉, 급식·외식업소 관리자가 미생물의 성장에 영향을 미치는 인자들을 올바르게 이해하고 식재료와 업장의 위생관리와 품질관리를 위해 이를 잘 응용할 수 있다면 위해 미생물을 효과적으로 통제할 수 있게 되어 최종적으로 배식(서빙)되는 음식의 안전성을 확보할 수 있다.

미생물의 성장에 영향을 미치는 인자에는 식품의 pH, 수분함량, 영양소 함량, 산소 등과 같은 내적인자intrinsic factor와 저장온도, 상대습도, 대기조성 등과 같은 외적인자extrinsic factor가 있다. 이들 내적·외적인자의 특성을 고려하여 급식·외식업소에서 사용하는 식품의 유해 미생물 성장 억제법에는 온도–시간관리, pH · 수분 · 산소 조절방법과 방사선 조사법 및 화학물질 처리법 등이 있다.

1) 식중독균과 온도관리

온도는 미생물의 성장에 영향을 미치는 가장 중요한 인자이며, 적절한 온도관리는 곧 미생물에 의한 식중독을 예방할 수 있는 최선책이다. 미생물들은 영하의 온도부터 100℃ 이상의 온도대까지 넓은 온도범위에서 생장할 수 있으나 대부분의 식중독 박테리아의 생육적온은 체온에 가까운 30~40℃이다. 미생물은 대체로 5~60℃의 범위에서 잘 증식하는데 보통 이 온도범위를 '위험온도범위danger zone'라고 하며, 되도록이면 식품이 이 범위에 노출되지 않도록 관리해야 하고 노출이 불가피한 경우에는 노출시간을 최소화하는 관리가 필요하다.

보통 외부온도를 조절하면 미생물의 성장을 지연하거나 방지할 수 있는데, 대표적인 온도조절방법으로는 냉장 · 냉동 · 열처리가 있다. 냉장은 식품을 물의 빙점 이상에서 보관하는 방법으로 급식 · 외식업소에서는 보통 냉장고의 온도를 10℃ 이하로 관리한다. 냉장온도대에는 리스테리아균, 여시니아균 및 세균의 포자를 제외하고 대부분의 세균 증식이 지연된다. 그러나 냉장온도에서 식품을 장기간 보관할 경우 다른 경쟁균이 억제된 상태가 되어 상대적으로 저온에서 잘 생장하는 균들이 쉽게 증식할 수 있으므로 냉장공간을 주기적으로 세척 · 소독하는 것이 필요하다. 냉동은 –18℃ 이하로 저장하는 방법으로 세균의 사멸효과가 있으나 모든 세균이 사멸하는 것은 아니며 특히 포자는 냉동상태에서도 생존할 수 있다.

대체로 60℃ 이상에서는 세균이 증식하지 못하고 사멸하기 시작한다. 일반적으로 식품의 살균을 위한 온도와 시간은 살모넬라균을 1/100,000로 감소시키는 온도와 시간으로 표시된다. 대부분의 식중독균은 74℃까지 가열하면 사멸하므로 적절한 가열조리를 통하여 안전한 식품을 생산할 수 있다. 그러나 일부 식중독균(황색포도상구균, 클로스트리디움 보툴리눔, 클로스트리디움 퍼프린젠스, 바실러스 세레우스 등)의 포자는 일반적인 가열온도와 시간으로 사멸되지 않으므로 장기간의 식품보관을 위해서는 밀폐된 용기에 식품을 넣고 열처리하여야 한다.

한편, 적정온도로 조리된 식품이라도 냉각되는 과정에서 포자가 발아하여 증식하거나 독소를 분비할 수 있다. 그러므로 가열조리 후에는 배식(서빙) 전까지 60℃ 이상으로 온도를 유지하거나 급속냉각을 실시하여 신속히 위험온도 범위를 벗어난 후 냉장보관 하였다가 섭취 전 적정온도까지 재가열하여야 한다. 배식(서빙) 단계에서의 온도관리를 위해서는 급식소나 외식업소에 보온고와 보냉고를 구비해야 한다.

2) 식중독균과 시간관리

미생물은 이분법dividing에 의해 기하급수적으로 증식한다. 〈그림 2-4〉와 같이 부적절한 환경조건에서는 10~12시간 안에 1개의 균체가 백만 개로 증식하여 문제가 발생할 수 있다. 세대시간이 10분 정도인 식중독균도 있으므로 온도관리가 원활하게 수행되기 힘든 조건의 급식·외식업소에서는 식품 취급 시 위험온도범위에 노출되는 시간을 가급적 짧게 관리하는 것이 식중독균의 증식을 막는 최선의 방법이다.

이를 위해서는 급식소에서는 배식시간을 기준으로 음식생산 종료시간을 2시간 이내로 계획하여 조리된 음식이 실온에서 장시간 보관되는 일이 없도록 해야 한다. 또한 급식소의 배식시간이 길거나 배식공간에 비해 급식인원이 많아 여러 번에 나누어 배식해야 할 때 분산조리batch cooking 방법을 이용하여 음식을 일정한 배식시간에 필요한 만큼만 생산하도록 한다.

외식업소의 경우에는 주문 후 조리를 시작하는 것이 이상적이나 여건상 불가능한

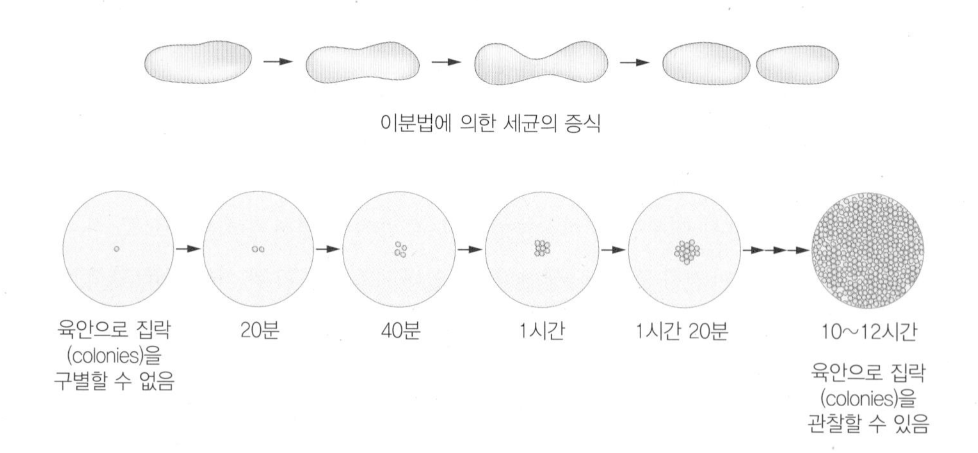

그림 2-4 시간 경과에 따른 식중독균의 증식 정도

경우에는 원·부재료나 전처리된 식재료를 냉장보관 하였다가 주문이 들어오면 조리사가 가열조리를 하여 고객에게 제공하도록 한다.

식품안전관리인증기준의 선행요건관리항목을 기준으로 실온에서 보관하면서 배식(서빙) 시에는 조리완료 후 2~3시간 이내에, 60℃ 이상으로 온도 유지가 가능한 경우는 5시간 이내에, 5℃ 이하로 온도유지가 가능한 경우는 24시간 이내에 소비하는 것이 안전하다.

3) 식중독균과 산도(pH)

식품의 pH는 식품 내의 미생물 성장에 영향을 미치는 주요 인자 중 하나이다. 보통 미생물들은 일정 범위의 pH에서만 성장할 수 있다. 대부분의 세균은 pH 4.6 이하에서는 잘 성장하지 못하며, pH 6.5~7.2 범위에서 가장 잘 성장한다. 그러나 황색포도상구균은 pH 4.2에서 증식할 수 있고 리스테리아균과 여시니아도 pH 4.4 이하에서 증식할 수 있으므로 관리 시 주의한다. 한편 효모와 곰팡이는 세균보다 pH에 덜 민감하여 보다 넓은 pH 범위에서 성장할 수 있으며, 최적 pH도 효모가 4.0~4.5, 곰팡이는 3.0~3.5로 세균보다 훨씬 낮다.

pH는 식품 미생물의 성장에 영향을 미칠 뿐만 아니라 성장곡선의 모양에도 영향을 미친다. pH가 최적에서 최소 pH로 내려가면 성장률이 감소하고 신생 미생물수가 감소하며, 유도기가 길어지고 정지기가 짧아지면서 미생물의 사멸속도가 증가한다. 따라서 미생물 성장 지연을 위하여 인위적으로 산도를 높이는 방법을 사용한다. 가장 대표적인 방법은 식초절임이다. 요구르트 제조 시나 김치 발효 시에는 젖산균이 생성됨으로써 pH가 낮아져 다른 부패 세균의 성장이 억제되기도 한다. 그러나 대부분의 식품은 산성에서 중성 범위에 가까운 산도로, 레몬과 같은 강산성 식품을 제외하고는 미생물이 증식하기 좋은 조건이어서 취급에 주의해야 하며, 식품의 pH가 4.6~7.5 정도이면 잠재적 위해식품PHF : Potentially Hazardous Foods으로 간주한다(그림 2-5). 또한 식중독균은 아니지만 곰팡이는 산도가 높은 발효식품(pH≤3.5)에서도 증식이 가능하여 식품을 변패시킬 수 있다.

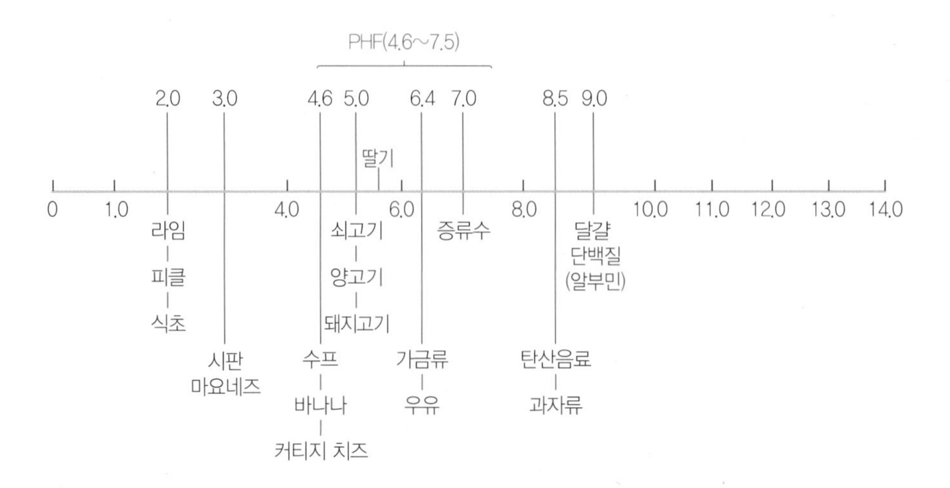

그림 2-5 여러 가지 식품의 pH

4) 식중독균과 수분

수분은 모든 생물체의 존재 및 성장에 필수 불가결한 요소이다. 미생물이 성장하기 위해서는 식품의 수분활성도가 최소 0.61 이상이어야 하며, 그람음성 세균은 수분활성도가 0.95 이상일 때, 그람양성 세균은 0.90 이상일 때 잘 생육한다. 따라서 식품의 수분활성도를 낮추는 방법으로 식품의 저장성을 향상할 수 있다. 수분활성도를 낮추는 방법으로는 염장법, 당장법, 단순건조, 동결건조 등이 있으며 물이 얼음상태로 존재하거나 결정화 또는 수화되어 있는 경우에도 미생물이 그 물을 이용하여 성장하기 힘들다.

대부분의 식중독균은 수분활성도 0.85 미만에서는 성장하지 못한다(그림 2–6). 따라서 급식·외식업소에서 사용하는 식품 중 수분활성도가 0.85 이상이면서 pH가 4.6에서 7.5 정도 범위인 식품, 예를 들어 육류, 가금류, 어패류, 조리된 곡류와 감자류, 콩류 및 콩가공품(특히 두부류), 종자발아식품, 조리된 채소류와 절단된 과일류 등은 잠재적 위해식품PHF으로 구분하고 생산 및 배식관리 시 온도–시간관리에 특별히 주의하여 관리해야 한다.

또한 식품 저장환경의 상대습도는 수분활성도 및 식품 표면에 부착된 미생물의 성장에 영향을 미친다. 예를 들어 급식·외식업소에서 식품창고에서 보관하는 식품의 수분활성도보다 창고 내의 상대습도가 높다면 식품이 외부환경으로부터 수분을

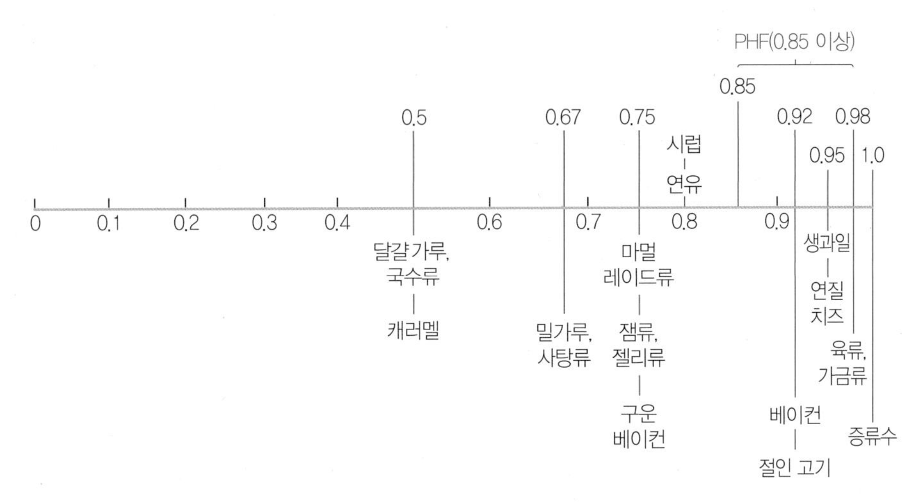

그림 2-6 **여러 가지 식품의 수분활성도**

흡수하여 식품 표면의 수분활성도가 높아지게 되고 이 과정에서 미생물의 성장이 촉진될 수 있다. 따라서 안전한 식품저장을 위해서는 식품창고의 상대습도를 항상 50~60% 정도로 관리하고 상대습도가 높아지는 장마철 등에는 식품창고 내 제습기를 가동하여 습도를 조절해야 한다.

5) 식중독균과 산소

식품에 존재하는 미생물들 중에는 성장이나 활동을 위해 산소가 필요한 호기적 미생물aerobic microorganisms과 산소 없는 상태를 요구하는 혐기적 미생물anaerobic microorganisms이 있다. 또한 대기 중의 산소농도보다 훨씬 낮은 산소농도를 선호하여 산소농도가 100%가 넘어가면 오히려 성장 저해를 보이는 미호기성 미생물microaerophilic microorganism과 대기 중 산소의 유무에 상관없이 성장할 수 있는 통성혐기성 미생물facultative anaerobic microorganisms이 있다. 이와 같은 미생물의 특성을 이해하면 식품이 보관되어 있는 환경의 산소농도를 조절하여 식중독균의 성장을 억제할 수 있다.

그러나 일부 식중독균들은 통성혐기성으로 호기적 또는 혐기적 환경에서 모두 성장 가능하기 때문에 제어에 어려움이 있다. 보통 식품을 보관할 때 진공포장을 해두면 곰팡이나 호기성 세균의 번식을 억제할 수 있기 때문에 저장기간을 연장할 수 있다. 그러나 효모나 혐기성 세균들(예 : 클로스트리디움 보툴리눔, 클로스트리디움 퍼프린젠스)과 미호기성균(예 : 캠필로박터균)은 진공포장된 식품에서도 온도조건만 충족되면 증식하여 식중독을 유발할 수 있으므로 진공포장 전에 열처리를 하고 진공 포장 후에도 냉장온도에서 보관하거나 혹은 통조림으로 제조하여 탈기 후 열처리하는 방법을 병행하였을 때 혐기성균이나 미호기성균의 증식을 효과적으로 억제할 수 있다.

6) 식중독균과 방사선 조사

X선, γ선, β선과 같은 방사선을 식품에 적정량 조사하면 미생물을 사멸시킬 수 있다. 방사선 조사법은 식중독균 및 병원균의 살균뿐만 아니라 발아억제, 숙도조절, 기생충 및 해충 사멸 등에 이용된다. 우리나라에서는 2023년 기준으로 감자, 양파, 복합조미식품 등 총 29개 품목에 대하여 방사선 조사가 허용되고 있고 전 세계적으로는 250여 개 식품에 대해 방사선 조사를 허용하고 있다.

방사선 조사는 방사능 오염과는 무관하지만, 소비자의 오해를 불러일으키지 않기 위해 방사선 조사라는 용어 대신 '비가열 멸균cold sterilization'이란 용어를 사용하기도 한다. 방사선을 조사한 식품에 대해서는 방사선 조사식품 마크를 표시하도록 규정하고 있다(그림 2-7). 한국 최초 우주인을 위해 개발된 한국식 우주식량 10종도 대표적인 방사선 조사식품이다.

그림 2-7 방사선 조사식품 마크

7) 식중독균과 화학물질처리

살균제, 소독제, 보존료 등의 화학물질로 처리하여 미생물 성장을 억제하거나 사멸시킬 수 있다. 살균제는 신체 외부에 처리하여 미생물을 사멸시키기 위해 쓰는 화학물질이고 소독제는 급식소나 외식업소의 조리실과 식당 시설 · 설비나 용기 · 기구 등을 소독하기 위해 쓰는 화학물질이다. 살균 · 소독제는 세포막을 통과하여 세포 내 효소를 파괴하고 세포벽 파괴 및 산화작용으로 세균을 사멸시킨다. 식품과 접촉하는 표면은 반드시 세척 후 적절한 종류와 용량의 살균 · 소독제로 소독을 실시하여 육안으로 보이지 않는 식중독균을 제거해야 교차오염을 방지할 수 있다.

합성보존료는 식품의 저장을 위해 쓰이는 식품첨가물로 미생물을 모두 사멸시키지는 않으나 성장을 억제하여 식품의 부패를 지연하는 화학물질이며, 항생제는 의약품으로서 인체에 침입한 병원성 세균의 치료에 사용한다.

3. 대표적인 식중독균의 특성

우리나라 식품공전에서 식중독 유발 세균으로 관리되고 있는 것은 살모넬라균, 황색포도상구균, 장염비브리오균, 리스테리아균, 병원성 대장균, 캠필로박터균, 바실러스 세레우스, 클로스트리디움 퍼프린젠스, 클로스트리디움 보툴리눔, 여시니아 등이다(표 2-5).

미국의 경우 원인물질별 식중독 발생률을 살펴보면 살모넬라균이 37%, 캠필로박터균이 34%, 쉬겔라균이 16%, 병원성 대장균이 4%, 여시니아가 1%, 그 다음으로 리스테리아균과 비브리오균이 1% 미만으로 발생하고 있다. 30년 전만 해도 캠필로박터균이나 병원성 대장균, 리스테리아균은 식중독균으로 거의 알려져 있지 않았으나 최근에는 이 세균들이 전 세계적으로 주요 식중독균으로 관리되고 있다. 우리나라도 매년 살모넬라, 황색포도상구균, 장염비브리오균의 발생률이 높았으나 최근에는 병원성 대장균과 캠필로박터 제주니, 바실러스 세레우스, 클로스트리디움 퍼프린젠스에 의한 발병이 새롭게 증가하고 있어 이들 세균에 의한 식중독 발생 예방 대책의 수립이 필요한 상황이다.

표 2-5 주요 세균성 식중독균의 특징

균 종	오염원	발병균량	증식 가능한 수분활성(Aw)	열저항성(균수가 1/10로 감소하는 시간)	최적생육 온도(℃)	최적 생육 pH
장염비브리오균	해수, 어패류	10^6~10^9/사람	0.94 이상	–	37	7.8~8.6
황색포도상구균	사람, 조류	10^5~10^6/g	0.83 이상	60℃ : 2.1~42.35분	40~45	7.0~8.0
살모넬라균	사람, 동물의 분변, 육류 · 조류, 달걀	1~10^9/사람	0.94 이상	60℃ : 3~19분	35~43	7.0~7.5
캠필로박터 제주니	사람, 동물의 분변, 우유, 육류 · 조류	> 5×10^2/사람	0.98 이상	60℃ : 1.33분(우유)	42~43	6.5~7.5
병원성 대장균	사람, 동물의 분변, 젖, 육류 · 조류	10~10^2/사람	0.95 이상	60℃ : 1.67분	35~40	6.0~7.0
클로스트리디움 보툴리늄	토양, 어패류, 포장용기식품	3×10^2/사람	0.93 이상	단백분해권 (121℃ : 0.23~0.3분) 단백비분해권 (82.2℃ : 0.8~6.6분)	–	–
바실러스 세레우스	곡류(쌀), 소스류, 향신료	10^5~10^{11}/사람	0.912 이상	구토형 (85℃ : 50.1~106분) 설사형 (85℃ : 32.1~75분)	30~37	6.0~7.0
여시니아 엔테로콜리티카	젖, 육류 · 조류, 굴, 생채소	3.9×10^7~10^9 /사람	0.94 이상	62.8℃ : 0.24~0.96분 (우유)	25~37	7.2
리스테리아균	젖, 육류 · 조류, 어패류, 포충류	> 10^3~ > 10^5 /사람	0.90 이상	60℃ : 2.61~8.3분	30~37	7.0
클로스트리디움 퍼프린젠스	식육, 식육가공품, 소스류	> 10^6/g	0.93 이상	–	43~47	7.2

1) 살모넬라균(*Salmonella* spp.)

살모넬라균에 의한 식중독은 우리나라뿐만 아니라 전 세계적으로도 가장 흔하다(그림 2-8). 살모넬라균은 포자를 형성하지 않는 그람음성 간균으로 통성혐기성 세균이다. 성장 온도대는 5~45.6℃, 성장 가능한 수분활성도는 0.94~0.99이며, pH 4 이하에서는 살지 못한다. 또한 60℃에서 20분간 가열하면 사멸하나 토양 및 수중에서는 비교적 오래 생존한다.

살모넬라 식중독의 원인식품은 부적절하게 가열한 동물성 단백질 식품(우유 및 유제품, 육류 및 육가공품, 가금류, 난류, 어패류와 그 가공품)이나 닭고기샐러드 등의 샐러드류, 김밥, 샌드위치, 도시락 등의 즉석섭취식품류 등이다.

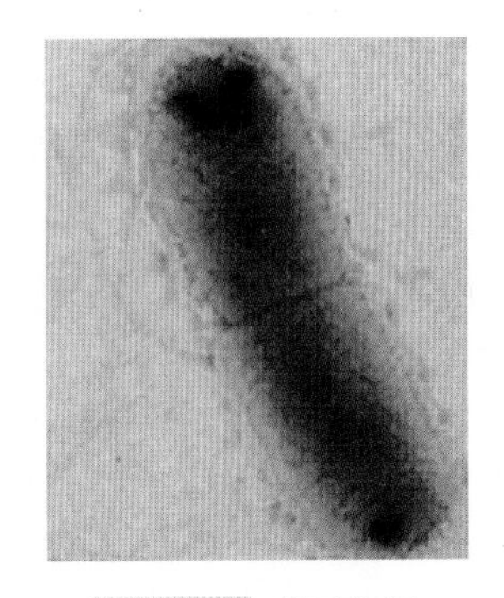

그림 2-8 살모넬라균

자료 : Oxoid(2007)

일반적으로 잠복기는 12~36시간이며 증상은 1~2일에 절정을 이루고 치료 시 1주일 정도 지나면 대개 회복된다. 주된 식중독 증상은 급성 위장염 증세로 복부통증, 설사, 메스꺼움, 구토, 발열, 두통 등이 나타난다.

살모넬라 식중독의 예방을 위해서는 식품을 74℃ 이상에서 1분 이상 가열조리하고 조리 후 식품을 가능한 한 신속히 섭취하고 남은 음식은 5℃ 이하에서 냉장보관한다. 냉장보관 후 74℃ 이상에서 1분 이상 재가열한 후 섭취한다. 급식 · 외식업소에서 사용하는 난류는 위생란을 사용하고, 난류의 파각 시에는 위생장갑을 착용하고 파각 전후에는 반드시 손세척 · 소독을 실시한다. 또한 파각한 달걀용액을 담았

Case Study

음식점의 살모넬라 식중독 발생 사례

부산 금정구 소재 ㅇㅇ대학교 학생들이 학교 앞 음식점(ㅇㅇ구리)에서 음식섭취 후 위장관염 증세가 발생하였다. 역학조사결과 27개 집단의 78명이 섭취 후 66명에서 환례가 발생하여 발병률은 84.6%이었으며 9월 1일 점심 섭취자 7명 중 6명, 9월 1일 저녁 섭취자 5명, 9월 2일 점심 섭취자 63명 중 54명, 9월 2일 저녁 섭취자 3명 중 1명에서 위장관 증상이 발생하였다. 각각 섭취시간을 추정위험일시로 보고 잠복기를 계산한 결과 최초잠복기는 6시간, 평균잠복기는 22시간, 최장잠복기는 46시간이었으며 유증상자 검체 14건 중 5건만 표준검사항목을 준수하였고 나머지 환례와 조리종사자는 세균 5종만 실시하였다. 실험결과 유증상자 5명, 조리종사자 1명에서 Salmonella Enteritidis가 분리되었고, 식품섭취력 분석은 9월 2일 점심에 제공된 달걀말이에서만 통계적으로 유의한 결과가 나왔다. 대학교 내 식당이 있기는 하지만 대부분의 학생이 학교식당을 이용하지 않아 공동노출력조사에서는 제외하였으며 본 식중독 사고의 원인병원체는 Salmonella Enteritidis, 발생장소는 음식점, 감염원은 달걀말이로 추정할 수 있다.

자료 : 질병관리청(2012)

던 용기는 그대로 재사용하지 말고 반드시 세척 · 소독 후 사용한다. 또한 칼 · 도마는 육류용, 가금류용, 채소 · 과일용으로 구분하여 사용하여 교차오염이 발생하지 않도록 주의한다.

2) 황색포도상구균(*Staphylococcus aureus*)

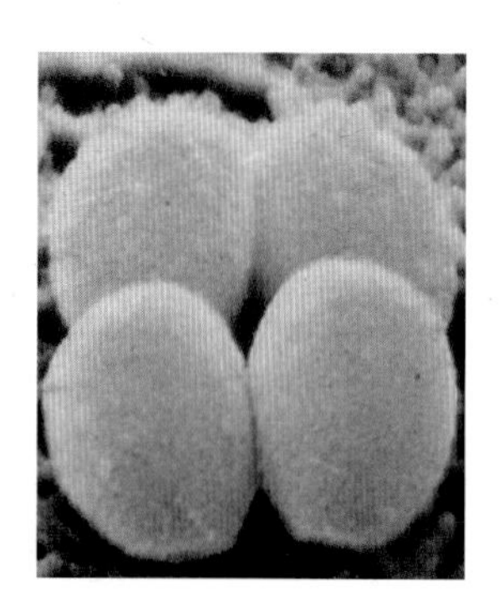
그림 2-9 황색포도상구균
자료 : Oxoid(2007)

황색포도상구균은 그람양성 세균으로, 이 세균이 생성하는 독소를 함유한 식품을 섭취하면 식중독이 발생하게 된다(그림 2-9). 통성혐기성 세균이지만 호기적 상태를 더 좋아한다. 다른 세균에 비해 소금, 설탕에 내성을 보이며 특히 건조한 상태에서도 저항성이 강하다. 성장 가능한 pH는 4.5~9.6이고, 7~48℃의 온도범위에서 자라며 독소 형성이 최대인 온도대는 21~37℃이다. 이 세균이 생성하는 독소인 엔테로톡신enterotoxin은 장관을 공격하고 심한 구토와 설사, 복통, 오심을 유발한다. 잠복기는 1~6시간으로 짧은 것이 특징이며, 증상은 1~2일 정도 지속되나 치사율은 높지 않다.

이 균은 냉동상태에서도 생존 가능하며 60℃에서 30분 정도 가열하면 거의 사멸되나 장독소는 내열성이 강하여 100℃에서 60분간 가열하여야 파괴된다. 원인식품은 육류 및 그 가공품, 우유 및 유제품, 김밥 · 샌드위치 · 도시락류 등의 즉석섭취식품류와 크림이 든 제빵류, 소스류 등이다.

황색포도상구균은 건강한 사람의 피부에서도 쉽게 분리될 수 있으며, 주로 비강이나 감염된 상처, 피부손상 부위에 많이 분포한다. 따라서 식품취급자는 손을 위생적으로 관리하고 손에 창상이나 화농이 있을 경우 조리작업을 해서는 안 된다. 또한 이 균은 식품을 조리 후 상온에서 장시간 보관하거나 가열조리 후 부적절한 온도에서 냉각할 경우 문제가 되는 수준으로 증식한다.

황색포도상구균 식중독의 예방을 위해서는 기침, 재채기 등 급성 호흡기질환, 피부발진, 피부화농 등이 있는 사람의 식품취급을 엄격히 제한하고 조리종사원의 개인위생관리를 철저히 해야 한다. 또한 맨손으로 하는 작업을 금지하고, 용도별로 고무장갑을 구분 사용하며, 1회용 장갑을 자주 교체하면서 사용한다. 또한 조리한 음식은 보관 시 60℃ 이상이나 5℃ 이하로 보관한다.

Case Study

황색포도상구균 연구사례

시판 샌드위치류 총 174개를 대상으로 미생물학적 위해분석을 실시하기 위해 일반세균, 대장균군, 대장균, 황색포도상구균, 병원성 대장균, 리스테리아균을 분석한 결과 일반세균수가 6 log CFU/g을 초과한 경우는 전체의 37.4%였고, 대장균군수가 3 log CFU/g을 초과한 경우는 전체의 82.2%였다. 또한 전체 시료에서 대장균은 총 8건(4.6%), 황색포도상구균은 18건(10.3%), 살모넬라균은 2건(1.1%)이 검출되었고, 병원성 대장균과 리스테리아균은 모든 시료에서 검출되지 않았다. 계절에 따른 미생물학적 위해의 차이 분석 결과 일반세균수와 대장균군수는 여름철이 겨울철에 비해 유의적으로 많은 양이 검출되었고 대장균은 여름철이 겨울철에 비해 검출 건수가 유의적으로 많았으나 황색포도상구균은 겨울철이 여름철에 비해 검출 건수가 유의적으로 더 많았다. 그러나 황색포도상구균 검출량은 여름철(평균 3.24 log CFU/g)이 겨울철(평균 1.10 log CFU/g)에 비해 유의적으로 많았으며 표준레시피를 적용하여 햄치즈샌드위치 제조 후 독소형성 확인 실험을 실시한 결과 황색포도상구균의 수가 4.95 log CFU/g을 초과했을 때 독소가 형성된다는 것을 확인하였다.

자료 : 배현주 · 박해정(2007)과 배현주 · 박해정(2011) 종합

3) 장염비브리오균*(Vibrio parahaemolyticus)*

장염비브리오균은 1998년 여름에 유행했던 조개구이로 인해 최다 발생 건수를 기록한 식중독균이다(그림 2-10). 우리나라와 일본 등에서 흔하게 발병하는 장염비브리오 식중독은 비브리오 파라헤모리티쿠스에 의한 감염증이다. 감염 증상은 복통과 함께 물 같은 설사를 하며 구토, 두통, 발열을 동반한다. 잠복기는 4~30시간이며 보통 증상이 2~7일 정도 지속되며 사망하는 경우는 드물지만 심한 경우 항생제를 투여하기도 한다.

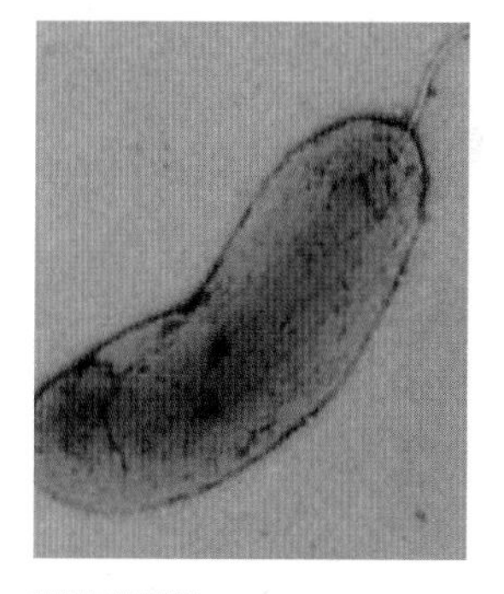

그림 2-10 장염비브리오균

자료 : Oxoid(2007)

장염비브리오균은 호염성이기 때문에 포구나 연안 등 해수에서 살고 있으며, 겨울에는 해수바닥에 있다가 여름이 되면 떠올라 어패류를 오염시킨다. 제대로 조리되지 않은 오염된 어패류를 섭취하거나 수산물을 생으로 섭취한 사람이 감염될 수 있다.

어패류를 생식하지 않는 것이 최선의 예방책이며 60℃에서 5분 이상 가열하면 쉽게 사멸하므로 충분히 가열한 후 섭취하도록 한다. 또한 어패류의 표면이나 아가미에 존재하므로 수돗물로 잘 씻는 것만으로도 예방효과가 있다. 음식점 식중독 발생건수 중 전체의 40% 정도가 횟집에서 발생하므로(2007년 기준) 횟집에서는 특히 장염비브리오균을 예방할 수 있는 위생관리 수칙을 준수해야 한다.

소비자 및 식품접객업소 수산물 위생관리 매뉴얼

기본수칙
- 모든 어패류 및 기구 · 도마 등은 수돗물로 충분히 세척할 것
- 칼 · 도마 등 조리기구는 조리용과 횟감용을 구분하여 사용할 것
- 독감이나 화농성 질환이 있는 경우 조리업무에 종사하지 말 것
- 소비(유통)기한이 지났거나 무표시 제품, 남은 음식은 사용하지 말 것

조리위생관리 수칙
- 어패류 등은 5℃ 이하로 냉장 보관할 것
- 냉동보관이 필요한 경우 깨끗한 용기에 담아 −18℃ 이하로 보관할 것
- 지느러미 등 생선 · 어패류 표면은 철저히 세척한 후 절단 · 조리할 것
- 가열조리하는 온도와 시간을 준수할 것

기타사항
- 수족관 물은 자주 교체하고 내 · 외부를 청결히 할 것
- 한번 사용한 무채 · 천사채 등은 다시 사용하지 말 것
- 날 음식과 익힌 음식은 구분하여 보관 제공할 것
- 행주, 도마 · 칼 등은 항상 소독을 철저히 하고 깨끗한 상태를 유지할 것

자료 : 식품의약품안전처(2015)

4) 리스테리아균(*Listeria monocytogenes*)

리스테리아균은 자연환경에 널리 분포되어 있어 근본적인 오염방지가 쉽지 않다(그림 2-11). 냉장온도에서도 성장이 가능하므로 냉장유통cold chain이 잘 발달되어 있는 선진국에서 많이 발생하는 선진국형 식중독균이다. 그람양성 간균으로 pH 5~9에서 잘 자라고, 최적 성장 온도는 37℃, 성장 가능 온도범위는 −0.4~45℃로 냉장온도에서도 성장이 가능하여 0℃에서 7.5일이면 2배로 증식한다. 미호기성균이지만

호기성과 혐기성 상태에서 모두 성장 가능하며, 건조하거나 진공상태 또는 질소충전포장 식품, 10% 염농도에서도 성장 가능하다.

리스테리아에 의한 감염증상을 리스테리아증Listeriosis이라 하며 리스테리아에는 8개 균종이 있으나 이 중 리스테리아 모노사이토제네스*Listeria monocytogenes* 및 리스테리아 이바노비*Listeria ivanovii* 두 종만 인체에 병원성을 나타내며 대부분의 식중독 발생은 리스테리아 모노사이토제네스에 의한다.

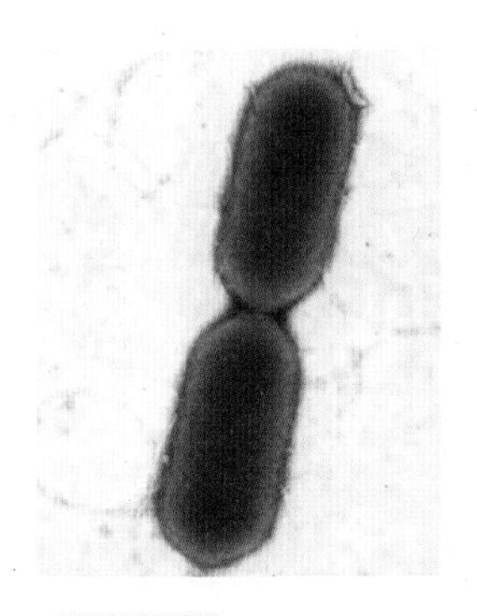

그림 2-11 리스테리아균
자료 : Oxoid(2007)

잠복기는 1~6주 정도로 다른 식중독균에 비해 잠복기가 길고, 감염량은 1,000균 정도로 추정되나 태아, 신생아, 그리고 면역력이 약한 사람은 위험성이 높아 10^3균 이하로도 발병이 가능하다. 주요 증상은 구토, 설사, 발열, 오심 등이며 특히 임신부와 태아에게는 신경계, 심장, 그리고 다른 주요 기관에 영향을 주어 유산, 사산 또는 신생아 패혈증을 유발할 수 있다. 위험그룹이 리스테리아균에 감염되었을 때의 사망률은 약 30% 정도 된다.

부적절한 축산제품의 취급·처리 및 적절하지 못한 물의 사용 등으로 오염되거나 분변에 오염된 토양에 직접 피부가 닿아 발생할 수도 있다. 사람이나 가축 모두 아무런 증상이 없이 분변에 균을 가지고 있을 수 있다. 리스테리아균은 가금류, 육류 및 소시지 등의 육가공품, 다진 쇠고기, 연성치즈, 살균처리하지 않은 우유, 채소, 아이스크림, 냉동식품, 훈제연어, 냉각된 즉석섭취식품류 등 다양한 식품에서 분리된다.

리스테리아균을 1/1,000,000로 감소시키기 위해서는 70℃에서 2분간, 75℃에서 24초간, 80℃에서는 수초간 처리하면 된다. 리스테리아균에 의한 식중독을 예방하기 위해서는 샐러드용 채소류와 같이 가열하지 않고 냉장보관하면서 먹는 음식도 오염되기 쉬우므로 식재료의 준비단계부터 주의해야 하며 조리단계에서는 가열조리온도 준수와 교차오염 방지가 필요하다. 과육이 리스테리아균에 오염되는 것을 예방하기 위해서는 과일을 자르기 전에 껍질을 과일용 세척제를 이용하여 솔로 깨끗하게 세척해야 하며 식품취급자는 식품을 다루기 전후에 손을 철저히 세척·소독해야 한다. 또한 냉동이나 냉장보관했던 음식은 배식(서빙) 전 74℃ 이상에서 1분 이상 재가열한다.

젖은 바닥, 수분응결된 배수시설 등은 리스테리아균의 성장을 촉진할 수 있으므로 식품제조·가공 및 조리장 시설·설비는 항상 청결하고 건조하게 유지하도록 하며, 조리원은 항상 위생복을 착용하고 조리실 바닥은 작업완료 후 세척·소독한다. 냉장고 선반과 내부, 도마, 조리대 등은 닦은 후 염소소독제 등 살균제를 사용하여 살균하고 깨끗한 마른 행주나 종이 타월로 말려 사용하며, 냉장고 내부에 식육 침출액 등이 흘렀을 경우는 즉시 닦아 내고 냉장고는 정기적으로 청소하도록 한다.

Case Study

리스테리아 식중독 사례

2011년 9월 말 미국 20개 주에서 콜로라도산 캔털루프 멜론을 통해 전파된 것으로 추정되는 리스테리아균에 총 139명이 감염되고 그중 29명이 사망했다. 캔털루프 멜론은 거친 껍질을 가지고 있어 토양이나, 농업용수, 동물의 배설물 및 수확 후 오염된 물로 세척하는 과정 등에서 식중독균에 쉽게 오염될 수 있다. 미국 언론들은 이번 식중독 사태를 지난 10여 년 사이에 발생한 가장 치명적인 식중독 사태로 규정하였다. 우리나라에는 콜로라도산 칸탈루프 멜론은 수입된 적이 없으며, 리스테리아균에 의한 식중독 집단발생 보고 또한 없지만, 일반적으로 과일 표면에 식중독균이 오염될 수 있기 때문에 과일을 다루기 전 과일용 세척제를 이용하여 식중독균을 깨끗하게 제거해야 한다. 또한, 미국 여행자들은 현지 여행 시 해당 멜론 섭취를 주의해야 한다.

자료 : 식품의약품안전처(2011)와 최용훈(2011) 종합

5) 병원성 대장균

대장균은 사람을 비롯하여 동물의 대장 속에 상존하는 균으로, 식품 내에 대장균의 존재는 식품 제조(조리)과정의 위생상태가 불량하였음을 나타내는 위생지표세균으로 인식되어 왔다(그림 2–12). 대장균은 유당을 분해하여 산과 가스를 생산하는 통성혐기성 세균으로 운동성이 있으며 이 세균의 성장온도대는 2.5~45℃이며 성장 가능한 pH는 4.4~9.0으로, 요구되는 최소한의 수분활성도는 0.95이다. 잠복기는 12~72시간이며, 종류에 따라 차이가 난

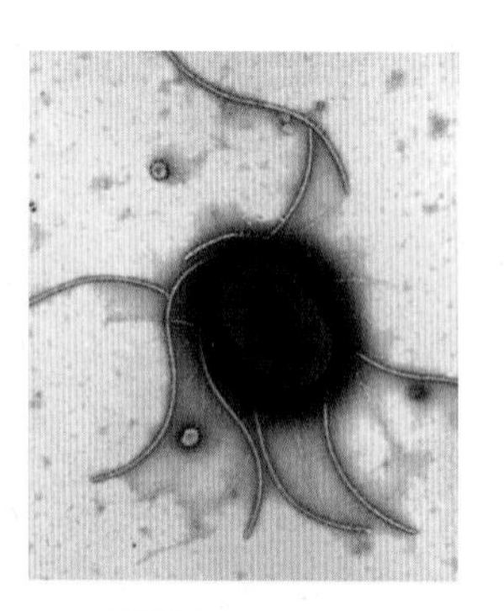

그림 2–12 대장균
자료 : Oxoid(2007)

다. 대장균의 대부분은 식중독의 원인이 되지는 않지만 유아에게 감염성 설사증이나 성인에게 급성 장염을 일으키는 대장균이 있는데 이를 병원성 대장균이라고 한다.

병원성 대장균은 독소 생성 여부 등에 따라 장출혈성 대장균EHEC, 장독소성 대장균ETEC, 장침입성 대장균EIEC, 장병원성 대장균EPEC, 장응집성 대장균EAEC 등으로 구분되며 전체 대장균의 약 1～2%를 차지한다. 병원성 대장균은 베로독소verotoxin를 생성하여 대장점막에 궤양을 유발하여 출혈을 유발하는데, 이를 장출혈성 대장균이라고 한다. 혈청형에 따라 O26, O103, O104, O146, O157 등이 있으며 대표적인 균이 *E. coli* O157:H7이다.

병원성 대장균은 대장균군 중 독성이 가장 강하며 1982년 미국에서 덜 익힌 햄버거에 의한 식중독 사고로 인해 처음 알려졌다. 그 후 1993년 1월에 미국 캘리포니아주 패스트푸드점에서 제대로 조리되지 않은 햄버거를 먹고 약 500명이 감염되었고 그중 몇 명의 어린이가 사망했다. 그리고 1996년에는 일본에서 한 번에 9,451명의 환자가 발생하고 그중 12명이 사망했으며, 우리나라에서도 1994년에 1건이 확인된 이후 2011년에는 전체 식중독 발생 건수의 12.9%, 발생환자수의 29.7%가 병원성 대장균에 의한 것으로 보고되었다. 또한 2011년 여름 유럽 16개국에서 원인식품이 새싹으로 추정되는 *E. coli* O104:H4에 의한 대규모의 식중독 사고가 발생하여 총 4,321명(사망 50명)의 감염자가 발생하였다.

주요 증상은 구토, 발열, 혈액이 섞인 설사, 심한 복부통증 등이며 HUS라고 불리는 용혈성 요독 증상을 일으키는데, 이는 어린이에게 급성 신장장애를 일으켜 심각한 경우에는 실명, 발작, 졸도 혹은 사망을 초래할 수도 있다. 이 세균의 감염으로 특히 위험한 대상은 5세 이하의 영유아와 노인 등 면역력이 약한 계층과 면역체계 이상자군으로 영유아나 노인의 경우 10마리 이하로도 증상이 발생할 수 있다고 추정된다.

병원성 대장균 감염의 원인식품은 덜 조리된 쇠고기, 햄, 치즈, 소시지, 샐러드채소, 분유, 두부, 우유, 과일주스, 음료수, 도시락, 급식·외식업소 조리음식 등이다. 이 균은 75℃에서 30초, 65℃에서 10분, 60℃에서 45분 이상 가열하면 살균이 가능하다. 병원성 대장균 식중독을 예방하기 위해서는 위험성이 있는 식품의 조리 시에는 내부중심온도를 74℃ 이상에서 1분 이상으로 관리하고, 사람이 주된 보균자이므로 조리원들이 개인위생관리 수칙을 준수하도록 교육하고 감독한다.

6) 캠필로박터 제주니(*Campylobacter jejuni*)

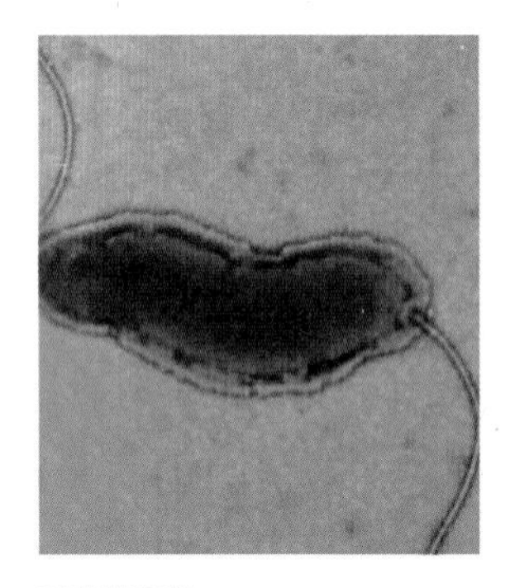

그림 2-13 캠필로박터 제주니

자료 : Oxoid(2007)

캠필로박터균은 전 세계적으로 1980년대부터 대장염을 가장 많이 일으키는 식중독균으로 알려져 왔고, 위생관리가 잘되고 있는 선진국에서도 위해성이 가장 증대되고 있는 식중독균으로 살모넬라균이나 병원성 대장균 등에 비해 감염률이 점차 증가하고 있다(그림 2-13). 미국에서는 연간 400만 명이 감염되는 것으로 추정되고 우리나라에서도 2003년에 산업체 급식소에서 발생한 이후 매년 캠필로박터로 인한 식중독이 발생되고 있으며, 최근 2018년부터 2022년까지 평균 17건 정도가 발생하고 있다.

캠필로박터균은 구부러지거나 나선형으로 꼬인 형태를 하고 있는 그람음성 세균으로, 균체 양극에 단일 편모를 갖고 있다. 성장온도대는 30~45℃(최적 42~43℃)이며 미호기성균으로 열에 의해 쉽게 파괴된다. 잠복기는 2~7일 정도이며 증상은 7~10일 정도 지속된다. 증상으로는 심한 설사, 복부통증, 구토, 두통, 발열 등이 수반된다. 때때로 무기력증을 일으키며 심한 경우 사망할 수도 있다.

캠필로박터균은 동물성 식품에서 초기 분변오염에 의해 많은 수의 세균에 오염될 수 있다. 그러나 400~500마리의 세균만 섭취해도 식중독을 유발할 수 있다는 보고가 있어 다른 식중독균에 비해 비교적 적은 수로 발병 가능하므로 위험하다.

원인식품으로는 제대로 조리되지 않은 닭고기, 햄버거, 조개, 열처리하지 않은 우유 등이 있으며, 특히 건강한 동물의 분변은 식품을 오염시키는 주된 원인이 된다. 여러 동물들이 캠필로박터균을 가지고 있기 때문에 감염경로는 동물에서 사람으로 직접 접촉이 일어났거나(또는 사람에서 사람으로), 또는 간접적으로 오염된 해산물, 샐러드나 물의 섭취에 의해 식중독이 일어날 수 있다. 냉동상태 또는 습한 상태에서 수주간 생존이 가능하고 실온보다는 냉장온도에서 그 생존율이 높은 것으로 알려져 있으므로 식품보관 시 주의해야 한다.

시판되는 생육에는 살모넬라균과 같은 정도로 캠필로박터균이 오염되어 있다. 따라서 캠필로박터 식중독의 예방을 위해서는 동물성 식품, 특히 육류나 가금류는 내부중심온도 74℃ 이상에서 1분 이상으로 충분히 가열조리하고, 조리하지 않은 식품과 조리한 음식을 구분 보관하여 교차오염을 방지하도록 한다.

Case Study

캠필로박터 제주니 식중독 사례

2011년 7월 19일 서울시 성북구 소재 한 고등학교에서 집단 위장관증상이 발생하였고, 모든 학년에서 환자가 발생하였으며 설사와 복통이 주요 증상이었다. 외부음식에 대한 조사 결과를 종합해볼 때 학교 급식이 공동노출원으로 판단되었다. 전체 급식 섭취자수가 파악되지 않아 발병률은 산출할 수 없었으나 유증상자 14명과 조리종사자 2명에서 캠필로박터 제주니(Campylobacter jejuni)가 검출되었으므로 원인병원체로 추정할 수 있었다. 그러나 설문조사에서 통계적으로 유의한 위험요인이 발견되지 않았고, 보존식과 조리기구, 물에서 검출된 병원체가 없어 감염원은 밝혀지지 않았다. 그러나 본 유행의 감염원은 공동노출된 14일 이전 급식일 가능성이 높다. 왜냐하면 첫째, 14일부터 방학을 하였고, 방학기간에는 3학년만 급식을 먹기 때문이고, 둘째, 캠필로박터 제주니는 사람 간 전파가 드물고 평균잠복기가 2~4일이기 때문이다. 결론적으로 발생장소는 ㅇㅇ고등학교이며 감염원은 불명, 원인병원체는 캠필로박터 제주니이다.

자료 : 질병관리청(2011)

7) 바실러스 세레우스(*Bacillus cereus*)

바실러스 세레우스는 포자형성균으로 그람양성 간균이며 통성혐기성 세균이다(그림 2-14). 자연계에 널리 분포하므로 많은 식품에 오염되어 있다. 이 균의 경우 우리 몸에 들어와 직접 위장염을 일으키기도 하고, 식품 내에서 균이 증식할 때에는 구토와 설사 형태의 독소를 유발한다. 주로 밥과 쌀 제품, 감자, 국수, 시리얼, 파스타 등의 전분질 식품, 건조 향신료, 된장, 고추장 등에서 발견되며, 4.0~50℃, pH 4.3~9.0에서 생육이 가능하다. 포자는 조리 시 사멸되지 않으며, 밥이나 파스타 등이 식어 위험온도범위에 들어갈 때 균이 증식하여 독소를 분비한다.

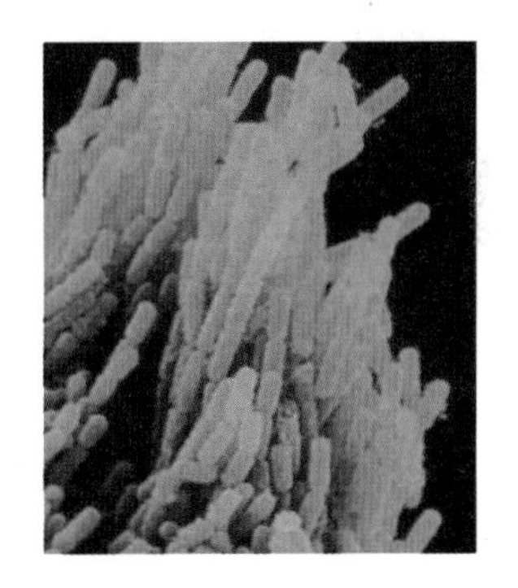

그림 2-14 바실러스 세레우스

자료 : Oxoid(2007)

일반적인 조리온도에서는 살균이 불가능하고 121℃의 압력솥으로 20분 가열 시 살균이 가능하다. 식중독 증세로는 구토, 설사, 복통과 메스꺼움이 나타나고, 잠복기는 구토독소는 1~6시간, 설사독소는 6~24시간이며, 대개 6~24시간 동안 증세가 지속된다. 외국의 경우 중국 음식점에서 먹은 밥에 의한 사고가 많이 보고되고 있으나 우리나라 사람의 경우 평소 많이 노출되어 비교적 내성이 큰 것으로 보인다.

바실러스 세레우스 식중독의 예방을 위해서는 밥의 경우 실온 방치시간을 최대한 단축시킨 후 섭취하고, 가열조리 후 60℃ 이상으로 보온하거나 신속하게 냉각한 후 저온보관하고 섭취 직전에 74℃ 이상으로 재가열하도록 한다.

8) 클로스트리디움 퍼프린젠스(*Clostridium perfringens*)

클로스트리디움 퍼프린젠스는 혐기성 포자형성균으로 포자는 일반적인 조리 시 생존하여 신속하게 냉각하지 않았거나 부적절하게 재가열된 음식 등에서 증식하여 식중독을 유발한다(그림 2-15). 클로스트리디움 퍼프린젠스는 그람양성 간균으로 생성하는 독소의 종류에 따라 A부터 E까지 5가지 형태가 존재한다. A형이 주로 많은 식중독에 연루되며 드물게 C형이 연루된다. 클로스트리디움 퍼프린젠스에 의한 식중독은 미리 생성된 독소가 들어 있는 식품의 섭취에 의할 수도 있으나 주로 세균이 오염된 식품을 섭취했을 때 이들이 장내에서 독소를 생성하면 증상이 나타난다.

그림 2-15 클로스트리디움 퍼프린젠스

자료 : Oxoid(2007)

이 세균의 잠복기는 식후 6~24시간으로, 짧게는 2시간 만에 발생한 보고도 있다. 주요 증상으로는 설사와 심한 복통이 있으며 드물게 발열, 메스꺼움, 구토가 발생한다. 증상은 보통 미약하고 비교적 짧아서 12~24시간 지속되며 사망하는 경우는 거의 없으나 어린이, 노인 등 면역력이 약한 사람은 심각할 수 있다. 이 균은 일반적인 조리로는 살균이 불가능하고, 121℃의 압력솥으로 20분간 가열 시 살균이 가능하다.

독소 생성을 위해서는 클로스트리디움 퍼프린젠스 세균이 식품 1g당 10^5~10^8마리 정도 필요한 것으로 보고되고 있다. 이 세균은 숫자가 적을 때는 별로 문제가 되지 않으나 가열처리 등에 의해 다른 세균이 제거되어 클로스트리디움 퍼프린젠스만 남았을 때는 매우 빠르게 증식하여 문제를 일으킬 수 있다. 우리나라에서는 2003년 1건이 보고된 이후 해마다 꾸준히 발생되고 있으며 2017년 이후 2022년까지 연간 평균 10건 정도로 발생하고 있다.

클로스트리디움 퍼프린젠스 식중독 예방을 위해서는 음식 조리 후 되도록 빨리 섭취하고 상온에서 장시간 방치하지 않도록 하며 육류는 조리와 재가열 시에는 내부 중심온도가 74℃ 이상 되도록 가열한다.

9) 쉬겔라균(*Shigella*)

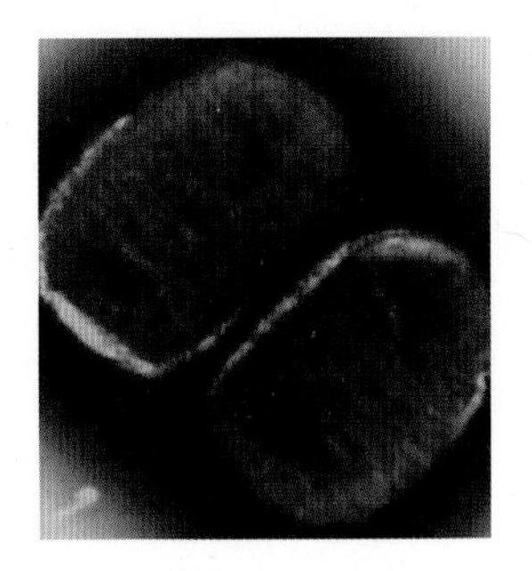

그림 2-16 쉬겔라균

자료 : Oxoid(2007)

세균성 이질은 쉬겔라균에 의한 급성 대장염으로, 1종 감염병으로 분류되어 관리되고 있다. 세균성 이질을 일으키는 쉬겔라균은 장내 세균의 하나로 사람의 분변이 직접 혹은 간접적으로 물을 통해서 식품이나 사람에게로 전파된다(그림 2-16). 세균성 이질은 수인성인 경우가 대부분이나 식품도 발생원인으로 보고된 바 있다.

사람의 건강상태에 따라 10마리 정도의 균체에 의해서 발병하기도 하며, 치사율이 10~15% 정도인 종도 있다. 이 균은 식품에서 분리하기가 쉽지 않고 아직 정확도도 높지 않다.

발생원인식품은 샐러드, 생채소, 우유, 닭고기 등이며, 10~48℃, pH 5.0~8.0에서 생육이 가능하다. 주요 증상으로 어린이들에게 전신경련이 올 수 있으며 보통 복통, 경련, 발열, 오한, 설사, 피나 고름이 섞인 변, 구토가 나타난다. 1~7일 정도의 잠복기를 가지며 증상은 1~3일간 계속된다. 특히 유아나 노인과 같이 면역력이 약한 사람에게서 심각한 증상을 나타내며, 병원성 대장균과 같이 베로독소를 분비하여 용혈성 요독 증후군을 유발하기도 한다.

세균성 이질의 예방을 위해서는 일반적인 위생원칙 및 개인위생을 철저히 준수하며 식품의 교차오염, 식품취급자에 의한 분변오염이 일어나지 않도록 한다. 또한 위생적인 식재료 및 식수원을 이용하고, 세균성 이질 환자가 발생하면 감염성이 높으므로 격리하여 재감염자의 발생을 막도록 한다.

10) 클로스트리디움 보툴리눔(*Clostridium botulinum*)

클로스트리디움 보툴리눔은 혐기성 세균으로 토양에 많이 분포하며 맹독성 신경마비 독소를 분비하는 치사율이 높은 균이므로 각별히 조심해야 한다. 우리나라에서는 2003년 최초로 발병되었는데 통조림 제조 시 부적절한 열처리를 수행할 경우 사고가 발생될 수 있다. 이 균의 잠복기는 8~36시간으로, 수일에서 1년 동안 증상이 지속될 수 있으며 구토, 복부경련, 설사와 함께 연하곤란, 언어장애, 호흡기의 진행성 마비 등의 신경독 증상이 나타날 수 있다. 클로스트리디움 보툴리눔의 신경독소는 열에 비교적 약하며 63℃에서 30분, 100℃에서 1분 이내에 사멸한다.

11) 여시니아 엔테로콜리티카(*Yersinia enterocolitica*)

여시니아 엔테로콜리티카는 그람음성 간균으로, 고양이, 개 등 동물에서 분리되며, 생우유, 육류, 굴 및 생선 등에서 증식하여 식중독을 유발하거나 식품취급자의 위생불량으로 인해 증상이 나타난다. 주로 발열, 구토, 설사, 충수염과 유사 증세가 나타나며 잠복기는 1~10일(보통 4~6일) 정도이다. 리스테리아균과 더불어 저온에서도 증식할 수 있는 저온성균이므로 냉장 및 냉동육과 그 제품의 유통과정에서 오염되지 않도록 주의해야 한다. 이 균은 열에 약하므로 가열조리온도 관리기준을 준수하고 교차오염이 발생되지 않도록 관리하면 예방할 수 있다.

12) 바이러스성 식중독

최근 세균성 병원체가 분리되지 않는 식중독 사례 중 많은 경우에 바이러스가 원인병원체임이 밝혀지면서 바이러스성 병원체에 대한 관심이 고조되고 있다. 바이러스 식중독이란 바이러스에 오염된 음식물을 섭취하여 일어나는 건강상의 장해를 말하며, 대표적인 바이러스가 노로바이러스Norovirus 그룹이다. 여기에는 노워크바이러스Norwalk virus, 카리시바이러스Calicivirus, 소형구형 바이러스Small round structured virus 등이 포함되어 있다. 이 외에도 로타바이러스Rotavirus, 장관 아데노바이러스Enteric adenovirus, 아스트로바이러스Astrovirus 등이 주로 알려져 있고, 토로바이러스Torovirus, 파보바이러스Parvovirus, 코로나바이러스Coronavirus, 엔테로바이러스Enterovirus, 인플루엔자 바이러스Influenza virus 등도 급성 설사질환의 원인 바이러스로 검출되고 있다.

미국은 1998년 이후 해마다 바이러스 식중독 발생 건수와 환자수가 증가하고 있으며, 노로바이러스가 주요 원인체로 보고되고 있다. 일본도 1998년부터 노로바이러스에 의한 식중독 발생이 매년 7,000건 이상으로 급격히 증가하고 있으므로 일본

삿포로 시에서는 시내 음식점에서 노로바이러스 식중독이 잇따라 발생하는 것에 신속히 대처하기 위해서 노로바이러스가 원인인 식중독이 1주간에 2건 이상 발생한 경우 '노로바이러스 식중독 경보'를 발령하는 관리방침을 만들었다. 또한 유럽의 경우에도 노로바이러스에 의한 식중독 발생이 85% 이상을 차지하고 있으며 우리나라에서는 2001년 이후 급속히 증가하여 해마다 꾸준히 발생되고 있으며 2013년 이후 2022년까지 10년간 연간 평균 49건 정도로 발생하고 있다. 2022년 기준으로 전체 식중독 발생 건수의 18.4%, 발생 환자수의 19.2%를 차지하고 있다(그림 2-17).

로타바이러스나 인플루엔자 증상을 동반한 위장염을 일으키는 노로바이러스, 아스트로바이러스는 주로 동절기에, 엔테로바이러스는 하절기에 많이 발생되며, 장관 아데노바이러스 · 산발형 노로바이러스는 연중 설사 환자의 대변으로부터 검출된다.

바이러스성 식중독의 주요 원인으로는 오염된 조개류, 오염된 물로 세척한 샐러드, 오염된 물 또는 얼음, 감염된 환자의 토사물과의 접촉, 공기 전파, 조리종사원의 비위생적 작업습관으로 인한 식품으로의 전이 등을 들 수 있다.

바이러스 식중독의 증상은 메스꺼움, 구토, 설사, 위경련 등이며, 때때로 미열, 오한, 두통, 근육통과 피로감을 동반한다. 감염되었을 경우에는 갑작스러운 설사 등이 발생하고 1~2일 정도 지속된다. 소아의 경우 성인보다 심한 구토 증세를 나타내는 것이 대부분이다. 특히 로타바이러스는 급성 설사질환 원인의 약 40%를 차지하는

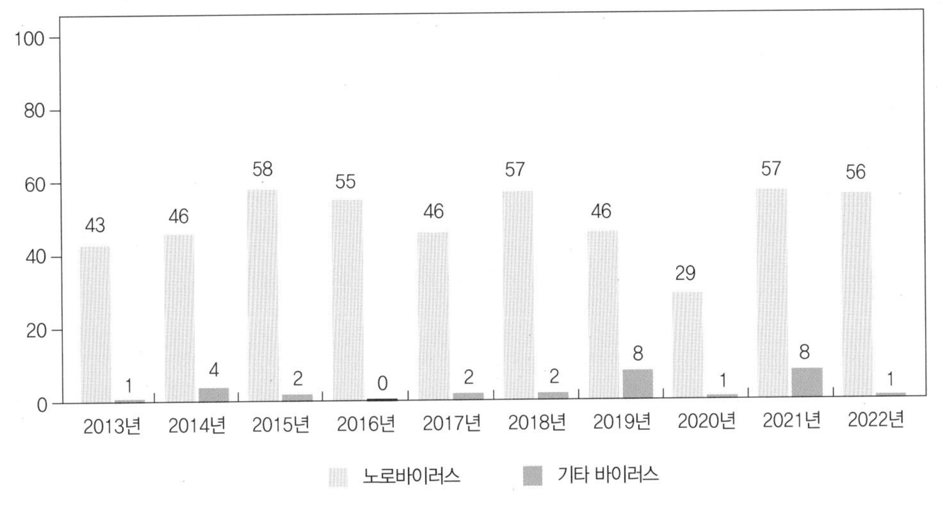

그림 2-17 2013~2022년 바이러스성 식중독 발생 건수

자료 : 식품의약품안전처(2023)

것으로 알려져 있으며, 노로바이러스도 로타바이러스와 함께 바이러스성 설사질환의 약 10%를 차지하고 있다. 로타바이러스의 경우 증상 지속기간이 2~7일로 노로바이러스보다 길고 5세 이하의 소아, 특히 2세 이하의 영유아를 잘 감염시키나, 노로바이러스의 경우 소아와 성인 및 노령층도 잘 감염시킨다. 대개 갑자기 나타나는 노로바이러스성 설사는 증상 지속기간이 비교적 짧아 잠복기는 24~48시간 정도이며 1~5일 정도 지속된다. 흔히 설사, 구토, 복통 등의 증상을 일으키는데, 노로바이러스의 50% 이상에서 구토 증상이 나타나고 있어 구토물과의 접촉이 중요한 감염경로가 된다. 특히 노로바이러스는 경구적 경로뿐만 아니라 에어로졸 상태로 존재하는 바이러스 입자를 흡입하여 전파될 수도 있고, 감염된 자는 증상이 사라진 이후 3일까지도 바이러스를 전파시킬 수 있으므로 특히 급식·외식업소의 조리종사원들의 감염 여부 확인이 필요하다. 2020년에서 2022년의 원인시설별 노로바이러스 식중독 발생 통계를 살펴보면 전체 발생 건수는 2020년도에 비해 2021~2022년에 2배

표 2-6 원인시설별 노로바이러스 식중독 발생 건수와 환자수

원인시설	구분	연도		
		2020년	2021년	2022년
학교	발생 건수	0	4	12
	환자수	0	125	543
학교 외 집단급식	발생 건수	6	19	21
	환자수	129	456	347
음식점	발생 건수	19	12	14
	환자수	93	253	69
가정집	발생 건수	1	1	0
	환자수	2	3	0
기타	발생 건수	3	20	9
	환자수	19	219	82
불명	발생 건수	0	1	0
	환자수	0	2	0
합계	발생 건수	29	57	56
	환자수	243	1,058	1,041

자료 : 식품의약품안전처(2023)

가까이 증가했으며 노로바이러스 식중독 발생 원인시설은 학교 외 집단급식소와 음식점에서의 발생 건수가 다른 시설에 비해 높았다(표 2-6). 따라서 급식·외식업소에서의 노로바이러스 발생 예방을 위한 위생관리가 강화되어야 한다. 노로바이러스는 생존력이 강해 2차 감염 또는 간접적인 전파가 가능하며 다양한 변종이 존재하여 감염 후에도 평생 면역반응이 형성되지 않으므로 주의해야 한다.

바이러스성 식중독은 세균성 식중독과는 달리 미량의 개체(10~100마리)로도 발병이 가능하고, 환경에 대한 저항력이 강하며, 2차 감염으로 인해 대형 식중독을 유발할 가능성이 높은 점 등 수인성 감염병과 유사하다. 이와 같이 바이러스가 식중독의 주요 원인으로 등장하고 있음에도 불구하고 환자의 가검물에서는 노로바이러스가 검출되고 있으나 추정되는 문제 식품군에서는 검출이 거의 이루어지지 않고 있으므로 예방 대책 수립에 어려움이 많다.

따라서 바이러스성 식중독의 예방을 위해서는 보균자 관리 다음으로 오염된 식품에서 신속 정확하게 식중독 바이러스를 검출하는 것이 중요하므로 바이러스를 효율적으로 검출할 수 있도록 현장 적용이 간편한 검출방법이 빠른 시일 내에 개발·보급되어야 한다.

〈그림 2-18〉은 노로바이러스의 주요 감염경로이다. 바이러스성 식중독은 오염원을 차단하는 것이 가장 좋은 예방대책으로 알려져 있다. 예를 들면, 감염 보균자에 의한 식품 오염, 바이러스가 감염된 어패류 섭취 등을 피하는 것이 좋다. 특히 바닷물을 여과하여 영양분을 취하는 조개, 굴 등의 어패류에는 물보다 바이러스가 900배까지 농축될 수 있으므로 오염된 수역에서 채취된 어패류는 식재료로 사용해서는 안 된다.

바이러스는 숙주세포 내에서만 증식이 가능하고 오염된 식품 속에서는 증식하지 않기 때문에 보통 식중독 세균이 잘 자라는 '위험온도범위'와는 관련이 없다. 여러 연구에 의하면 바이러스의 열처리에 의한 사멸 여부는 바이러스 종류에 따라 차이가 있었다. 폴리오바이러스의 경우에는 튀기거나 굽거나 쪄낸 굴에서도 생존했고, 장관 아데노바이러스의 경우 중심온도 60℃로 살짝 익힌 햄버거를 신속히 23℃로 식혔을 때는 제품의 1/3에서 살아 있었으나 3분간 방치 후 검사했을 때는 검출되지 않았다.

노로바이러스의 경우 조개류가 수확되는 곳의 물이 오염되었을 때, 조직 내에 많

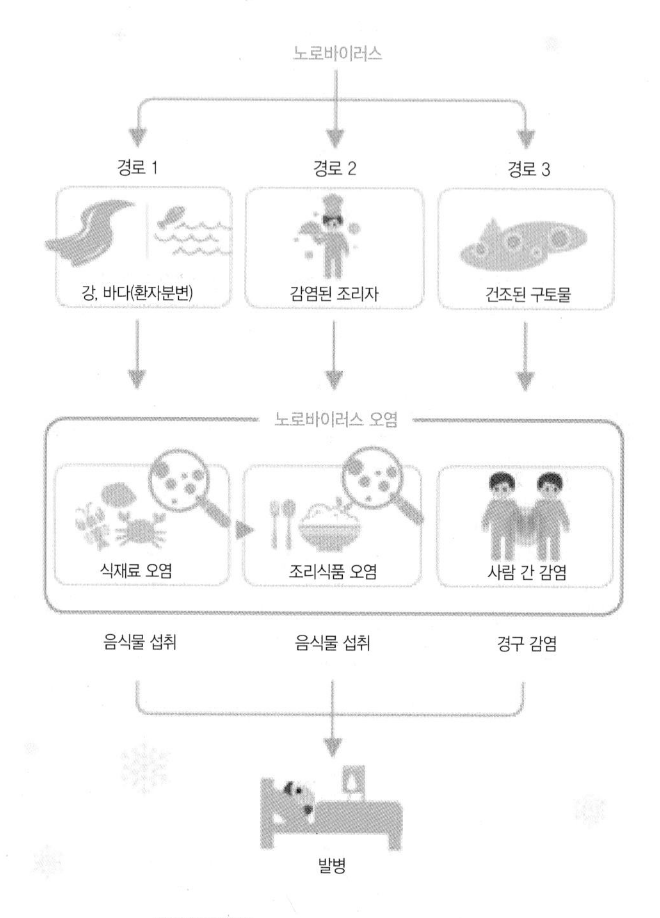

그림 2-18 노로바이러스 주요 감염경로

자료 : 식품의약품안전처(2016)

은 양이 축적될 수 있으므로 수확 시 세균 기준치에 적합하다고 해도 섭취 시 조직 내 축적된 노로바이러스를 섭취하게 된다. 더욱이 가열처리로는 이 바이러스를 완전히 불활성화시키지 못하므로 물의 오염을 방지하는 것이 무엇보다 중요하다. 이 외에도 과일류나 채소류 등은 깨끗이 세척하여 섭취하고 위생적인 식습관이 생활화되도록 해야 한다. 또한 감염된 식품취급자에 의한 식품 오염도 원인이 되므로 식품취급자들은 항상 개인위생수칙을 준수해야 한다.

식품보다는 훨씬 적은 수준이지만 오염된 물에 의한 감염도 자주 보고되고 있다. 즉, 수돗물, 얼음, 수영장물 등이 바이러스성 식중독 발병과 연관이 있다. 최근의 분석방법으로는 물에서 노로바이러스를 직접 모니터링하기는 힘들기 때문에 흔히 오염지표세균을 이용한다. 그러나 이 방법은 바이러스가 지표세균과는 형태나 생리 등이 다르다는 한계가 있으므로 바이러스 식중독 예방을 위해서는 물에 대한 오염을 줄이는 것에 초점을 맞추어야 한다. 따라서 물탱크, 저수조, 배관관리 등 정수처

Case Study

바이러스성 식중독 사례

2003년 3월 5일경부터 광주광역시 북구 관내 ㅇㅇ고등학생 20여 명이 학교급식을 먹은 후 두통, 복통 등 식중독 증세를 보여 급식 섭취자와 급식업체에 대한 역학조사 및 가검물에 대한 세균 및 바이러스 검사를 실시했다. 세균성 이질균, 살모넬라균, 병원성 대장균, 황색포도상구균, 비브리오균, 리스테리아균, 바실러스 세레우스 등 세균검사는 모두 음성이었고, 노로바이러스, 로타바이러스, 아데노바이러스, 아스트로바이러스 등 바이러스 검사에서는 노로바이러스가 검출되었다.

급식업체로부터 음식을 섭취한 720명의 학생 중 설사 증상을 보이는 23명과 급식업체 종사자 29명 등 총 52건의 검체에 대한 바이러스 검사결과 음식을 섭취한 증상자 15명과 종사자 3명의 분변검체로부터 노로바이러스가 검출되었다. 조리종사원에게서 검출된 노로바이러스는 Genogroup I에 속하는 바이러스로 1989년 일본에서 검출되어 보고된 SRSV-KY-89/89/J와 염기서열 동질성이 높은 것으로 확인되었다. 또한 증상을 보이는 환자 15명 중 12명에서 노로바이러스 유전자 염기서열이 확인되었고, 특히 이 중 8명에서 검출된 Genogroup I에 속하는 바이러스 중 6주는 조리종사원에게서 검출된 SRSV-KY-89/89/J와 염기서열 동질성이 가장 높은 것으로 확인되었다. 따라서 증상을 보이는 환자 중 6명과 조리종사원 3명은 바이러스 감염경로에서 서로 연관되어 있을 가능성이 높을 것으로 추정된다. Genogroup II에 속하는 바이러스도 8명에서 검출되었으나 이들은 서로 다른 유전자 염기서열을 가지는 4종류의 바이러스로 확인되었으며, 그중 2명에서는 Genogroup I과 II에 속하는 바이러스가 동시에 검출되었다. 검출된 Genogroup II 바이러스는 국내에서 1999년에 검출되었던 바이러스와 일본, 헝가리, 스페인 등에서 검출되었던 바이러스와 염기서열 동질성이 가장 높은 것으로 확인되었다.

본 사례는 광주지역에서 유행 중이던 다양한 Genogroup II 바이러스와 함께, 조리종사원에 의해 Genogroup I에 속하는 바이러스가 중복 감염을 일으켰던 것으로 사료되어 조리종사원을 포함하여 최소한 두 종류 이상의 감염원이 존재했을 것으로 추정된다. 본 사례에서 환자 이외에 무증상자 또는 학생 중 음식을 섭취하지 않은 경우 등 비교집단의 검체에 대한 바이러스 검사가 실시되지 않아 검출된 Genogroup II 바이러스에 대한 해석에 어려움이 있다. 따라서 향후 집단 식중독 사례조사에서는 환자그룹 이외에도 비교그룹의 검체에 대한 검사가 철저히 이루어져야 할 것이다.

자료 : 지영미(2003)

리시설에 대한 관리를 철저히 하여 위생적인 식수공급이 되도록 관리한다.

사람 사이의 확산은 직접적으로 분변 · 경구 감염경로나 공기 전파에 의해 일어난다. 이와 같은 전파는 특히 급식소나 외식업소에서 발생하는 식중독 사고의 중요한 원인이 된다. 이때 식품취급자의 올바른 손 씻기는 중요한 예방방법의 하나가 될 수 있다. 대변이나 구토물로 오염된 지역을 청소하는 사람은 감염물질이 튀어서 오염될 수 있으므로 반드시 마스크를 착용하며, 위생복은 자주 갈아입고, 식품과 접촉하는 표면은 항상 사용 직후 세척 · 소독해야 한다.

바이러스성 식중독 예방을 위해서는 평상시 살균 · 소독은 유효염소농도 200ppm으로 하고 바이러스성 식중독 발생 우려 시에는 유효염소농도 1,000ppm으로, 사고 발생 후에는 구토물과 분비물 등으로 오염된 부위 및 시설 등을 유효염소농도 5,000ppm 이상으로 살균 · 소독하여 2차 감염을 방지해야 한다.

4. 식중독 발생보고 및 대처방안

급식 · 외식업소 관리자는 식중독이 발생했을 경우 당황하지 말고 식사의 제공을 중단하고 관할 보건소에 신속히 상황을 보고한 다음 후속 대책을 수립해야 한다. 또한 식중독 발생과 관련된 기초 조사를 실시하여 식중독 발생 원인을 밝힘과 동시에 확산 방지를 위해 적극적으로 대처해 나가야 한다.

식품의약품안전처나 보건소에서는 식중독 의심환자가 발생되었다는 신고를 받게 되면 발생현장에 보건소와 시 · 도 위생과 역학조사팀을 출동시켜 환자 설문조사, 가검물과 보존식 수거 검사, 조리환경조사, 식재료 공급업체 추적조사 등을 통하여 식중독 발생 오염원과 경로를 찾고 재발확산 방지를 위한 개선조치를 하고 있다. 특히, 식중독 의심환자가 50명 이상 발생하거나, 학교 급식소에서 의심환자가 발생하면 식품의약품안전처 지방청의 원인식품조사반이 현장에 급파되어 원인식품 추적조사를 통한 식중독 확산을 차단하고 있다. 〈그림 2-19〉는 식중독 조기 경보 시스템이다.

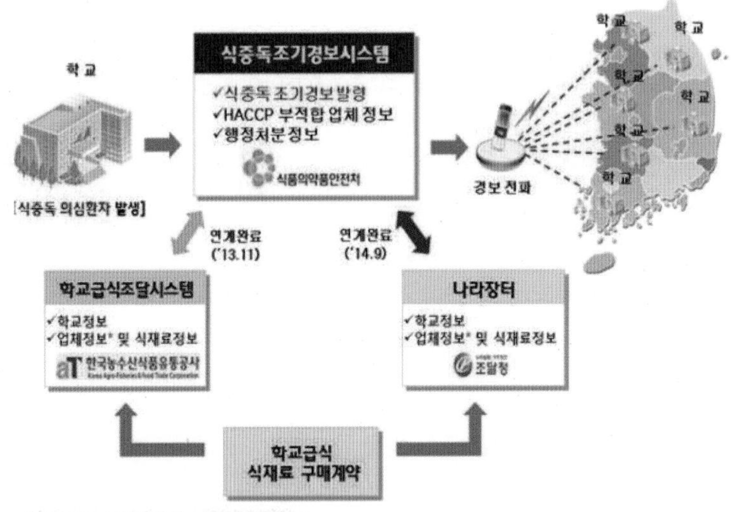

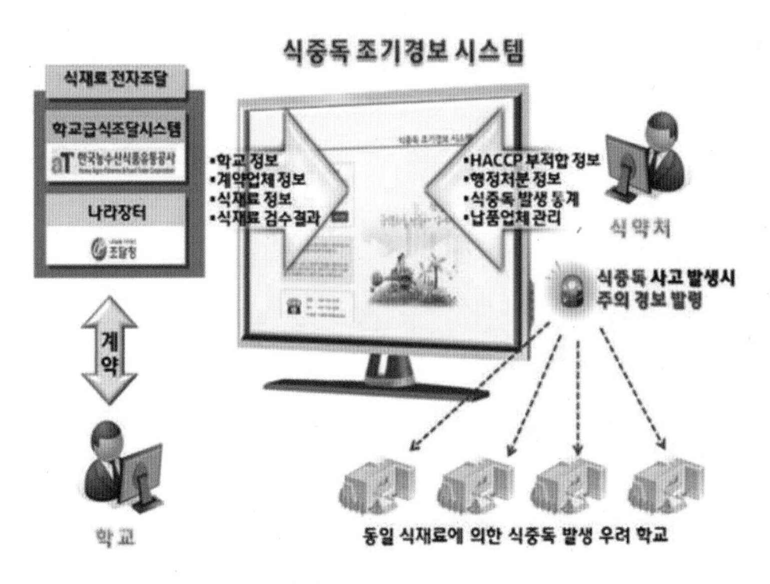

그림 2-19 식중독 조기경보 시스템

자료 : 식품의약품안전처(2016)

1) 식중독 발생 시 급식 · 외식업소 관리자의 대처방안

학교급식소의 경우 식중독발생에 대비하여 평소 학교단위의 '식중독대책반'을 구성 · 훈련하도록 하고 있다. 학교급식소에서 의심환자가 2명 이상 발생했을 때는 그 사실을 관할 교육청과 보건소에 즉시 신고하고 정확한 원인규명을 위해 현장을 보존하고 보존식을 폐기하지 않으며 음용수에 대한 소독을 실시하지 않는다. 보건소의 역학조사 가검물 수거 이후 폐기 및 소독을 실시하고, 학년 및 반별로 복통 및 설사증상이 있는 학생을 신속히 파악하여 최초발병 일시 및 급식 여부를 기록한다. 질병에 따라 잠복기가 긴 질환이 있으므로 매일 환자현황을 파악하여 새로운 환자가 있을 경우 추가로 기록한다.

질병 확인을 위한 보건소의 환자채변 및 설문조사에 적극적으로 협조하고 가정통신문을 발송하여 학부모에게 식중독 등 발생 사실을 통보하며 가정에서 발병 시에는 시보건소 또는 인근 의료기관의 진료를 받도록 지도한다. 동시에 손 씻기와 물 끓여먹기 등 학생을 대상으로 한 위생교육을 강화한다.

기타 급식소나 외식업소의 경우에도 역학조사를 담당하는 연구원과 협조하여 환자수, 시간별 발생상황, 부서별 발생상황, 잠복시간, 임상 증상, 의심스런 식품의 섭취량, 발병률 등을 조사하고 세균성인지 아닌지를 확인하는 데 협조한다. 또한 증상을 호소하는 급식대상자(고객)을 심리적으로 안정시키고 절대 피해자의 증상을 진단하려 하지 말고 의사의 판단 없이 그 자리에서 즉시 해결하려 하지 말아야 한다. 해당 음식 섭취 대상자들이 알레르기 증상이 발병된 것은 아닌지 검토하고 급식대상자(고객)가 구토 증세를 보일 경우에는 조리과정에서 세제류 등이 양념류로 오인되어 투입된 것은 아닌지 조사한다.

급식·외식업소 관리자는 식중독 발생 시 의심스러운 음식의 입수 경로, 식품 보관이나 조리상태(쥐·곤충에 의한 오염의 유무, 조리·배식 매뉴얼 준수 여부)에 대한 상황을 조사하고 식중독 사고에 대비하여 평소 보존식을 철저히 수행하며 식재료 검수일지나 검식일지를 상세하게 기록하도록 한다. 또한 식중독 발생 시에는 인근 급식소나 외식업소에서 동일 납품업체로부터 동일 식재료를 구입하였는지를 확인해 보는 것과 환자의 구토물, 변, 급식·외식업소에서 사용한 식재료와 배식(서빙)된 음식 등을 확보하는 것이 중요하다.

한편, 식중독으로 최종 판명되면 행정처분이나 소송 등이 발생될 수 있으므로(부록 5) 관련 기준을 숙지하고 변호사를 선임하거나 보험회사의 도움을 받도록 하고, 역학조사기관 및 보도기관 등에도 적절히 대처하도록 한다.

학교급식소의 경우 단순 식중독의 경우는 그 발생원인이 제거되어 재발요인이 없다고 판단되면 급식실 및 급식설비·기구 청소와 소독, 조리기기 작동점검, 조리종사자 위생교육 등을 실시하고 급식을 재개하되 이후 급식관리는 HACCP 제도에 의거하여 더욱 철저히 수행하도록 한다. 세균성 이질 등 식품매개 감염병으로 밝혀진 경우는 당해 학생들에게 유행하지 않고 위생적 급식환경이 조성되며 조리종사원들의 보균검사결과 안전하다고 판단되면 마지막 확진 환자 발생 후 1주일 이후에 급식을 재개할 수 있다.

2) 식중독 발생 시 행정기관의 대처방안

식중독 발생이 보고되면 역학조사 및 대응조치는 식품위생법 규정에 의하여 사고발생지역의 관할 보건소장 또는 보건지소장의 책임하에 실시하도록 되어 있으며, 환자의 진단은 의사가 하고 세균학적 역학조사는 연구기관에서 행한다. 사고발생 원인을 알아내기 위해 필요한 조사는 보통 1회 정도 실시되므로 현장조사 시 다음의 항목에 대해 자세하게 상황을 파악하도록 해야 한다.

- 문제되는 식품을 섭취하였을 때 동석했던 사람을 방문하여 질문한다. 여기에는 식품을 조리한 사람, 식품을 운반한 사람 등이 모두 포함된다.
- 환자가 입원하였거나 의사의 처치를 받고 있는 경우에는 의사나 병원으로부터 직접 그 사람의 병증, 시험결과, 진단 · 처치내용 등에 관하여 알아본 후 필요한 사실을 관련 서식에 기입한다.
- 추적하는 식품을 조리 · 사용한 업소를 방문하여 감찰을 철저히 실시한다. 제공되는 식단을 확보하고, 식단에 나타난 음식명에 대하여 조리방법과 재료의 자료를 조리종사원 또는 급식(외식)관리자에게 질문해 확인하고, 부패하기 쉬운 식품의 저장방법을 조사한다. 또한 식중독 발생의 원인이 되었다고 인정되는 식사 시에 제공된 모든 식품과 그 유입경로를 조사하고 종사원의 건강상태, 피부의 상처나 화농성 질환 유무를 조사한다. 해당 업소에 대한 위생검사를 실시할 뿐만 아니라, 기구에서 비롯된 유해중금속의 유무와 유해한 살충제나 세제 등의 혼입 유무, 해충과 설치류가 식품에 접근할 수 있는 가능성 여부를 조사한다.
- 환자와 설문조사한 사람들로부터 얻은 정보와 식중독 원인이라고 의심되는 식사를 제공한 장소로부터 얻은 모든 사실을 관련 서식에 상세히 작성하고, 환자들의 증후와 잠복기간을 비교하여 발생원인을 추적한다.

식중독 환자의 배설물은 병원균의 배설 등의 위험이 별로 없을 뿐만 아니라, 식중독은 사람으로부터의 감염도 거의 없으므로 환자 격리와 배설물의 소독은 필요 없다. 현장조사 후 식중독 사고의 처리를 위해 위생 당국은 원인식품 또는 의심되는 식품의 이용 또는 사용을 금지시키고 행정상 · 사법상 처분이 필요하다고 인정될 때는 검찰 당국에 고발조치한다. 또한 식중독의 발단으로부터 그 결과, 상황, 처리방법, 자기 판단 등을 정확하게 사실대로 기록하고 문서로 보존한다(표 2-7).

또한 식품의약품안전처에서는 여러 지역이나 시설에서 동시 다발적으로 발생할 수 있는 대규모 식중독 사고에 신속하게 대처하기 위해서 2007년부터 상황별, 유형별 대응수준을 4단계로 구분하여 식중독 사고 발생 시 확산을 신속하게 차단하기 위해 노력하고 있다. 소규모 식중독이 다수 발생하거나 식중독 확산 우려가 있는 경우는 관심Blue 단계, 여러 시설에서 동시 다발적으로 환자 발생 우려가 높거나 발생하는 경우는 주의Yellow 단계, 전국에서 동시에 원인불명의 식중독이 확산될 때는 경계Orange 단계, 식품테러, 천재지변 등으로 대규모 환자 또는 사망자가 발생할 때는 심각Red 단계로 구분하고 각 단계에 따른 구체적인 판단기준과 대응조치방안을 수립하였다(표 2-8).

표 2-7 식중독 발생 보고서

<table>
<tr><th colspan="8">식중독 발생 보고</th></tr>
<tr><td>보고기관명</td><td></td><td>보고일자</td><td></td><td>보고자</td><td></td><td>기관 전화번호</td><td></td></tr>
<tr><td colspan="8"></td></tr>
<tr><td colspan="2">① 최초 발생일</td><td colspan="3"></td><td>② 최초 신고일</td><td colspan="2"></td></tr>
<tr><td colspan="2">③ 발생장소명</td><td colspan="3"></td><td>④ 소재지</td><td colspan="2"></td></tr>
<tr><td colspan="2">⑤ 발생시설구분</td><td colspan="3">□ 음식점 □ 가정집
□ 직영급식소 □ 위탁급식소
□ 기타</td><td>⑥ 위탁급식소명</td><td colspan="2"></td></tr>
<tr><td colspan="2">⑦ 환자 수</td><td colspan="3"></td><td>⑧ 사망자 수</td><td colspan="2"></td></tr>
<tr><td colspan="2">⑨ 총 섭취인원
(폭로자 수)</td><td colspan="3"></td><td>⑩ 추정 원인식품</td><td colspan="2"></td></tr>
<tr><td colspan="2">⑪ 발생상황 및 경위</td><td colspan="6"></td></tr>
<tr><td colspan="2">⑫ 조치사항</td><td colspan="6"></td></tr>
<tr><td colspan="2">⑬ 향후조치계획</td><td colspan="6"></td></tr>
<tr><td colspan="8">「식품위생법」 제86조 제2항 및 같은 법 시행규칙 제93조 제2항에 따라 보고합니다.</td></tr>
</table>

표 2-8 식중독 사고 위기대응 체계

구분	판단기준	대응조치
관심(Blue)	• 전국적으로 급식소나 외식업소에서 소규모 식중독 환자 5건 이상 발생 시 • 특정시설에서 연속 또는 간헐적으로 소규모 식중독이 발생하는 경우 • 특정 시설에서 50인 이상의 식중독 환자가 발생한 경우	• 신속한 식중독 원인조사 실시 • 발생업소 소독 및 추가환자 발생 여부 모니터링 • 감염원, 감염경로 조사분석 • 식중독 발생 확산 여부 검토 및 대응 • 식약처 원인조사반 출동
주의(Yellow)	• 특정 지역에서 대규모 환자가 단발적으로 발생하거나 확산 우려가 높은 경우 • 동일 식재료업체나 위탁급식업체가 납품, 운영하는 여러 급식소에서 환자가 동시 발생한 경우	• 위기대책본부 가동 • 식중독 '주의' 경보 발령 • 급식위생관리 강화, 의심 식재료 사용 자제 요청 • 추적조사, 조사진행사항 및 예방수칙 등 언론보도
경계(Orange)	• 특정 지역의 여러 시설에서 집단 식중독이 무작위로 확산될 때 • 전국 10개 이상 시·군·구에서 동일시기에 연관성 없이 원인불명의 식중독이 발생할 때 • 특정 시설에서 전체 급식인원의 50% 이상 환자가 발생할 때	• 대국민 식중독 '경계' 경보 발령 • 의심 식재료 잠정 사용 중단 조치 • 관계기관 대응조치 강화 및 대국민 홍보 강화
심각(Red)	• 오염된 식재료로 인해 식중독이 전국으로 확산되거나 확산될 우려가 있는 경우 • 독극물 등 식품 테러로 인한 식재료 오염으로 대규모 환자나 사망자가 발생할 우려가 있는 경우 • 천재지변이나 재난, 안전사고 등으로 대규모 식중독 환자 및 사망자가 발생하거나 확산되는 경우	• 대국민 식중독 '심각' 경보 발령 • 의심 식재료 회수, 폐기 • 관계기관 위기대응 • 긴급 구호물자 공급 • 대국민 홍보

자료 : 식품의약품안전처(2015)

세계보건기구(WHO)의 식중독 예방을 위한 황금법칙 10가지

1. 안전을 위해 가공식품을 선택하라.
신선식품의 섭취가 좋으나 생과채류는 위해 미생물 등에 의한 오염도 있을 수 있기 때문에 적절한 방법으로 살균되거나 청결히 세척된 제품을 선택한다.

2. 적절한 방법으로 가열조리하라.
식중독 등을 유발하는 위해 미생물을 사멸시키기 위하여 철저히 가열해야 한다. 고기는 70℃ 이상에서 익혀야 하고 뼈에 붙은 고기도 잘 익히도록 해야 하며, 냉동한 고기는 해동한 직후에 조리해야 한다.

3. 조리한 식품은 신속히 섭취하라.
조리한 식품을 실온에 방치하면 위해 미생물이 증식할 수 있으므로 조리한 음식은 가능한 한 신속히 섭취한다.

4. 조리식품 저장보관 시 주의를 기울여라.
조리식품을 4~5시간 이상 보관할 경우에는 반드시 60℃ 이상이나 10℃ 이하에서 저장해야 한다. 특히 먹다 남은 이유식은 보관하지 말고 버려야 한다. 조리식품의 내부 온도는 냉각속도가 느리기 때문에 위해 미생물이 증식될 수 있다. 따라서 많은 양의 조리식품을 한꺼번에 냉장고에 보관하지는 말아야 한다.

5. 저장조리식품 섭취 시 재가열하라.
냉장보관 중에도 위해 미생물의 증식이 가능하므로 이를 섭취할 경우 70℃ 이상의 온도에서 3분 이상 재가열하여 섭취한다.

6. 조리한 것과 조리하지 않은 식품의 접촉을 막아라.
가열조리한 식품과 날 식품이 접촉하면 조리한 식품이 오염될 수 있으므로 서로 섞이지 않도록 한다.

7. 손을 철저히 씻어라.
손을 통한 위해 미생물의 오염이 빈번하므로 조리 전과 다른 용무를 본 후에는 반드시 손을 씻어야 한다.

8. 조리대는 항상 청결히 유지하라.
부엌의 조리대를 항상 청결하게 유지하여 위해 미생물이 음식에 오염되지 않도록 해야 하며, 행주, 도마 등 조리기구는 매일 살균, 소독, 건조해야 한다.

9. 쥐 및 곤충 등이 접근하지 못하도록 음식보관에 유의하라.
식품이 곤충, 쥐, 기타 동물 등을 통해 위해 미생물로 오염될 수도 있으므로 동물의 접근을 막을 수 있도록 주의하여 보관해야 한다.

10. 깨끗한 물로 조리하라.
깨끗한 물로 세척하거나 조리해야 하며, 의심이 생길 경우 물을 끓여 사용해야 하고 유아식을 만들 때에는 특히 주의해야 한다.

자료 : 범미보건기구(PAHO)

REVIEW QUESTION

1 집단 식중독의 발생 증가 원인에 관해 설명하시오.

2 최근 발생되는 식중독 사고의 특성에 관해 설명하시오.

3 잠재적 위해식품에 관해 설명하시오.

4 최근 전 세계적으로 많이 발생하고 있는 식중독균의 종류를 나열하시오.

5 식중독균의 성장에 영향을 주는 인자는 무엇이며 어떠한 영향을 미치는지 설명하시오.

6 바이러스성 식중독의 정의와 증상은 무엇이며 세균성 식중독과의 차이점은 무엇인지 설명하시오.

7 급식 · 외식업소에서 노로바이러스 발생을 예방하기 위한 위생관리방안에 관해 설명하시오.

8 식중독 발생 시 급식 · 외식업소 관리자의 적절한 대응방안을 설명하시오.

3 선행요건프로그램의 이해

학습목표

1. HACCP의 구성요건을 이해할 수 있다.
2. 급식 · 외식업소에 적용되는 선행요건관리항목의 관리방법을 설명할 수 있다.
3. 급식 · 외식업소에 적용되는 선행요건프로그램 평가방법을 이해할 수 있다.
4. 급식 · 외식업소 청소관리프로그램을 계획할 수 있다.

1. 선행요건프로그램의 의의

HACCP은 식품안전성과 관련하여 일어날 수 있는 사고의 발생을 감소시키기 위한 사전예방체계로서 식품의 안전성을 높이는 데 효과가 큰 것으로 인정받고 있다. 그러나 HACCP의 성공적인 적용을 위해서는 HACCP 단독 운영으로는 불가능하며 안전하고 품질이 우수한 원재료 사용과 위생적인 작업환경이 확보되어야 한다. 이와 같이 업장에 HACCP을 도입하기 전에 시행되어야 할 전제조건으로 시설 · 설비 및 작업 위생 면에서의 관리기준을 선행요건프로그램PP : Prerequisite Program이라고 한다. 일본에서는 이를 '일반위생관리프로그램'이라 하며, 과거부터 지방 시 · 도에서 규정하고 있는 시설기준 또는 관리운영기준이 이에 해당한다. 미국에서는 식품의 제조 · 가공에서의 위생적 환경 정비를 위한 기준으로서, 시설 및 경영 책임을 포함한 우량제조기준GMP : Good Manufacturing Practice을 법적으로 규정하고 있으며 단체급식 관련 규정에서는 작업위생까지를 포함하고 있다.

HACCP 제도 실시에 앞서 선행요건프로그램의 준수가 필요한 이유는 HACCP 적용 시 중요관리점CCP이 많아지면 효과적인 관리가 불가능하게 되므로 미리 위생관리대책을 포괄적이고 종합적으로 적용하고 선행요건프로그램을 강화하여 CCP의 수를 최소화하는 것이 바람직하기 때문이다. 선행요건프로그램이 철저히 수행될 때 HACCP의 효과적인 적용이 가능하고 최종 음식의 안전성이 확고히 보장될 수 있다. 또한 위생전문가들은 HACCP을 적용하지 않은 급식·외식업소의 경우에도 선행요건프로그램의 개발·실행을 통해 업장의 위생을 효과적으로 관리하도록 권장하고 있다.

2. 선행요건프로그램과 HACCP

1) 우량제조기준

우량제조기준GMP이란 HACCP 적용 대상 제품의 제조에 필요한 시설, 설비, 원료, 공정 및 최종 제품에 대하여 최적 조건을 보장하기 위한 기본적이고 보편적인 요건을 말한다. GMP 도입 목적은 식품 제조공정상 발생할 수 있는 인위적인 착오를 없애고 오염을 최소화하여 안전성이 높은 고품질의 식품을 제조·생산하는 데 있다. GMP는 시설·입지(외부시설, 건물, 위생시설, 수질 등), 장비·도구(장비·도구의 설계 및 설치, 유지관리 등), 해충관리, 입고 및 보관, 공정관리(제조환경, 개인위생, 배합비관리, 라벨링 등), 제품회수 프로그램 및 종사원 교육훈련 프로그램 등 생산시설·설비 요건 및 그 기준을 포함한다. GMP는 HACCP과 SSOP의 기초를 제공한다(그림 3–1).

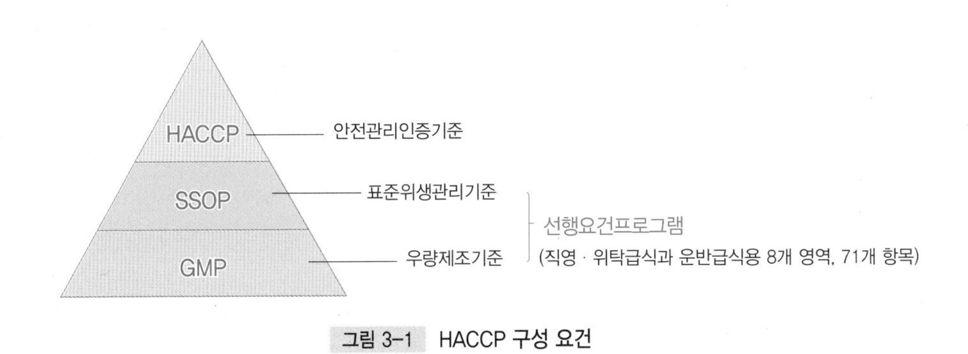

그림 3–1 HACCP 구성 요건

2) 표준위생관리기준

표준위생관리기준SSOP : Sanitation Standard Operation Procedure이란 HACCP 적용 대상 제품의 각 생산단계에서 위생과 안전성 확보에 필요한 활동의 절차와 방법을 자체적으로 문서화한 것을 말한다. 효과적인 HACCP 적용을 위해서는 급식 · 외식업소의 특성을 고려하여 영업장 청소, 소독, 종사원의 건강 및 개인위생관리, 교차오염 방지, 제조설비 및 냉장냉동 설비, 용수, 운송관리 방법과 절차를 자체적으로 개발하고 문서화해야 한다.

GMP와 SSOP 두 요건을 선행요건프로그램이라고 하며 급식 · 식품접객업 중 위탁급식 · 운반급식 등에 HACCP을 적용하고자 할 때 8개 영역 71개 항목에 대한 선행요건관리기준을 작성하고 이를 준수해야 한다(그림 3–1).

3. 선행요건프로그램의 개발

작업장별로 법률적 요구조건을 충족하는 선행요건프로그램을 개발 · 운영한 후 이를 토대로 HACCP 계획을 수립하는 것이 효과적이다. 선행요건이 적절하게 실행되지 않는다면 HACCP에서 관리되어야 할 CCP가 많아져 HACCP 계획 자체가 복잡해지고 그에 따른 관리가 어렵게 된다.

선행요건프로그램 관련 규정의 주요 내용은 식품위생법 제3조(식품 등의 취급) 및 동법 시행규칙 제2조(식품 등의 위생적인 취급에 관한 기준), 동법 제4조(위해식품 등의 판매 등 금지), 동법 제7조(식품 또는 식품첨가물에 관한 기준 및 규격), 동법 제9조(기구 및 용기 · 포장에 관한 기준 및 규격), 동법 제31조(자가품질검사 의무) 및 동법 시행규칙 제31조(자가품질검사), 동법 제36조(시설기준), 동법 시행규칙 제36조(업종별 시설기준), 동법 제40조(건강진단), 동법 제41조(식품위생교육), 동법 제44조(영업자 등의 준수 사항) 및 동법 시행규칙 제57조(식품접객영업자 등의 준수사항), 동법 제45조(위해식품 등의 회수), 동법 제48조(식품안전관리인증기준) 및 동법 시행규칙 제62조부터 제68조, 식품 및 축산물 안전관리인증기준 및 식품위생 분야 종사자의 건강진단 규칙 등에 근거한다.

식품안전관리인증기준 제5조에 의하면, HACCP을 적용하고자 하는 급식 · 외식업소는 영업장 관리, 위생관리, 제조 · 가공 · 조리시설 · 설비 관리, 냉장 · 냉동시설 · 설비관리, 용수관리, 보관 · 운송관리, 검사관리, 회수프로그램 관리 등 총 8개 영역에 대한 71개 항목의 관리를 위한 프로그램을 개발 · 운영하여야 하며, 그 기록과 점검 방법 등을 정하는 선행요건관리기준서를 작성하여 비치해야 한다.

선행요건관리기준서에는 최초 완성 시 위생관리 책임자의 서명과 승인일자를 기입하여야 하며, 이후 수정 · 개정이 되었을 경우 그 이력을 지속적으로 기록 · 유지하여야 한다. 또한 관리기준서 내용에는 위생관리 방법, 관리활동 확인을 위해 필요한 모니터링의 실시 빈도와 방법, 실시책임자 및 실시결과의 기록 · 관리에 관한 사항이 규정되어야 하며, 세부기준서의 종류, 문서양식, 작성방법 등은 운영자의 편의에 따라 변경할 수 있다.

한편, 선행요건을 포함하는 자체 위생관리기준을 작성 · 비치한 경우에는 별도의 선행요건관리기준서를 작성 · 비치하지 않아도 된다. 또한 식품접객업소 중 위탁급식영업을 제외한 일반음식점 · 휴게음식점 · 제과점과 소규모의 운반급식 등의 조리 · 제조식품을 대상으로 HACCP을 적용할 경우에는 별도의 선행요건을 준수할 수 있다(부록 6 참고).

선행요건 71개 항목의 세부구분을 살펴보면, 영업장 관리(14개 항목)에는 작업장, 건물바닥, 벽, 천장, 배수 및 배관, 출입구, 통로, 창, 채광 및 조명, 화장실, 탈의실, 휴게실 관리에 대한 내용이 있고, 위생관리(26개 항목)에는 작업환경관리, 개인위생관리, 작업위생관리, 폐기물관리, 세척 또는 소독에 대한 내용이 포함되어 있다. 또한 제조 · 가공 · 조리 시설 · 설비 관리는 4개 항목, 냉장 · 냉동 시설 · 설비 관리는 2개 항목, 용수관리는 5개 항목으로 구성되어 있으며 보관 · 운송 관리(13개 항목)에는 구입 및 입고, 운송, 보관에 대한 내용이, 검사관리(4개 항목)에는 제품검사와 시설 · 설비기구 검사 내용이 포함되어 있고 그 외에 회수프로그램 관리에 대한 3개 항목이 있다.

다음은 집단급식소 · 식품접객업소(위탁급식영업), 운반급식에 적용되는 선행요건 71개 항목에 대한 구체적인 관리방안이다.

1) 영업장 관리

작업장

1. 영업장은 독립된 건물이거나 해당 영업신고를 한 업종 외의 용도로 사용되는 시설과 분리(벽 · 층 등에 의하여 별도의 방 또는 공간으로 구별되는 경우를 말한다. 이하 같다)되어야 한다.
2. 작업장(출입문, 창문, 벽, 천장 등)은 누수, 외부의 오염물질이나 해충 · 설치류 등의 유입을 차단할 수 있도록 밀폐 가능한 구조이어야 한다.
3. 작업장은 청결구역(식품의 특성에 따라 청결구역은 청결구역과 준청결구역으로 구별할 수 있다)과 일반구역으로 분리하고, 제품의 특성과 공정에 따라 분리, 구획 또는 구분할 수 있다.

- 작업의 특성이나 조리공정을 고려하여 급식시설을 구획 · 구분한다. 조리장은 메뉴생산과 직접 관계없는 장소인 화장실, 탈의실, 휴게실, 사무실 등과 구획 · 구분한다. 〈그림 3-2〉는 HACCP 인증 급식시설의 구획 · 구분 사례이다. 일반

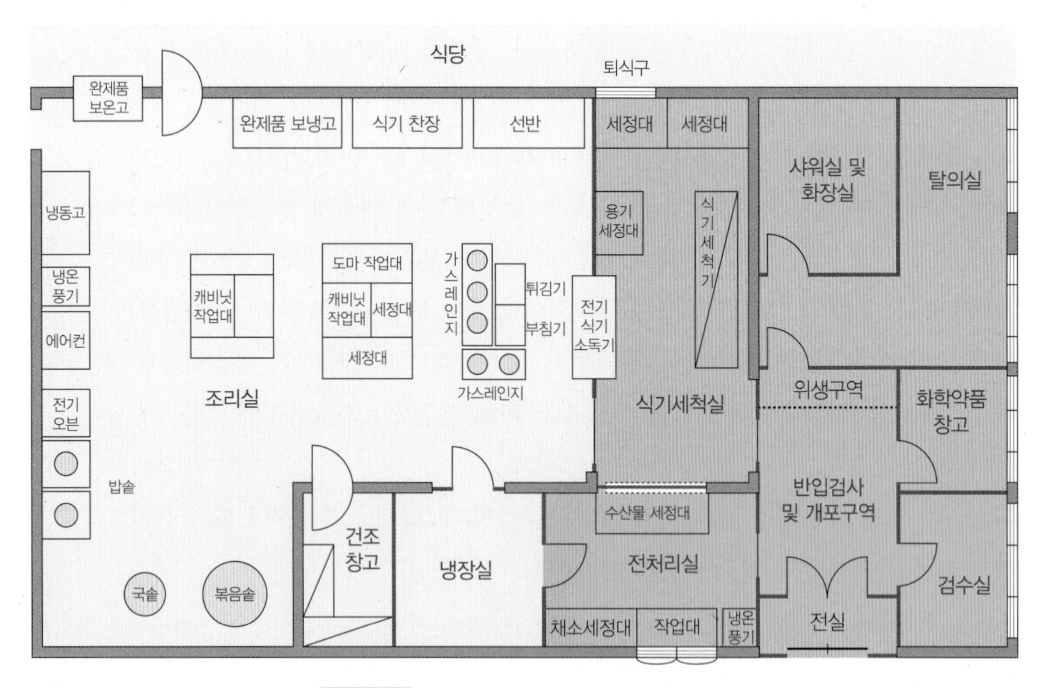

그림 3-2 HACCP 적용 급식소 작업장 구획 · 구분의 예

자료 : 김지해(2011)

구역은 분홍색으로, 청결구역은 녹색으로 표시되어 있다. 일반구역은 검수구역, 전처리구역, 식재료 저장구역, 세정구역 등이며, 청결구역은 조리구역, 배선구역, 식기보관구역 등이다.

- 작업장은 급식 · 외식업소에서 생산하는 메뉴의 특성에 따라 청결구역, 준청결구역, 일반구역으로 구분할 수 있으며 작업장 구분의 예는 〈표 3–1〉과 같다.
- 조리장에서는 식재료나 작업자의 이동 동선이 일방향one-way이 되도록 레이아웃한다. 〈그림 3–2〉의 급식소 도면을 기준으로 살펴보면 식재료가 입고되면 검수실에서 검수 후 전처리실에서 전처리가 진행되고 이후 냉장실에 보관하였다가(혹은 바로 조리실로 운반) 사용 직전 조리실로 운반하여 가열조리나 비가열조리를 실시한다. 교차오염 방지를 위해서 식재료나 종사원이 작업구역을 교행하지 않도록 조리장을 레이아웃하는 것이 중요하다.
- 〈그림 3–3〉은 급식소 내 출입문 개선 사례이다. 급식 · 외식업소의 출입문은 밀폐구조로 손잡이가 없는 스윙문이나 자동문이 적합하다.
- 건물 내벽이 파손된 경우 설치류 유입 가능성이 높아지고 출입문이나 창문의 틈 사이로 해충이 침입할 수 있으므로 틈이 생긴 경우 모두 밀폐되도록 보수한다.

표 3–1 작업장 구분의 예

구분	내포장 이전에 가열(또는 소독) 공정이 있는 경우	내포장 이후에 가열(또는 소독) 공정이 있는 경우	전체 공정에 가열(또는 소독) 공정이 없는 경우
청결구역	가열공정 이후의 작업구역 중 식품이 노출상태로 취급되는 제조가공구역, 내포장 작업구역	식품이 노출상태로 취급되는 작업구역 중 제조가공 작업구역, 내포장 작업구역	식품이 노출상태로 취급되는 작업구역 중 제조가공 작업구역, 내포장 작업구역
준청결구역	가열 공정이 포함된 작업구역	식품이 노출상태로 취급되는 작업구역 중 전처리 외 구역	식품이 노출상태로 취급되는 작업구역 중 전처리 외 구역
일반구역	식품을 내포장 상태로 취급하는 구역, 전처리 작업구역	식품을 내포장 상태로 취급하는 구역, 전처리 작업구역	식품을 내포장 상태로 취급하는 구역, 전처리 작업구역

자료 : 한국식품안전관리인증원(2016)

출입문 개선 전(손잡이 문 사용) 출입문 개선 후(스윙도어, 밀폐구조)

그림 3-3 급식소 조리장 내 출입문 개선 사례

자료 : 김지해(2011)

건물 바닥, 벽, 천장

4. 원료처리실, 제조·가공·조리실 및 내포장실의 바닥, 벽, 천장, 출입문, 창문 등은 제조·가공·조리하는 식품의 특성에 따라 내수성 또는 내열성 등의 재질을 사용하거나 이러한 처리를 하여야 하고, 바닥은 파여 있거나 갈라진 틈이 없어야 하며, 작업 특성상 필요한 경우를 제외하고는 마른 상태를 유지하여야 한다. 이 경우 바닥, 벽, 천장 등에 타일 등과 같이 홈이 있는 재질을 사용한 때에는 홈에 먼지, 곰팡이, 이물 등이 끼지 아니하도록 청결하게 관리하여야 한다.

- 천장은 먼지의 누적을 막고 응축, 곰팡이 발생 및 얼룩점을 최소화할 수 있도록 설계, 건축 및 마감되어야 하며 청소가 용이해야 한다. 또한 모든 천장구조물은 응축물과 드립에 의해 원료와 식품이 직·간접적으로 오염되지 않는 구조로 설치되어야 한다.
- 내벽은 방수용과 방습성이 있고 물세척이 가능한 밀폐된 자재로 시공되어야 하며 밝은색이어야 한다. 또한 열을 취급하는 구역은 내열처리, 손상이나 금

모서리를 높인 작업대 / 물튀김 방지판이 부착된 싱크대 / 노즐이 부착된 벽걸이 고무호스

그림 3-4 조리실 바닥을 드라이존(dry-zone)으로 유지하기 위한 시설의 예

자료 : 김지해(2011)

이 가기 쉬운 구역은 스테인리스스틸로 처리하는 것이 좋고 습한 구역은 항균성·항곰팡이성 또는 항균 페인트로 도색한다. 그리고 내벽은 바닥면에서 1.5m 높이까지는 평평하고 갈라진 틈이 없어야 하고, 세척과 소독이 용이해야 한다.

- 가능한 한 전체 조리장을 드라이존dry-zone화 한다. 또한 바닥의 균열 및 코킹caulking 불량에 의하여 물이 고인 곳은 미생물 및 곤충 서식이 쉬우므로 수시로 점검하여 보수하고 바닥과 내벽 사이의 각진 코너나 틈은 곡면처리하여 청결하게 유지해야 한다. 물을 많이 배출하는 국솥 등 기계의 배수는 가능한 한 배수관과 직접 연결한다.
- 물을 이용한 청소는 꼭 필요한 곳만 실시하며 작업 후 세척 시 일시적으로 젖은 상태가 되지만 단시간에 건조될 수 있도록 액체가 하수구로 배출되기에 충분한 만큼의 경사가 있어야 한다.

배수 및 배관

5. 작업장은 배수가 잘되어야 하고 배수로에 퇴적물이 쌓이지 아니하여야 하며, 배수구, 배수관 등은 역류가 되지 아니하도록 관리하여야 한다.
6. 배관과 배관의 연결부위는 인체에 무해한 재질이어야 하며, 응결수가 발생하지 아니하도록 단열재 등으로 보온 처리하거나 이에 상응하는 적절한 조치를 취하여야 한다.

- 최대배출량을 고려한 배수관의 설치가 필요하다. 배수관의 형태는 곡선형, 수조형, 직선형이 있으나 찌꺼기의 역류방지를 위하여 수조형이나 곡선형이 좋다.
- 작업 후 퇴적물은 신속하게 제거하고 유수 분리 기능을 갖춘 그리스 트랩 설치 시 콘크리트 타설 전에 위치를 결정하고 주위에 방수공사를 철저히 해야 한다. 오염수가 식품으로 혼입되는 것을 방지하고 청결구역과 일반구역 사이가 배수로 등의 설치로 인해 직접 연결되는 것을 차단한다. 한편 배수로를 각 구역별로 별도 설치하는 것이 불가능할 경우 청결구역에서 일반구역으로 배수되도록 설치한다.
- 배수설비는 각 구역별로 작업 동선에 따라 설치하고 외부의 출구에는 그물망, 트랩 등을 설치하여 쥐, 곤충 등의 침입을 방지해야 한다. 배수로를 최소화하기 위하여 배수구를 중심부에 설치한다. 배수관은 널빤지slab로 덮고 기기와 직결하도록 배치하여 조리장 바닥에 물의 노출을 최소화한다.
- 배관은 청소가 용이하도록 설치하고, 누수가 되거나 물방울이 응집되어 떨어지지 않도록 관리한다. 바닥에 배수구가 있는 경우는 덮개를 설치하고, 모든 배수관에는 방취판이 적절하게 설치되도록 한다.

급식소 배수로와 트렌치

싱크대 하단의 배관

그림 3-5 HACCP 인증 급식소의 배수로, 트렌치, 배관

자료 : 김지해(2011)

그리스 트랩(grease trap)

그리스 트랩은 액상 폐기물 중의 기름 성분을 분리 회수하여 정화조의 성능을 유지시켜 주고 하수관이 막히는 것을 예방할 수 있도록 해 주는 장치이다. 그러므로 그리스 트랩이 유분과 고형물 분리를 제대로 하기 위해서는 유입되는 물의 유속을 충분히 낮추어 기름층 형성을 방해하거나 파괴하지 않도록 설계 · 설치되어야 한다. 거름망은 물속에 포함된 오물과 찌꺼기를 걸러 내는 역할을 하며, 칸막이판은 분리조(제2조)의 매(용액)의 유속을 완만하게 하여 유지분의 흐름을 막아 주는 역할을 한다. 배수관은 역으로 올라오는 악취 및 유해가스를 차단한다. 설치 시 가급적 조리장 외부나 조리장 내부의 일반구역에 설치하되 겨울에 얼지 않도록 관리하고 매일 작업종료 후 기름 제거, 내부 청소를 하도록 한다. 조리장 내부에 설치할 경우 밀폐되어 냄새가 새어 나오지 않는 구조로 되어 있어야 한다.

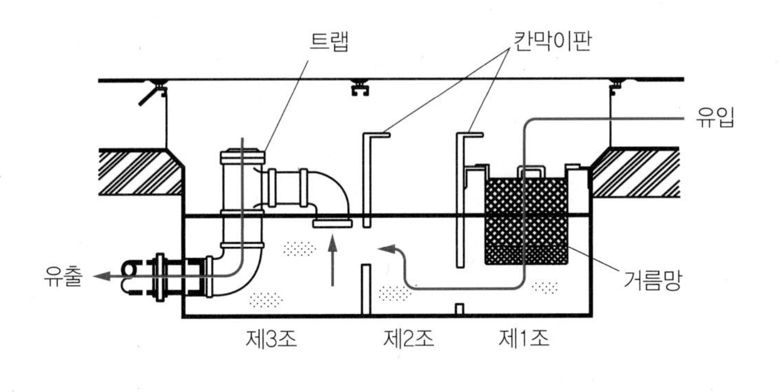

출입구

7. 작업장 외부로 연결되는 출입문에는 먼지나 해충 등의 유입을 방지하기 위한 완충구역이나 방충 이중문 등을 설치하여야 한다.
8. 작업장의 출입구에는 구역별 복장 착용 방법을 게시하여야 하고, 개인위생관리를 위한 세척, 건조, 소독 설비 등을 구비하고, 작업자는 세척 또는 소독 등을 통해 오염 가능성 물질 등을 제거한 후 작업에 임하여야 한다.

- 작업장 외벽에 창문 및 문의 설치는 최소화하고, 외부와 통하는 출입구에는 반드시 전실(前室)을 배치하도록 한다(그림 3–2 참고). 주출입문은 밀폐구조로 하고 이중방충문, 에어커튼, 에어샤워, 유인포충등 등을 설치하여 해충 · 설치류의 유입을 차단하도록 한다. 또한 얇은 판으로 된 덧문sheet shutter을 이중으로 설치하여 한쪽이 닫혀야 반대쪽이 열리도록 장치한다. 급식 · 외식업소의 모

그림 3-6 HACCP 인증 급식소 주출입문과 전실 개선 사례

자료 : 김지해(2011)

그림 3-7 학교급식소 배식구 방충망 설치

든 문은 견고한 내수성 재질을 사용하여 청소가 용이해야 하며, 밀폐구조로 제작되지 않은 모든 문과 문틀 사이에는 실리콘패드 등을 부착하여 밀폐를 유지한다.

- 에어커튼 · 에어샤워는 공기의 흐름으로 발생하는 오염을 차단하는 기기이다. 에어커튼 · 에어샤워는 공기 중이나 작업자의 복장에 존재하지만 육안으로는 잘 보이지 않는 작은 먼지나 세균 그리고 날벌레의 유입 등을 효율적으로 차단할 수 있으므로 주로 외부 출입구 혹은 조리실이나 식당 출입구 위에 설치하는 것이 좋다.
- 파리를 비롯한 날벌레 등에 대한 방충대책으로 유인포충등의 설치가 필요하다. 유인포충등은 날벌레가 좋아하는 장파장 자외선을 방사하여 유인한 다음 끈끈이판에 부착하여 제거하는 방법이다. 유인포충등 설치 시 위치 선정에 유의하고 포충등의 불빛이 외부로 새어 나가지 않도록 관리한다. 유인포충등의 끈끈이판은 1일 2회 정도 교체한다.
- 출입문은 외부인 출입금지 표시를 부착하고 부득이하게 납품업자나 외부인이 방문할 경우(학교급식소의 경우 학부모 모니터링 담당자 등 포함) 완충구역(전실)에서 신발을 교체하고 위생복장을 갖춘 후 급식 · 외식업소로 입장하도록 한다.
- 출입구에 냉 · 온수 설비, 손세척 · 소독 · 건조시설이 구비되어 있어야 하고 적절히 사용되어야 한다(그림 3-9).

조리실 출입문에 설치된 에어커튼

조리실 내에 설치된 유인포충등

그림 3-8 **HACCP 인증 급식소에 설치된 에어커튼과 유인포충등**

자료 : 김지해(2011)

- 손이나 고무장갑의 세척을 위해서는 비누, 손톱 솔, 1회용 종이타월 등이 잘 구비된 손전용 세정대를 작업장 내부와 화장실 등 각 구역별로 설치하여 필요시 적절하게 손이나 고무장갑을 세척 · 소독할 수 있도록 해야 한다. 손세정대는 세척 후 수도꼭지로부터의 오염을 방지하기 위하여 발을 이용하는 페달식이나 전자감응식으로 제작된 것을 활용하면 좋다. 세척 후 건조 시에는 교차오염을

그림 3-9 **HACCP 인증 급식소 손세척 · 소독 시설**

방지하기 위해 공용수건을 사용하지 말고, 1회용 종이타월이나 전자동 손건조기hand dryer를 활용하도록 한다. 자동건조기도 주기적으로 내부소독을 실시하여 자동건조기에 의한 교차오염이 발생하지 않도록 주의한다. 또한 손세정효과를 높이기 위해서는 반드시 온수로 손세척을 실시해야 한다.

- 종사원은 작업장에 들어갈 때뿐만 아니라 화장실 사용 후, 식품 원재료 취급 후, 기타 불결한 물품을 만졌을 때 온수로 비누와 손톱솔을 이용하여 30초 이상 손톱 주변과 손가락 사이를 잘 씻어야 한다.
- 고무장갑도 손 위생관리와 동일한 방법으로 관리한다. 장갑 낀 손으로 식품과 불결한 것을 번갈아 만져서 교차오염이 발생되는 경우가 많다. 따라서 반드시 소독한 장갑을 사용하고 생식품 취급 후나 식품이 아닌 것을 만진 후에는 장갑 낀 손을 올바른 손 씻기 방법과 동일하게 세척·소독하여 다음에 취급할 식품의 오염을 예방해야 한다. 또한 장갑 착용 시 땀과 체온으로 손 표면에 박테리아가 많이 증식하므로 장갑을 벗고 난 후에는 손을 씻지 않고 바로 식품을 만지는 일이 없도록 하고 일회용 위생장갑은 자주 새것으로 교체하여 사용하도록 한다.

통 로

9. 작업장 내부에는 종사원의 이동경로를 표시하여야 하고 이동경로에는 물건을 적재하거나 다른 용도로 사용하지 아니하여야 한다.

- 급식·외식업소 조리장 내 종사원의 이동통로를 확보해야 하며, 이동경로에는 원활한 이동을 위해 물건을 적재하는 일이 없도록 해야 한다. 종사원 이동경로는 작업구역과는 별도의 색깔로 바닥에 표시해두면 좋다.

창

10. 창의 유리는 파손 시 유리조각이 작업장 내로 흩어지거나 원·부자재 등으로 혼입되지 아니하도록 하여야 한다.

- 창의 유리는 파손 시 유리조각이 작업장 내로 흩어지거나 원·부자재 등으로 혼입을 방지할 수 있는 재질로 사용하거나 필름 코팅 등을 하여야 한다. 급식·

그림 3-10 HACCP 인증 급식소 전처리실 구분 사례
자료 : 김지해(2011)

외식업소 조리장의 구분 시 개방감을 극대화하기 위해 유리재질로 벽을 만들 때에도 안전사고 예방을 위해 작업높이까지는 타일 등으로 마감하기도 한다(그림 3-10).

- 창은 먼지가 누적되지 않게 설치되어야 하며, 개폐가 가능한 창문 등에는 방충망을 꼭 맞게 설치해야 한다. 방충망은 청소 시 쉽게 떼어 낼 수 있고 적절한 방법으로 보수 및 관리되어야 한다. 창문틀은 먼지가 쌓이는 것을 방지하기 위해서 벽의 턱부분 경사각이 45°를 유지하도록 한다.

채광 및 조명

11. 선별 및 검사구역 작업장 등은 육안확인에 필요한 조도(540Lux 이상)를 유지하여야 한다.
12. 채광 및 조명시설은 내부식성 재질을 사용하여야 하며, 식품이 노출되거나 내포장 작업을 하는 작업장에는 파손이나 이물 낙하 등에 의한 오염을 방지하기 위한 보호장치를 하여야 한다.

천장 조명의 보호장치가 없는 경우　　　　천장 조명의 보호장치가 있는 경우

그림 3-11 급식소 조리실 조명시설 개선 사례

자료 : 김지해(2011)

- 채광 및 조명은 작업특성에 적합한 조도를 유지하기 위해 자연조명이나 인공조명이 제공되어야 하고, 색을 오인할 수 있는 조명은 사용하지 않는다.
- 자연채광을 위해서 창의 면적은 작업장 바닥 면적의 20～30%가 적당하다.
- 급식소나 외식업소에서 검수구역은 540Lux 이상, 조리장 및 식기세정구역 조명은 220Lux 이상, 냉장 · 냉동실과 건조창고 · 식당 · 화장실 · 탈의실의 조명은 110Lux 이상이 적당하다.
- 조명시설은 식품을 변색시켜서는 안되며 조명기구의 파손은 물리적 위험요인이 될 수 있으므로 식품의 오염방지를 위해 보호장치를 설치하여 안전하고 위생적인 상태로 주기적으로 관리 · 점검한다(그림 3-11).

부대시설

화장실

13. 화장실, 탈의실 등은 내부 공기를 외부로 배출할 수 있는 별도의 환기시설을 갖추어야 하며, 화장실 등의 벽과 바닥, 천장, 문은 내수성, 내부식성의 재질을 사용하여야 한다. 또한, 화장실의 출입구에는 세척, 건조, 소독 설비 등을 구비하여야 한다.

- 작업장에 영향을 미치지 않는 곳에 정화조를 갖춘 수세식 화장실을 설치해야 하며 종사원수를 고려하여 화장실을 충분히 구비하고 고객의 화장실과는 분리한 종사원 전용화장실이 있으면 가장 좋다.
- 화장실은 작업장과 분리하여 주기적으로 세척 · 소독하면서 위생적으로 관리한다.

그림 3-12 화장실 손세정시설의 예

화장실은 콘크리트 등으로 내수처리하고 바닥과 내벽에는 타일을 붙이거나 방수 페인트로 칠해야 한다.

- 화장실 사용 후 손세척 · 소독, 신발소독 등이 설치된 지역을 거치지 않으면 조리장으로 출입할 수 없도록 설계한다. 또한 올바른 손 씻기에 대한 포스터를 부착하도록 한다.
- 화장실 출입문은 손잡이를 통하여 교차오염되는 것을 방지하기 위하여 자동개폐식을 권장하며, 종사원의 화장실 출입 시에는 위생장화를 벗고 화장실 전용 신발을 이용하도록 한다.

탈의실, 휴게실 등

14. 탈의실은 외출복장(신발 포함)과 위생복장(신발 포함) 간의 교차오염이 발생하지 아니하도록 구분 · 보관하여야 한다.

- 종사원을 위한 탈의실의 입구는 가능한 한 왕래가 편하고 급식 · 외식관리자의 사무실에서 관찰할 수 있는 곳이 좋다.
- 탈의실은 종사원수에 비례하여 충분히 구비하도록 하고 조리장과 분리하여 위

생적으로 관리하며, 의복 교체에 의한 먼지의 발생, 외부 미생물의 반입 등을 고려하여 일반구역 이상의 청정도를 확보하도록 한다. 또한 교차오염 방지를 위해서 옷장과 신발장은 사복용과 작업복용으로 분리하여 관리한다.

2) 위생관리

작업환경 관리

동선 계획 및 공정 간 오염방지

15. 식자재의 반입부터 배식 또는 출하에 이르는 전 과정에서 교차오염 방지를 위하여 물류 및 출입자의 이동 동선을 설정하고 이를 준수하여야 한다.
16. 청결구역과 일반구역별로 각각 출입, 복장, 세척 · 소독 기준 등을 포함하는 위생 수칙을 설정하여 관리하여야 한다.

- 식품과 종사원의 이동 동선을 구분하고, 전체 작업과정에서 교차오염 방지를 위하여 교행을 하지 않도록 한다.
- 종사원의 작업배치 시 청결구역과 일반구역으로 구분하는 것이 좋으나 인력이 부족하여 동일인이 두 구역에서 교대로 작업해야 할 때에는 다른 구역으로 이동 시 각 구역의 복장규정을 준수하고, 출입 시 손 세척 · 소독을 반드시 실시한다. 고무장갑이나 앞치마, 위생화 등도 그 구역의 복장규정에 적합하도록 교체한다.

온도 · 습도 관리

17. 작업장은 제조 · 가공 · 조리 · 보관 등 공정별로 온도관리를 하여야 하고, 이를 측정할 수 있는 온도계를 설치하여야 한다. 필요한 경우, 제품의 안전성 및 적합성 확보를 위하여 습도관리를 하여야 한다.

- 식품은 유통 · 저장 · 조리 및 가공 · 배식에 이르기까지 온도관리가 매우 중요하다. 식품의 온도관리를 위한 다양한 형태의 온도계가 판매되고 있으며 습도까지 함께 측정 가능한 제품도 많다. 온도계는 식품창고, 냉장 · 냉동고 등에 부착하고 냉장 · 냉동고에는 검 · 교정이 가능하고 0.1℃ 단위로 외부에서 읽을 수 있는 온도계를 부착하는 것이 좋다. 또한 온도계가 설정 범위를 벗어날 때 경보

가 울리는 경우 관리상 용이하다.

- 온도계의 종류 중 방수형 온도계는 식품의 경우 수분을 함유하는 경우가 많으므로 유용하게 사용할 수 있고, 적외선 온도계는 비파괴식 온도계로서 고체 식품일 경우 식품의 손상 없이 온도를 측정할 수 있어 편리하나 가격이 고가인 것이 단점이다. 포켓용 온도계는 휴대가 간편하여 언제든지 필요한 시간에 온도의 측정이 가능한 장점이 있으며, 온도 확인 라벨thermo-label은 일정한 온도에 이르면 색이 변하므로 조리기구나 식기류의 열탕소독 시 온도 식별용으로 사용한다.

환기시설 관리

18. 작업장 내에서 발생하는 악취나 이취, 유해가스, 매연, 증기 등을 배출할 수 있는 환기시설, 후드 등을 설치하여야 한다.
19. 외부로 개방된 흡·배기구, 후드 등에는 여과망이나 방충망, 개폐시설 등을 부착하고 관리계획에 따라 청소 또는 세척하거나 교체하여야 한다.

- 조리장 내에 악취, 유해가스, 매연, 증기 등을 환기시킬 수 있는 충분한 시설을 구비한다. 또한 공기의 흐름이 일반구역에서 청결구역으로 가지 않도록 공조 시스템을 설계한다.
- 후드hood는 증기나 열기, 기름 연기 등이 실내에 확산되기 전에 국부적으로 포집하는 장치로서 후드 전체, 그리스 필터, 덕트, 환기팬으로 구성되어 있다. 후드의 재질은 녹이 슬지 않는 재질이 좋고, 경사각은 응축수가 경사면을 타고 흘러내릴 수 있도록 30~45° 정도로 한다. 올바르게 설치하여 내벽에 부착된 수분이나 유분이 배수구를 통하여 잘 배출될 수 있도록 하고 내부까지 청소가 가능한 구조여야 한다. 후드와 연결된 덕트는 천장공사를 시공하기 전에 설치하여 되도록이면 천장 아래에 노출되지 않도록 하고 그리스 필터는 교체가 용이해야 한다. 후드의 크기는 열 발생 기기보다 15cm 이상 넓어야 하고 배기 용량은 주방면적의 0.8~1.0배 정도 되어야 한다. 또한 후드 아래에서의 조리작업 시 조도 확보를 위해 후드 안쪽에 조명을 설치한다. 이때 조명등은 열과 습기에 강한 재질로 설치해야 한다.

그림 3-13 HACCP 인증 급식소 후드 및 후드 필터 개선 사례

- 환기장치에는 급기구와 배기구를 설치하여 양쪽의 균형을 유지하고, 교차오염 방지를 위해 각각 독립된 계통으로 환기하고, 급기구는 냉각탑 등 미생물 발생 요인이 있는 기기와 분리하여 배치하며, 급·배기구에는 자동개폐식 셔터나 도금한 금속망을 설치한다. 또한 환기 시스템이 밖으로 나와 있는 경우 해충이 유입되지 않도록 한다.

방충 · 방서 관리

20. 작업장의 방충·방서관리를 위하여 해충이나 설치류 등의 유입이나 번식을 방지할 수 있도록 관리하여야 하고, 유입 여부를 정기적으로 확인하여야 한다.
21. 작업장 내에서 해충이나 설치류 등의 구제를 실시할 경우에는 정해진 위생 수칙에 따라 공정이나 식품의 안전성에 영향을 주지 아니하는 범위 내에서 적절한 보호 조치를 취한 후 실시하며, 작업 종료 후 식품취급시설 또는 식품에 직·간접적으로 접촉한 부분은 세척 등을 통해 오염물질을 제거하여야 한다.

- 출입문을 통해 해충이나 설치류가 유입될 가능성이 있는 경우 박멸방법을 수립해야 하며 화학적·물리적 또는 생물약제로 통제할 때는 담당자의 관리하에 실시한다.
- 살충제를 사용하기 전에 식품, 기기, 용기가 오염되지 않도록 조치하고 오염되었다면 잔여물이 없도록 완전히 세척한다.
- 식품을 취급하는 데 사용되는 용기는 살충제 또는 기타물질을 측정, 희석, 사용,

저장하는 데 사용해서는 안 된다.

- 살충제 사용 후에는 살충제 사용기록을 유지하고, 책임자가 정기적으로 확인하도록 하며 살충제 관리 및 보관 방법을 교육한 다음 그 결과를 기록하여 보관한다.
- 쥐와 곤충의 구제 시 방역의 장소별 종류, 약제명, 희석농도, 사용장비, 소독작업일시, 작업자를 기록하고, 독성물질 및 사용상 주의가 필요한 물질은 경고문을 부착하여 별도로 구분되는 장소에 보관한다.
- 방충 · 방서관리를 외부 전문기관에 위탁관리하는 경우에는 월 정기 관리보고서의 작성 · 보관뿐만 아니라 업소별로 매일 자체 관리보고서를 작성하면서 관리해야 한다.

개인위생 관리

22. 작업장 내에서 작업 중인 종사원 등은 위생복 · 위생모 · 위생화 등을 항시 착용하여야 하며, 개인용 장신구 등을 착용하여서는 아니 된다.

- 조리원 위생복장의 점검항목은 머리망, 개인 청결, 위생복 · 위생화 · 위생모의 청결이 포함된다. 건강한 사람의 머리카락은 보통 1일 50~100개 정도가 빠진다. 빠진 머리카락은 식중독을 유발할 정도의 병원균을 제공하지는 않으나, 고객에게 불쾌감을 주므로 촘촘한 머리망을 착용하여 머리카락이 밖으로 나오지 않도록 한다. 또한 위생모를 착용하면 조리원이 머리를 직접 만지거나 긁는 행위로 인해 손이 오염되는 것을 방지할 수 있다.
- 식품취급자의 손에서는 이상한 냄새가 나지 않아야 하므로 작업 전 손세척 후에는 손에 향이 있는 로션을 바르지 않도록 한다. 이 외에도 위생복 및 위생화는 매일 세탁 후 소독과정을 거친 청결한 것을 사용해야 하고, 개인 소유의 장신구, 약, 열쇠, 필기류 등의 소지품은 탈의실에 보관하여 작업 중 식품에 유입되는 일이 없도록 관리한다.
- 불결한 위생복은 오염원이 될 수 있으므로 위생복의 색상은 더러움을 쉽게 확인할 수 있는 연한 색으로 하고 위생복을 입은 채로 조리장 밖으로 나가지 않는다. 위생마스크는 코를 덮을 수 있어야 하고, 특히 배식원은 위생마스크를 꼭 착용해야 한다.

그림 3-14 급식소 영양사, 조리사, 조리원 위생복장

- 위생장갑, 앞치마 등은 용도별 구분관리가 필요하다. 또한 위생화는 굽이 높거나 샌들과 같이 발이 노출되는 부분이 있으면 위생적이지 않고 안전하지도 않으므로 발 전체를 감싸주는 미끄럽지 않은 재질로 만든 것을 신도록 하고, 작업 종료 시 깨끗하게 세척하여 건조시킨다.
- 감염성 질환의 증상이 있거나 보균자인 종사원은 다른 사람에게 질병을 감염시킬 수 있으므로 절대 음식을 취급해서는 안 된다. 종사원이 설사, 발열, 메스꺼움이나 피부질환 증상이 있을 때에는 관리자에게 보고하도록 하고 조리작업에서 제외하는 등의 조치를 취한다. 또한 조리종사원의 건강진단서는 연 1회 갱신하도록 한다.
- 급식종사원이 가벼운 창상, 화상, 찰과상을 입었을 경우 보통 방수가 되는 밴드를 이용하여 처치한다. 그러나 손가락에 난 상처에 붙인 밴드로는 완벽하게 오염을 차단할 수 없다. 즉, 식품의 미생물이 상처가 있는 손가락으로 옮겨 와 다른 곳으로 교차오염을 일으킬 가능성이 있다. 따라서 밴드는 자주 갈아 주어야 하며 방수 재질 또는 플라스틱 재질의 장갑을 착용해야 한다. 그러나 급식종사원이 심각한 창상이나 화상을 입었을 경우에는 즉시 식품취급을 중지하고 식품

취급과 관련이 없는 일을 하도록 조치해야 한다.

- 급식종사원들로부터 오염될 수 있는 다른 원인은 바로 땀이다. 급식종사원의 땀이 식품이나 기기에 떨어지지 않도록 주의해야 한다. 장갑을 자주 교체하여 사용해야 하고, 주방에서 사용하는 행주로 땀을 닦는 행위는 금지해야 하며, 부득이한 경우에는 일회용 타월을 사용하여 땀을 닦고 손을 세척·소독 후 조리 작업을 수행해야 한다.

작업위생 관리

교차오염의 방지

23. 칼과 도마 등의 조리 기구나 용기, 앞치마, 고무장갑 등은 원료나 조리과정에서 교차오염을 방지하기 위하여 식재료 특성 또는 구역별로 구분하여 사용하여야 한다.
24. 식품 취급 등의 작업은 바닥으로부터 60cm 이상의 높이에서 실시하여 바닥으로부터의 오염을 방지하여야 한다.

- 종사원이 조리장 바닥에서 작업하는 것을 금지하고, 이를 위해서 조리장 내 충분한 작업대를 구비한다.
- 조리장에서 사용하는 고무장갑이나 행주 등은 매 작업 종료 시마다 세척·소독하는 것이 불가능하다면 충분한 개수를 구비한 후 새로운 작업을 시작할 때마다 교체 사용한다.

그림 3-15 조리장 작업대와 바퀴 달린 이동식 무침대

전처리

25. 해동은 냉장해동(10℃ 이하), 전자레인지 해동, 또는 흐르는 물에서 실시한다.
26. 해동된 식품은 즉시 사용하고 즉시 사용하지 못할 경우 조리 시까지 냉장 보관하여야 하며, 사용 후 남은 부분을 재동결하여서는 아니 된다.

- 냉장해동 시에는 10℃ 이하의 냉장온도에서 24시간 이상 시간이 소요되므로 해당 식재료가 1~2일 전에 입고되어야 한다. 냉장해동을 위한 냉장공간에는 반드시 '해동 중'이라는 표시를 부착하도록 한다.
- 여름철에는 물의 온도가 올라가므로 유수 해동 시 얼음 등을 사용하여 물의 온도를 21℃ 이하로 관리하도록 한다.
- 냉장해동과 유수해동 외에 전자레인지를 이용하여 해동하거나 시판되는 냉동식품은 별도의 해동과정을 거치지 않고 바로 가열 조리한다. 해동 시 완전해동하고 사용 후 남은 부분은 재동결하지 말고 폐기한다.

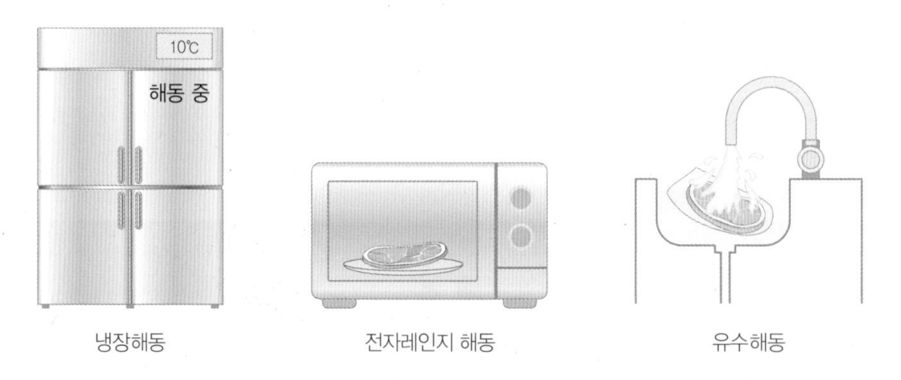

그림 3-16 급식 · 외식업소 냉동식재료 해동 방법

조리

27. 가열 조리 후 냉각이 필요한 식품은 냉각 중 오염이 일어나지 아니하도록 신속히 냉각하여야 하며, 냉각온도 및 시간기준을 설정 · 관리하여야 한다.
28. 냉장 식품을 절단 소분 등의 처리를 할 때에는 식품의 온도가 가능한 한 15℃를 넘지 아니하도록 한 번에 소량씩 취급하고 처리 후 냉장고에 보관하는 등의 온도 관리를 하여야 한다.

- 조리 후 당일 배식하지 않고 조리한 음식을 보관해야 할 경우에는 음식을 신속히 냉각하여 오염과 변질로부터 차단하는 것이 위생관리상 가장 중요하다. 육류와 같은 고형 음식은 용도별로 필요에 따라 냉각하고 국물류는 조리할 때 사용하는 큰 솥에서 작은 용기에 나누어 식힌다. 많은 양의 국물을 식힐 경우에는 작은 용기에 나누어 얼음물에 담가 식히면 더욱 효과적이다. 냉장고에 넣어 신속히 국물을 식히고자 할 때에는 가장자리의 높이가 10cm 이하의 얕은 팬을 이용하면 효과적이며 이때는 냉각용 전용칸을 이용하고 냉각 중이라는 표기를 부착한다.
- 냉각과정에서 위험온도범위(5～60℃)에서 6시간 이상 방치하지 않도록 한다. 냉각 시 식품온도는 60℃에서 21℃까지 2시간 이내에, 21℃에서 5℃ 이하로는 4시간 이내에 온도를 낮추도록 한다.
- 냉각 후 냉장보관할 모든 음식에는 라벨을 붙여 조리완료시기, 냉장고 입고시기 등을 표시하도록 한다. 다시 가열해야 할 음식은 내부중심온도가 74℃ 이상에서 15초 이상 유지되도록 재가열한다. 2시간 이내에 적정 관리온도에 도달하지 않으면 폐기하도록 하고 새로 조리한 음식과 보관 중이던 음식이 절대로 섞이지 않도록 관리하며 재가열했던 음식을 재차 가열하여 배식하지 않는다.

완제품 관리

29. 조리된 음식은 배식 전까지의 보관온도 및 조리 후 섭취 완료 시까지의 소요시간기준을 설정 · 관리하여야 하며, 유통제품의 경우에는 적정한 소비(유통)기한 및 보존조건을 설정 · 관리하여야 한다.
    - 28℃ 이하의 경우 : 조리 후 2~3시간 이내 섭취 완료
    - 보온(60℃ 이상) 유지 시 : 조리 후 5시간 이내 섭취 완료
    - 제품의 품온을 5℃ 이하 유지 시 : 조리 후 24시간 이내 섭취 완료

- 급식 · 외식업소에 충분한 용량의 보온 · 보냉고가 확보되어 있을 경우 조리 후 배식이나 서빙이 진행되는 과정에서 시간관리의 어려움이 없으나, 음식 조리완료 후 실온에서 배식해야 한다면 조리완료 후 가능한 한 빨리 배식이 종료되도록 계획하고, 배식시간이 길 경우 분산조리를 실시하여 조리완료 후 배식이 종료될 때까지의 시간을 최소화하도록 한다. 특히 학교급식 위생관리 지침서에서는 잠재적 위해식품PHF으로 조리된 음식은 조리완료 후 1시간 30분 이내에 배식이 완료될 수 있도록 권장하고 있다.
- 즉석섭취식품ready-to-eat food의 경우 냉장온도 10℃ 이하에서 보관되면서 소비(유통)기한 내에 판매해야 하며 판매 후에는 바로 섭취할 수 있도록 식품표기를 눈에 잘 띄는 위치에 명확하게 해야 한다. 또한 포장 판매하는 경우 종사원이 고객에게 구입 후 즉시 섭취하도록 권유하는 멘트를 하도록 교육한다.

배식

30. 냉장식품과 온장식품에 대한 배식 온도관리기준을 설정 · 관리하여야 한다.
    - 냉장보관 : 냉장식품 10℃ 이하(다만, 신선편의식품, 훈제연어는 5℃ 이하 보관 등 보관온도 기준이 별도로 정해져 있는 식품의 경우에는 그 기준을 따른다)
    - 온장보관 : 온장식품 60℃ 이상
31. 위생장갑 및 청결한 도구(집게, 국자 등)를 사용하여야 하며, 배식 중인 음식과 조리완료된 음식을 혼합하여 배식하여서는 아니 된다.

- 배식(서빙)과정은 급식대상자(고객)가 만족할 수 있도록 빠르고 편리하며, 위생적이고 안전한 식사를 공급하는 데 초점을 두고 관리해야 한다.

- 조리실에서 배식(서빙)장소까지의 운반은 반드시 뚜껑을 덮은 채 안전하게 이루어져야 하고, 배식대에 음식을 보관할 때는 음식을 자주 저어주어 전체의 온도가 균일하게 유지되도록 한다.
- 음식뿐만 아니라 배식기구, 개인식기도 뚜껑이 있고 소독된 용기에 담아 급식장소까지 운반하고, 식기의 입에 닿는 부분은 절대로 손으로 잡지 않도록 한다.
- 수저류 및 양념류를 진열하는 방법이 편리하고 위생적인지를 확인하고 특히 수저류는 고온에서 잘 견디는 수저통을 사용하는 것이 좋다. 배식종사원은 단정한 복장을 착용하고 깨끗한 위생모, 앞치마, 위생장갑을 착용하고 마스크 착용을 권장한다.
- 급식대상자(고객)가 직접 덜어 먹는 경우에는 손잡이가 긴 국자나 집게를 사용하며 음식물을 담은 용기 안에 배식용 기구를 넣었을 때는 손잡이가 용기 밖으로 나와 있어야 한다.
- 배식에 사용되는 대형 용기에 뜨거운 국 등을 부을 경우 안전사고에 유의하고, 조리 · 배식 작업 종료 시 바닥면의 잔채와 기름기 등을 제거하여 미끄러움의 예방 등 배식 시 안전관리를 위해 노력해야 한다.
- 배식에 사용하는 행주는 열탕 소독 또는 200ppm 차아염소산나트륨에 15분간 담가 소독한 후 건조시킨 것을 사용한다.

검식

32. 영양사는 조리된 식품에 대하여 배식하기 직전에 음식의 맛, 온도, 이물, 이취, 조리 상태 등을 확인하기 위한 검식을 실시하여야 한다. 다만, 영양사가 없는 경우 조리사가 검식을 대신할 수 있다.

- 검식담당자는 검식 전 위생복과 손을 청결히 하고, 검식을 할 때는 전용 검식용기에 담아서 검식을 실시하고 남은 음식은 폐기해야 한다.
- 조리가 완료되기 전 1차적으로 검식을 실시하여 음식의 맛을 확인함과 동시에 질감, 색깔, 형태, 농도 등이 제품설명서대로 생산되었는지를 확인한다. 배식(서빙) 직전에 검식을 실시할 때는 검식용 온도계로 뜨겁게 제공되는 음식은 60℃ 이상, 차갑게 제공되는 음식은 5℃ 이하인지 확인한다.

- 검식 시 문제가 발견된 음식에 대해서는 즉시 폐기한 후 대체 메뉴를 준비하거나 가열상태가 완전하지 않을 경우에는 추가로 가열 후 배식(서빙)하는 등의 조치를 취한다. 이때 모든 사항은 검식일지에 기록한다.

그림 3-17 올바른 검식방법

보존식

33. 조리한 식품은 소독된 보존식 전용용기 또는 멸균 비닐봉지에 매회 1인분 분량을 −18℃ 이하에서 144시간 이상 보관하여야 한다.

- 식중독균 중 잠복기가 긴 세균도 있으므로 식중독 발생 시 정확한 원인규명을 위해 보존식은 각 메뉴별로 150g 이상씩을 보존식 전용냉동고(칸)에서 144시간(6일) 이상 보관 후 폐기하도록 한다.
- 보존식은 이차오염을 예방하기 위해 소독된 보존식 전용용기나 멸균백을 이용하도록 하고, 배식시간이 길거나 제한적인 음식생산 여건에 의해 분산조리batch cooking를 실시하는 경우 해당 메뉴에 대해서는 각 배치batch별로 보존식을 할 수 있다면 가장 이상적이다.
- 보존식 용기의 보관장소는 자외선 살균소독고가 가장 좋으나, 소독고가 없을 경우 열탕소독 후 덮개를 덮어 식기보관고에 다른 기물과 별도로 보관하여 교차오염이 일어나지 않도록 하고 뚜껑이 포함된 소독 가능한 보존식 전용용기를 사용한다.

• 급식소나 외식업소의 운영여건상 가능하다면 입고되는 원·부재료 중 잠재적 위해식품PHF으로 분류되는 것은 보존식과 동일한 방법으로 보관하면 식중독 발생시 정확한 원인규명에 도움이 될 수 있다. 또는 원·부재료 공급업자에게 주기적으로 납품하는 식품에 대한 검사성적서를 요청하여 이를 통해 원·부재료의 위생품질을 점검할 수도 있다.

폐기물 관리

34. 폐기물·폐수처리시설은 작업장과 격리된 일정장소에 설치·운영하여야 하며, 폐기물 등의 처리용기는 밀폐 가능한 구조로 침출수 및 냄새가 누출되지 아니하여야 하고, 관리계획에 따라 폐기물 등을 처리·반출하고, 그 관리기록을 유지하여야 한다.

• 배식(서빙) 후에는 곧바로 쓰레기통 및 잔반통을 깨끗이 치운다. 위생복은 깨끗하게 세탁하고 배식대 및 조리장 내부 청소를 실시한다. 이때 청소관리프로그램(5. 급식·외식업소의 청소관리프로그램 참고)의 항목을 점검하도록 한다. 하수구 덮개, 창문, 방충·방서시설을 점검하는 등 최종적으로 세부적인 위생·안전점검을 실시한다.
• 음식과 관련된 폐기물은 수분과 영양 성분이 많아 쉽게 상하고 오수와 악취가 발생되며 환경오염을 유발하므로 관리에 유의해야 한다. 급식·외식업소 조리장에서 발생하는 폐기물은 그때그때 제거하여 냄새나 해충 발생을 방지해야 하며, 페달식 뚜껑이 부착된 폐기물 처리용기를 사용하도록 한다. 폐기물 처리용기는 흡수성이 없고 방수성이 좋으면서 견고하며 청소가 용이해야 한다. 녹이 슬지 않는 아연금속물질이나 허가된 재질의 플라스틱 통을 사용하는 것이 좋다.
• 폐기물 처리용기는 표면의 내·외부를 1일 1회 세척·소독한다. 폐기물 처리용기의 세척은 냉·온수와, 바닥 배수시설이 잘 설치되어 있는 일반구역에서 실시하여 조리장 내부가 오염되지 않도록 해야 한다. 폐기물 처리용기를 놓는 장소로는 콘크리트와 같이 흡수성이 없는 바닥이 좋다.
• 폐기물·폐수처리 시설은 작업장과의 거리, 위치 등을 고려하여 설치하고 관리기록을 유지하여야 한다. 폐기물을 보관하는 내·외부의 장소는 공간이 충분하여 쌓이는 폐기물을 적절하게 보관할 수 있어야 하며, 가능한 한 낮은 온도를

유지하고 통풍이 잘되도록 관리한다.

• 급식소 배식시간 동안에는 쓰레기통 및 잔반통이 보이지 않게 관리하고, 주방용 쓰레기통, 잔반통, 일반 쓰레기통 등으로 각각 용도별로 분리하여 사용하도록 하며, 재활용이 가능한 쓰레기는 급식 · 외식업소 조리장 이외의 장소에 별도로 보관 후 폐기한다.

세척 또는 소독

35. 영업장에는 기계 · 설비, 기구 · 용기 등을 충분히 세척하거나 소독할 수 있는 시설이나 장비를 갖추어야 한다.
36. 세척 · 소독 시설에는 종업원에게 잘 보이는 곳에 올바른 손세척 방법 등에 대한 지침이나 기준을 게시하여야 한다.
37. 영업자는 다음 각 호의 사항에 대한 세척 또는 소독 기준을 정하여야 한다.
    - 종업원
    - 위생복, 위생모, 위생화 등
    - 작업장 주변
    - 작업실별 내부
    - 칼, 도마 등 조리도구
    - 냉장 · 냉동설비
    - 용수저장시설
    - 보관 · 운반시설
    - 운송차량, 운반도구 및 용기
    - 모니터링 및 검사 장비
    - 환기시설(필터, 방충망 등 포함)
    - 폐기물 처리용기
    - 세척, 소독도구
    - 기타 필요사항
38. 세척 또는 소독 기준은 다음의 사항을 포함하여야 한다.
    - 세척 · 소독 대상별 세척 · 소독 부위
    - 세척 · 소독 방법 및 주기
    - 세척 · 소독 책임자
    - 세척 · 소독 기구의 올바른 사용 방법
    - 세제 및 소독제(일반명칭 및 통용명칭)의 구체적인 사용 방법
39. 세제 · 소독제, 세척 및 소독용 기구나 용기는 정해진 장소에 보관 · 관리되어야 한다.
40. 세척 및 소독의 효과를 확인하고, 정해진 관리계획에 따라 세척 또는 소독을 실시하여야 한다.

- 식품 접촉 표면을 통한 교차오염을 예방하기 위해서는 급식 기구 및 용기의 세척 · 소독이 적절히 이루어져야 하며 기구별 세척 및 소독 방법을 정확히 숙지하여 실천해야 한다. 수동이나 자동식 식기세척기 등으로 세척 및 소독을 할 경우에는 애벌세척→세척→헹굼→소독→완전건조의 단계로 실시한다.
- 세제 사용 시에는 세제의 용도, 효율성 및 안전성을 고려하여 구입하고, 사용방법을 숙지하여 사용해야 하며, 세제를 임의로 섞어 사용하는 일이 없도록 한다. 반드시 식품과 구분하여 안전한 장소에 보관한다. 세제의 종류로는 비누 · 합성세제(거의 모든 세척 용도에 적당) 등의 일반 세제, 가스레인지 등 음식이 직접 닿지 않는 곳의 묵은 때를 제거하는 데 사용하는 솔벤트, 세척기의 광물질, 세제 찌꺼기를 제거하는 데 사용하는 산성세제, 바닥 · 천장 등을 청소하는 데 사용하는 연마세제, 세척제의 용도와 지정된 희석 배율 등에 맞게 사용할 수 있는 기타 세제 등이 있다.
- 소독은 급식 기구 · 용기 및 음식의 표면에 존재하는 미생물을 안전한 수준으로 감소시키는 과정을 말한다. 소독 시에는 미생물을 안전한 수치로 감소시키기 위한 소독제의 선택, 농도, 침지시간을 결정하고, 사용방법을 반드시 숙지하여 사용해야 하며, 소독액은 미리 만들어 놓으면 효과가 떨어지므로 1일 1회 이상 제조한다. 사용 전에는 테스트 페이퍼를 사용해 농도를 확인하는 것이 좋다. 소독제는 반드시 식품과 구분하여 안전한 장소에 보관해야 하며, 기구류에 대해 염소소독을 할 때에는 세척한 후 사용한다.
- 식기 · 행주는 자비 소독(열탕 소독)을 하는데, 열탕에서는 100℃에서 5분 이상 처리하고, 증기에서는 100~120℃에서 10분 이상 처리한다. 재질에 따라 금속재는 100℃에서 5분, 사기는 80℃에서 1분, 천류는 70℃에서 25분, 95℃에서 10분 처리하며, 그릇을 포개어 소독할 때에는 끓이는 시간을 연장한다.

유효잔류 염소농도 100ppm 만들기

$$희석농도(ppm) = \frac{소독액의\ 양(mL)}{물의\ 양(mL)} \times 유효잔류\ 염소농도(\%)$$

예 락스(유효잔류 염소농도 4%)로 물 2L 기준으로 100ppm을 만들 때(1% = 10,000ppm)

$$100(ppm) = \frac{x(mL)}{2,000(mL)} \times 4 \times 10,000(ppm)$$

$$x = 5mL$$

따라서 100ppm의 소독액을 만들기 위해서는 락스 5mL가 필요하다.

• 식기는 재질에 따라 적정온도에서 적정시간 동안 소독해야 한다. 예를 들어, 스테인리스스틸 식기의 경우 160~180℃에서 30~45분간 처리하는 건열 소독을 하고, 소도구 · 용기류는 살균력이 가장 강한 2537Å의 자외선에서 30~60분 조사하는 자외선 소독을 한다. 자외선은 빛이 닿는 부분만 살균되므로 기구 등을 포개거나 엎어서 살균하지 말고 자외선이 바로 닿도록 배치한다.

표 3-2 소독의 종류와 방법

종 류	대 상	소독방법	비 고
열탕 소독	식기, 행주	100℃에서 30초 이상	
건열 살균	식기	식기표면온도 71℃ 이상	
화학 소독	칼, 도마, 조리도구, 고무장갑, 앞치마	"기구 등의 살균소독제"를 구입하여 용법에 맞게 사용 ※식품첨가물 살균소독제 중 "기구 등의 살균소독제"로 인정된 제품은 사용 가능	도마와 고무장갑의 경우 소독제에 일정시간 침지

자료 : 교육부(2021)

• 작업대 · 기기 · 도마 · 과일 · 채소 등의 소독을 위해 화학 소독제를 이용할 경우에는 세척제가 잔류하지 않도록 음용에 적합한 물로 씻은 후 사용해야 한다. 예를 들어, 염소용액 소독의 경우 생채소 · 과일류의 소독은 100ppm 정도

의 유효염소가 함유된 염소용액에 5~10분간 침지하고, 발판소독조의 소독액은 100ppm 이상으로 만들어 사용해야 하며, 식품 접촉면의 소독은 100ppm에서 1분간 소독처리한다. 기구 · 용기 소독 등에 요오드액을 사용할 경우 pH 5 이하, 실온, 요오드 25ppm이 함유된 용액에 최소 1분간 침지한다. 70% 에틸알코올 소독은 손이나 고무장갑, 용기 등 표면에 분무하여 소독한 후 건조시킨다. 그 외에도 사용이 허가된 여러 가지 소독제를 용도와 희석 배율에 맞게 사용한다.

3) 제조 · 가공 · 조리 시설 · 설비 관리

41. 조리장에는 주방용 식기류를 소독하기 위한 자외선 또는 전기 살균소독기를 설치하거나 열탕세척 소독시설(식중독을 일으키는 병원성미생물 등이 살균될 수 있는 시설이어야 한다)을 갖추어야 한다.
42. 식품과 직접 접촉하는 부분은 내수성 및 내부식성 재질로 세척이 쉽고 열탕 · 증기 · 살균제 등으로 소독 · 살균이 가능한 것이어야 한다.
43. 모니터링 기구 등은 사용 전후에 지속적인 세척 · 소독을 실시하여 교차오염이 발생하지 아니하여야 한다.
44. 식품취급시설 · 설비는 정기적으로 점검 · 정비를 하여야 하고 그 결과를 보관하여야 한다.

- 식기의 세척과정 중 소독을 실시한 경우에는 완전건조하여 식기 전용 보관고나 덮개가 있는 보관장소에 청결히 보관하도록 하고 세척과정에서 소독을 실시하지 않은 경우는 세척 후 전기소독고에 보관하도록 한다.
- 교차오염이 가장 많이 일어날 수 있는 조리기구는 칼과 도마이다. 교차오염을 방지하기 위해서는 칼과 도마를 용도별로 구분하여 사용한다. 특히 용도에 따라 분리하여 사용하더라도 도마는 칼질할 때 발생하는 흠집으로 인하여 세척 후에도 오염물질이 남아 있을 확률이 높으며 이러한 오염은 식중독을 유발할 수 있으므로 적절한 소독으로 이를 방지해야 한다. 칼과 도마는 자비 소독이나 자외선 소독을 주로 실시하는데, 소독효과는 자비 소독이 더 크지만 자비 소독은 물을 사용해야 하며 급탕한 것을 꺼냈을 때도 표면에 물기가 남아 있다는 단점이 있다. 자외선을 이용한 소독은 표면만을 소독해 주므로 자외선이 칼과 도마의 표면에 닿을 수 있도록 소독고에 넣을 때 유의해야 한다(그림 3-18).

그림 3-18 칼 · 도마용 자외선소독고

4) 냉장 · 냉동 시설 · 설비 관리

45. 냉장 · 냉동 · 냉각실은 냉장 식재료 보관, 냉동 식재료의 해동, 가열 조리된 식품의 냉각과 냉장보관에 충분한 용량이 되어야 한다.
46. 냉장시설은 내부의 온도를 10℃ 이하(다만, 신선편의식품, 훈제연어는 5℃ 이하 보관 등 보관온도 기준이 별도로 정해져 있는 식품의 경우에는 그 기준을 따른다), 냉동시설은 −18℃로 유지하여야 하고, 외부에서 온도변화를 관찰할 수 있어야 하며, 온도 감응 장치의 센서는 온도가 가장 높게 측정되는 곳에 위치하도록 한다.

- 온도측정장치를 사용할 때에는 분명하게 관찰될 수 있어야 하며 최대 온도를 정확하게 기록할 수 있는 방법으로 배치되어야 한다. 이때 사용하는 온도계는 정기적으로 보정해야 한다. 온도측정장치의 감온봉은 온도가 가장 높은 곳에 부착하고, 온도측정장치에는 기준온도 이탈 시 온도 상황 변화를 알릴 수 있는 자동경보장치를 부착한다.
- 냉동 · 냉장기기의 온도 측정주기를 설정하여 온도 측정의 신뢰성을 높이도록 하고 냉장 · 냉동설비는 가동상태, 용량 등을 점검하여 구체적인 점검사항을 기록한다.

5) 용수관리

47. 식품 제조 · 가공 · 조리에 사용되거나, 식품에 접촉할 수 있는 시설 · 설비, 기구 · 용기, 종업원 등의 세척에 사용되는 용수는 수돗물이나 「먹는 물 관리법」 제5조의 규정에 의한 먹는 물 수질기준에 적합한 지하수이어야 하고, 지하수를 사용하는 경우 취수원은 화장실, 폐기물 · 폐수처리시설, 동물사육장 등 기타 지하수가 오염될 우려가 없도록 관리하여야 하며, 필요한 경우 용수 살균 또는 소독장치를 갖추어야 한다.
48. 가공 · 조리에 사용되거나, 식품에 접촉할 수 있는 시설 · 설비, 기구 · 용기, 종업원 등의 세척에 사용되는 용수는 다음 각 호에 따른 검사를 실시하여야 한다.
    가. 지하수를 사용하는 경우에는 먹는 물 수질기준 전 항목에 대하여 연 1회 이상 (음료류 등 직접 마시는 용도의 경우는 반기 1회 이상) 검사를 실시하여야 한다.
    나. 먹는 물 수질기준에 정해진 미생물학적 항목에 대한 검사를 월 1회 이상 실시하여야 하며, 미생물학적 항목에 대한 검사는 간이검사키트를 이용하여 자체적으로 실시할 수 있다.
49. 저수조, 배관 등은 인체에 유해하지 아니한 재질을 사용하여야 하며, 외부로부터의 오염물질 유입을 방지하는 잠금장치를 설치하여야 하고, 누수 및 오염 여부를 정기적으로 점검하여야 한다.
50. 저수조는 반기별 1회 이상 청소와 소독을 자체적으로 실시하거나 저수조청소업자에게 대행하여 실시하여야 하며, 그 결과를 기록 · 유지하여야 한다.
51. 비음용수 배관은 음용수 배관과 구별되도록 표시하고 교차되거나 합류되지 아니하여야 한다.

- 먹는 물 검사항목과 각 항목의 적정관리기준은 〈표 3-3〉과 같다. 지하수를 사용하는 경우에는 먹는 물 수질기준 검사 전체 항목에 대해서 연 1회 이상 검사를 실시하고, 검사 결과는 3년간 보관해야 한다.
- 지하수와 수돗물 모두 〈표 3-3〉의 먹는 물 검사항목 중 미생물 검사항목인 일반세균, 총대장균군, 대장균/분원성 대장균에 대해서는 월 1회 이상 검사를 실시한다. 미생물 검사항목 중 여시니아는 먹는 물 공동시설에 한해 검사하고, 분원성 연쇄상구균 · 녹농균 · 살모넬라 및 쉬겔라와 아황산환원혐기성포자형성균은 샘물 · 먹는 샘물, 염지하수 · 먹는 염지하수 및 먹는 해양심층수에 한해 검사한다.

- 먹는 물 검사항목 중 소독제 및 소독부산물질에 관한 항목은 수돗물 또는 소독제를 사용한 기타 먹는 물에 한해서 검사하고, 건강상 유해영향 무기물질 중 스트론튬은 먹는 염지하수 및 먹는 해양심층수에 한해 검사하고, 우라늄은 지하수 원수 수돗물, 샘물, 먹는 샘물, 먹는 염지하수 및 먹는 물 공동시설의 물에 한해 검사한다.
- 먹는 물 검사항목 중 탁도는 1NTU 이하로 관리한다. 단, 지하수를 원수로 사용하는 마을상수도, 소규모급수시설 및 전용상수도를 제외한 수돗물의 경우에는 탁도를 0.5NTU 이하로 적용한다.
- 저수조에 용수가 장시간 저장되면 잔류염소가 소실되어 미생물이 증식하거나 철, 망간 등의 침전이 생길 수도 있으므로 용수의 사용량에 비하여 저수조가 너무 크지 않은 것으로 설치한다. 천장을 알루미늄 재질로 수리하고, 물탱크 잠금장치를 설치했으며, 탱크의 덮개는 굴곡을 주어 물이 고여서 탱크 내부로 들어가는 일이 없도록 개선하였다. 용수 저장탱크의 청소와 소독을 외부 위탁처리할 때에는 담당자가 반드시 입회하고 감독한다.

표 3-3 먹는 물 검사항목과 적정관리기준

검사항목	기 준
미생물에 관한 기준	
1. 일반세균	100CFU/mℓ 이하
2. 총대장균군	불검출/100mℓ
3. 대장균/분원성 대장균군	불검출/100mℓ
4. 여시니아균	불검출/2ℓ
5. 분원성 연쇄상구균 · 녹농균 · 살모넬라 및 쉬겔라	불검출/250mℓ
6. 아황산환원혐기성포자형성균	불검출/50mℓ
건강상 유해영향 무기물질에 관한 항목	
1. 납	0.01mg/ℓ 이하
2. 불소	1.5mg/ℓ 이하
3. 비소	0.01mg/ℓ 이하
4. 셀레늄	0.01mg/ℓ 이하
5. 수은	0.001mg/ℓ 이하

검사항목	기 준
6. 시안	0.01mg/ℓ 이하
7. 크롬	0.05mg/ℓ 이하
8. 암모니아성 질소	0.5mg/ℓ 이하
9. 질산성 질소	10mg/ℓ 이하
10. 카드뮴	0.005mg/ℓ 이하
11. 붕소	1.0mg/ℓ 이하
12. 브롬산염	0.01mg/ℓ 이하
13. 스트론튬	4mg/ℓ 이하
14. 우라늄	30μg/ℓ 이하
건강상 유해영향 유기물질에 관한 항목	
1. 페놀	0.005mg/ℓ 이하
2. 다이아지논	0.02mg/ℓ 이하
3. 파라티온	0.06mg/ℓ 이하
4. 페니트로티온	0.04mg/ℓ 이하
5. 카바릴	0.07mg/ℓ 이하
6. 1,1,1-트리클로로에탄	0.1mg/ℓ 이하
7. 테트라클로로에틸렌	0.01mg/ℓ 이하
8. 트리클로로에틸렌	0.03mg/ℓ 이하
9. 디클로로메탄	0.02mg/ℓ 이하
10. 벤젠	0.01mg/ℓ 이하
11. 톨루엔	0.7mg/ℓ 이하
12. 에틸벤젠	0.3mg/ℓ 이하
13. 크실렌	0.5mg/ℓ 이하
14. 1,1-디클로로에틸렌	0.03mg/ℓ 이하
15. 사염화탄소	0.002mg/ℓ 이하
16. 1,2-디브로모-3-클로로프로판	0.003mg/ℓ 이하
17. 1,4-다이옥산	0.05mg/ℓ 이하
소독제 및 소독부산물질에 관한 항목	
1. 잔류염소(유리잔류염소)	4.0mg/ℓ 이하
2. 총트리할로메탄	0.1mg/ℓ 이하
3. 클로로포름	0.08mg/ℓ 이하
4. 브로모디클로로메탄	0.03mg/ℓ 이하

(계속)

검사항목	기 준
소독제 및 소독부산물질에 관한 항목	
5. 디브로모클로로메탄	0.1mg/ℓ 이하
6. 클로랄하이드레이트	0.03mg/ℓ 이하
7. 디브로모아세토니트릴	0.1mg/ℓ 이하
8. 디클로로아세토니트릴	0.09mg/ℓ 이하
9. 트리클로로아세토니트릴	0.004mg/ℓ 이하
10. 할로아세틱에시드	0.1mg/ℓ 이하
11. 포름알데히드	0.5mg/ℓ 이하
심미적 영향물질에 관한 항목	
1. 경도	300mg/ℓ 이하
2. 과망간산칼륨	10mg/ℓ 이하
3. 냄새	무취
4. 맛	무미
5. 동	1mg/ℓ 이하
6. 색도	5도 이하
7. 세제	0.5mg/ℓ 이하
8. 수소이온 농도	pH 5.8~8.5 이하
9. 아연	3mg/ℓ 이하
10. 염소이온	250mg/ℓ 이하
11. 증발잔류물	500mg/ℓ 이하
12. 철	0.3mg/ℓ 이하
13. 망간	0.05mg/ℓ 이하
14. 탁도	1NTU 이하
15. 황산이온	200mg/ℓ 이하
16. 알루미늄	0.2mg/ℓ 이하
방사능에 관한 기준(염지하수만 적용)	
1. 세슘(Cs-137)	4.0mBq/L
2. 스트론튬(Sr-90)	3.0mBq/L
3. 삼중수소	6.0Bq/L

자료 : 법제처(2023)

6) 보관 · 운송 관리

구입 및 입고

52. 검사성적서로 확인하거나 자체적으로 정한 입고기준 및 규격에 적합한 원 · 부자재만을 구입하여야 한다.
53. 부적합한 원 · 부자재는 적절한 절차를 정하여 반품 또는 폐기처분 하여야 한다.
54. 입고검사를 위한 검수공간을 확보하고 검수대에는 온도계 등 필요한 장비를 갖추고 청결을 유지하여야 한다.
55. 원 · 부자재 검수는 납품 시 즉시 실시하여야 하며, 부득이 검수가 늦어질 경우에는 원 · 부자재별로 정해진 냉장 · 냉동 온도에서 보관하여야 한다.

- 급식 · 외식업소에서 사용하는 식재료에 관한 기준규격서(부록 7)를 작성하고, 식재료 품목별로 일정주기로 검사성적서를 식재료 공급업자로부터 수령 · 보관한다.
- 식품의 안전성 확보는 신뢰할 수 있는 공급업자의 선택에서부터 시작되므로 식품공급업자를 미리 방문해서 시설과 공급절차를 확인하는 과정을 통해 위생관리 능력과 운영 능력이 있는 업체를 선정하여 더욱 신선하고 질이 좋으며, 위생적이고 안전한 식재료를 구입할 수 있도록 한다.
- 식품을 구입할 때에는 각 식품별로 사용 목적에 적합한 부위를 필요한 양만큼씩 매일 혹은 일정 주기로 구입하여 사용해야 하고, 외관 또는 관능검사결과 선도가 우수한 원재료를 구입해야 한다.
- 오염지역이나 불결한 장소에서 채취 또는 재배한 것, 축산물 위생관리법에 의하여 검사를 받지 않은 육류 또는 위생처리되지 않은 우유, 조직이 단단하지 않고 눈과 아가미 부분이 신선하지 못하거나 형태가 변형된 생선, 냉장 또는 냉동이 되지 않은 어육류, 포장이 조잡하거나 제조원 등이 분명히 표기되지 않은 것, 소비(유통)기한 경과 제품 또는 소비(유통)기한이나 제조자 등 식품 표시가 없는 제품, 위생적인 방법으로 운반 · 제조되지 않아 오염이 의심되는 것 등은 구입하지 않도록 주의한다.
- 검수는 급식소나 외식업소 구매관리자의 구매 의뢰에 따라 공급업자가 납품하는 식재료에 대하여 품질, 신선도, 수량, 위생상태 등이 요구기준에 부합되는지를 확인하는 과정이다. 납품시점과 검수시점의 시간차가 클 경우 위생사고의

우려가 있으므로 가능하면 검수가 가능한 시간으로 납품시간을 조정한다. 납품 시 급식·외식업소 관리자와 조리사 등 1인 이상이 함께 입회하여 검수를 실시하도록 한다.

- 냉장·냉동식품의 온도측정을 위해 적외선 감지 온도계를 구비해야 하고, 저울은 많은 식재료를 동시에 측정 가능하도록 단위가 큰 것으로 준비한다.
- 검수대, 검수기구는 항상 청결하게 관리해야 하며, 검수자는 위생장갑을 착용해야 한다. 검수 시에는 식품은 도착 즉시 온도를 측정하여 기록하고, 냉장식품, 냉동식품, 채소류, 공산품의 순서로 검수를 실시한다. 검수내용은 식품별로 수량, 온도, 소비(유통)기한, 원산지, 포장상태, 식품 표시내용, 이미·이취 발생 여부, 이물질 혼합 여부 등이며 식품별 검수기준에 따라 검수 후 그 결과를 검수일지에 기록한다.
- 식재료 기준규격서(물품구매명세서) 작성 시에는 반품의 기준과 처리방법을 포함하며 반품 제품은 구분해서 보관하고 처리내용을 기록 관리한다.

운송

56. 운송차량(지게차 등 포함)으로 인하여 제품이 오염되어서는 아니 된다.
57. 운송차량은 냉장의 경우 10℃ 이하, 냉동의 경우 -18℃ 이하를 유지할 수 있어야 하며, 외부에서 온도변화를 확인할 수 있도록 임의조작이 방지된 온도 기록 장치를 부착하여야 한다.
58. 운반 중인 식품은 비식품 등과 구분하여 취급해서 교차오염을 방지하여야 한다.
59. 운송차량, 운반도구 및 용기는 관리계획에 따라 세척·소독을 실시하여야 한다.

- 운송용기는 세척이 쉽고 필요시 소독이 가능하도록 설계·관리되어야 한다.
- 운송차량은 운반되는 식품의 온도를 적절하게 유지할 수 있어야 한다. 급식·외식업소 관리자는 정기적으로 운송차량의 자동 온도 기록 장치의 온도관리 내용을 점검하도록 한다. 또한 업체 선정 시 냉장·냉동차를 충분히 보유하고 있는 업체를 선정하도록 한다.
- 배식용 운반기구(배식차, 승강기) 등에 의한 오염이 발생하지 않도록 배식차 등은 사용 후 바로 세척하여 관리하며, 식품 운반용 승강기는 1일 1회 이상 내부

를 청소하여 청결상태를 유지하도록 한다. 식기 · 수저 · 컵 등은 세척 · 소독 후 별도의 보관함에 보관 후 사용하며, 외부에 비치될 경우에는 별도의 덮개를 사용하여 배식 전까지 보관한다.

- 식품을 운반하는 동안에는 먼지와 다른 오염물질이 들어가지 않도록 보호해야 하고, 운반 도중 적온이 유지되도록 보온 · 보냉용기를 이용하며, 운반차량으로 이동 시에는 식품의 오염이나 차량 내에 식품이 쏟아지는 것을 방지하기 위하여 용기가 밀폐되어야 한다. 운반차량은 매일 1회 이상 내부를 청소하여 청결상태를 유지하도록 하고, 운전자는 개인위생을 준수하고 청결한 복장을 갖추어야 한다.
- 운송관리항목은 특히 중앙조리시설central kitchen을 운영하는 운반급식이나 학교 급식소 중 공동조리교의 경우 관리기준을 철저하게 준수해야 한다.

보관

60. 원료 및 완제품은 선입선출 원칙에 따라 입고 · 출고상황을 관리 · 기록하여야 한다.
61. 원 · 부자재 및 완제품은 구분 관리하고 바닥이나 벽에 밀착되지 아니하도록 적재 · 관리하여야 한다.
62. 원 · 부자재에는 덮개나 포장을 사용하고, 날 음식과 가열조리 음식을 구분 보관하는 등 교차오염이 발생하지 아니하도록 하여야 한다.
63. 검수기준에 부적합한 원 · 부자재나 보관 중 소비(유통)기한이 경과한 제품, 포장이 손상된 제품 등은 별도의 지정된 장소에 명확하게 식별되는 표식을 하여 보관하고 반송, 폐기 등의 조치를 취한 후 그 결과를 기록 · 유지하여야 한다.
64. 유독성 물질, 인화성 물질, 비식용 화학물질은 식품취급 구역으로부터 격리된 환기가 잘되는 지정된 장소에서 구분하여 보관 · 취급되어야 한다.

- 원료 및 완제품은 선입선출first in first out 관리가 필요하며 종류별 소비(유통)기한 및 반출순서를 준수해야 한다. 이를 위해서 먼저 입고된 것은 창고 진열대의 앞쪽으로 진열하고 나중에 구입한 것은 뒤쪽으로 놓는다.
- 철저한 검수를 거쳐 양질의 안전한 식재료를 납품받아도 저장관리가 부적절하면 식재료가 오염될 수 있다. 식품을 저장할 때는 세균에 의한 감염을 예방할 수 있어야 하고 영양가를 손상하지 않도록 관리해야 한다. 또한 식품은 각각의

형태와 종류에 따라서 그 식품에 맞는 최적의 조건에서 저장해야 한다.

- 모든 식품 보관 시에는 반드시 소독된 보관용기에 뚜껑을 덮어 두거나 위생적으로 잘 포장하여 내용물이 노출되지 않도록 한다. 식품창고는 깨끗하고 건조하게 관리하고, 식품을 옮기는 기구는 청결해야 하며, 식품의 특성별로 정해진 장소에만 보관하도록 한다.
- 식품별 보관상 주의사항 및 보관기간을 철저히 이행하고, 식품창고에 보관하는 식품은 장기저장식품(곡류, 통조림류, 건어물류 등)과 단기 또는 일시 보관식품(감자류, 채소류, 김치류 등)으로 구분하여 보관하며, 통풍 · 채광 · 온도 · 습도 조절에 유의하여 변질을 예방하도록 한다.
- 식품창고에는 방충 · 방서시설을 해야 하며, 보관한 식품은 항상 종류와 수량을 파악할 수 있도록 현황판을 비치하고 식품 사용 시 지시된 양만큼을 사용하고 추가 사용량은 재지시를 받은 후 사용하도록 한다. 식품창고에는 식품이 아닌 소독제 · 세제 · 살충제 등을 함께 보관하지 않는다. 비식품류에 대한 별도 창고가 없으면 건조창고를 구획하여 분리 보관해야 하며 정기적으로 보관 상태를 점검해야 한다.
- 냉장저장은 0～5℃ 정도에서 짧은 기간 동안 저장하는 방법이다. 식품을 종류별

건조창고 내부

워크인(walk-in) 냉장실 내부

그림 3-19 급식소 건조창고 및 냉장실 내부

로 각각 다른 냉장고에 보관하는 것이 바람직하며 익히지 않은 음식과 조리된 음식은 분리저장하고, 냉장고 용량의 70% 이상의 음식을 보관하지 않도록 한다.

- 음식을 보관할 때는 깨끗하고 흡습성이 없으며, 뚜껑이 있는 통에 담도록 하고, 공기의 순환을 위해 선반은 석쇠와 같이 갈라진 것을 사용한다. 생선과 유제품은 문에서 떨어진 온도가 가장 낮은 부분에 저장하도록 하고, 통조림은 개봉한 다음 깡통째로 냉장고에 저장하지 않도록 하며 통조림 깡통은 소비(유통)기한 관리를 위해 통조림 내용물의 사용 전까지는 버리지 않는다.
- 냉동저장은 -18℃ 이하의 온도에서 저장하는 방법이다. 냉동식품이나 미리 식힌 음식만 냉동실에 저장하며, 음식을 냉각하기 위해서는 사용하지 않는다. 조리종사원에게는 필요할 때에만 문을 열고 한꺼번에 꺼내도록 훈련을 시킨다.
- 건조저장은 상하지 않는 식품을 온도 15~21℃, 습도 50~60%에서 장기간 저장하는 방법인데, 적절한 환풍으로 식품의 품질을 유지하고 해충을 방지한다.

7) 검사관리

제품검사

65. 제품검사는 자체 실험실에서 검사계획에 따라 실시하거나 검사기관과의 협약에 의하여 실시하여야 한다.
66. 검사결과에는 다음 내용이 구체적으로 기록되어야 한다.
    - 검체명
    - 제조연월일 또는 소비(유통)기한(품질유지기한)
    - 검사연월일
    - 검사항목, 검사기준 및 검사결과
    - 판정결과 및 판정연월일
    - 검사자 및 판정자의 서명날인
    - 기타 필요한 사항

- 자체검사 시에는 검사인력, 시설, 기구, 검사방법 등을 설정하고 검사의 신뢰성을 확보하기 위해서 검사일지, 검사대장, 검사소모품대장 등을 구비한다.
- 공인검사 의뢰 시에는 검사기관의 공인 여부를 확인하고 검사항목, 검사주기를 설정한다.

- 원료 및 기타 자재의 검사는 오염물질과 직접 또는 간접적으로 접촉이 일어나지 않도록 위생적인 방법으로 실시되어야 하며 식재료의 입고는 조리구역과 격리된 별도의 검수구역에서 이루어져야 한다.
- 제품검사 시 검체 채취자는 교육을 받은 자격자이어야 한다. 제품검사항목은 급식소와 외식업소의 생산메뉴에 대한 제품설명서에서 완제품의 규격 작성 시 포함된 항목에 대하여 실시하고 제품검사결과는 HACCP 운영의 적합성 검증자료로 활용할 수 있다.
- HACCP을 적용하는 급식소는 학교급식소를 포함하여 대부분 식재료를 당일 구매, 당일 전량 소비하는 원칙을 준수하므로 생산메뉴에 대한 별도의 소비(유통)기한을 산출할 필요가 없다.
- 소비(유통)기한이나 품질유지기한은 업소 자체 실험결과에 의해 그 기준을 마련하거나 유사제품에 대해서 연구자가 실험한 객관적이고 과학적인 자료가 있을 때에는 이를 근거로 하여 설정할 수 있다.

시설 · 설비 · 기구 등 검사

67. 냉장 · 냉동 및 가열처리 시설 등의 온도측정 장치는 연 1회 이상, 검사용 장비 및 기구는 정기적으로 교정하여야 한다. 이 경우 자체적으로 교정검사를 하는 때에는 그 결과를 기록 · 유지하여야 하고, 외부 공인 국가교정기관에 의뢰하여 교정하는 경우에는 그 결과를 보관하여야 한다.
68. 작업장의 청정도 유지를 위하여 공중낙하세균 등을 관리계획에 따라 측정 · 관리하여야 한다. 다만, 식품이 노출되지 아니하거나, 식품을 포장된 상태로 취급하는 작업장은 그러하지 아니할 수 있다.

- 청결구역의 공중낙하세균 측정을 정기적으로 실시하도록 한다. 작업장에서 공중낙하세균 등을 측정하기 위해서는 구체적인 측정장소, 측정주기, 측정시점, 측정방법, 측정자, 측정기준 등을 정하고 측정결과기준 이탈 시의 조치사항도 설정해야 한다.
- 공중낙하세균을 측정할 때는 청결구역 내 작업대 높이에서 일반세균이나 진균 측정용 배지를 준비한 후 5~15분 일정한 시간 동안 노출시킨 후 35℃에서 24시간 정도 배양한 후 계수한다. 급식소나 외식업소 청결구역의 공중낙하세균

한계기준이 특별히 제안된 사례는 없다.

- 공중낙하세균으로 인한 이차오염을 최소화하기 위해서는 청결구역의 천장이나 조명시설 등을 위생적으로 관리하고, 환기시스템이 원활하게 가동되어야 하며, 최종 조리된 음식은 반드시 뚜껑을 덮어서 보관하도록 한다. 또한 소독한 식기류도 소독고에 보관하거나 자동세척기에서 열탕소독을 실시한 후 완전 건조하여 여닫이 식기류보관 찬장이나 덮개를 덮은 보관함에 관리하도록 한다.

온도계 검 · 교정법

재료를 검수할 때, 저온저장할 때, 조리할 때의 온도관리에 필수적인 온도계는 온도측정기능을 정확히 유지할 수 있도록 정기적으로 자가 검 · 교정을 실시하고 그 기록을 유지해야 한다. 온도계 검 · 교정방법에는 얼음물 이용법과 더운물 이용법이 있는데 더운물보다 얼음물을 이용하는 방법이 신뢰도가 높다. 이는 저온의 물이 온도변화에 안정적이기 때문이다. 만약 표면 온도계가 정확한 온도를 읽지 못한다면 제조회사에 보내어 제조자 교정을 받아야 한다.

탐침온도계 검 · 교정 방법

1. 얼음물 이용법
   - 큰 유리그릇에 잘게 부순 얼음을 넣은 다음 수돗물을 얼음 표면까지 붓고 잘 저어 준다. 여기에 온도계의 온도감지 부분이 바닥이나 벽에 닿지 않도록 담가 최소 30초 이상 기다린 후 온도가 0℃를 가리키는지 확인한다.
   - 바이메탈 온도계 탐침 끝에서 5cm 이상 담가야 하고 바늘이 0℃를 가리키지 않을 때 온도계 탐침 기저부분의 너트를 공구로 돌려 0℃로 조정한다.
   - 전자식 온도계는 직접 0℃를 맞출 수 없으므로 온도의 차이를 기록한 스티커를 부착하여 읽을 때 감안해야 한다. 예를 들어, 0℃ 물에서 0.6℃를 가리키면 스티커에 –0.6℃라고 써서 붙여 놓아, 식품 온도가 5.3℃를 가리킬 경우 4.7℃로 읽는다.

2. 끓는 물 이용법

깊은 냄비를 사용하여 물이 끓고 있을 때 이와 같은 방법으로 온도를 확인하는 것이다. 단, 이 경우 증류수를 사용하고 1기압의 상태에서 해야 정확한 결과를 얻을 수 있다.

(계속)

비접촉식 적외선 표면온도계 검 · 교정방법

1. 얼음물 이용법
   - 용량이 300mL 이상인 스티로폼 컵 두 개에 잘게 부순 얼음을 반쯤 채운 다음 차가운 물을 컵의 위 가장자리보다 1~2.5cm 안 되게 붓는다. 컵 두 개를 포개어 사용하면 훨씬 단열이 잘되어 안정적인 온도변화로 검 · 교정에서 좋은 결과를 얻을 수 있다.
   - 신뢰도가 높은 정확한 전자식 탐침온도계로 얼음물을 약 1분 동안 젓거나 탐침온도계의 눈금이 안정될 때까지 기다린 다음, 플라스틱 막대나 빨대로 물을 계속 저으면서 탐침온도계와 표면온도계로 동시에 온도를 측정한다.
   - 이때 표면온도계의 편차는 탐침온도계가 측정한 온도값의 +1℃ 이내 또는 0℃를 나타내야 한다.

2. 더운물 이용법
   - 얼음물을 이용하는 방법과 과정은 같으나 얼음물 대신 더운물을 사용한다는 차이가 있다. 용량이 300mL 이상인 스티로폼 컵에 60℃ 이상의 더운물을 컵의 위 가장자리보다 1~2.5cm 안 되게 붓는다. 수도에서 나오는 뜨거운 물을 그대로 이용해도 된다.
   - 신뢰도가 높은 정확한 탐침온도계로 수면을 약 1분 동안 젓거나 탐침온도계와 물이 열평형을 이룰 때까지 기다린다. 탐침온도계가 안정이 된 후 빨대나 플라스틱 막대기로 물을 계속 저으면서 탐침온도계와 표면온도계로 동시에 온도를 측정한다. 정확하게 측정하려면 수면과 표면온도계의 거리를 7cm 이내로 유지해야 한다.
   - 이때 주의해야 할 것은 수증기가 표면온도계의 렌즈 부분에 응축되지 않도록 증기를 피해서 약간 기울여 컵의 테두리 밖에서 측정해야 한다는 점이다. 만약 수증기가 렌즈에 응축되면 닦아 내지 말고 실내(상온)에서 건조시킨다.
   - 표면온도계의 편차는 탐침온도계가 측정한 온도값의 +2℃ 이내이면 정확하게 측정한 것으로 판단한다. 일반적인 정확도 측정방법인 더운물을 이용한 자가교정은 수증기 발생으로 인한 수온변화, 수면의 반사율 차이로 인해 신뢰도가 높지 않다.

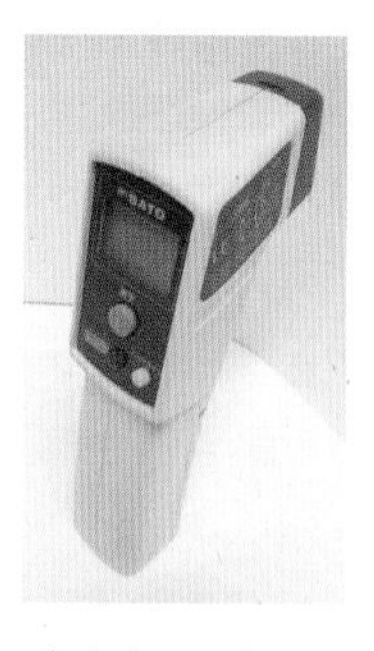

적외선 표면온도계

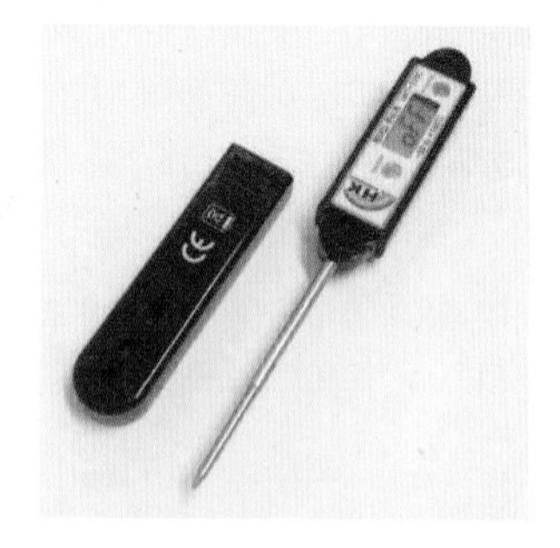

탐침 온도계

8) 회수프로그램 관리(시중에 유통 · 판매되는 포장제품에 한함)

69. 영업자는 당해 제품의 유통 경로, 소비 대상과 판매처의 범위를 파악하여 제품 회수에 필요한 업소명과 연락처 등을 기록 · 보관하여야 한다.
70. 부적합품이나 반품된 제품의 회수를 위한 구체적인 회수절차나 방법을 기술한 회수프로그램을 수립 · 운영하여야 한다.
71. 부적합품의 원인규명이나 확인을 위한 제품별 생산장소, 일시, 제조라인 등 해당 시설 내의 필요한 정보를 기록 · 보관하고 제품추적을 위한 코드표시 또는 로트관리 등의 적절한 확인 방법을 강구하여야 한다.

- 전통적 급식체계conventional foodservice system로 운영되는 급식소의 경우 해당사항이 없는 평가항목이며, 도시락 등 운반급식(개별 또는 벌크 포장)에 한해서 평가받는 항목이다.

4. 선행요건프로그램의 실행 및 평가

선행요건관리항목에 대한 기준서가 작성된 다음 우선 급식 · 외식업소 작업 현장에 적용해보고 그 효과를 평가해야 한다. 효과성 검증 결과, 필요한 경우 선행요건관리기준을 수정 · 보완하고 선행요건프로그램의 수행에 필요한 인적 · 물적 자원이 충분한지 검토 후 최종 보완한다. 또한 선행요건프로그램은 운영하는 과정에서도 정기적인 검증을 실시하여 그 결과를 기준으로 관련 기준을 수정하거나 시설 · 설비를 개보수하거나 작업공정 개선이나 종업원 교육 · 훈련 계획을 수립하고 시행해야 한다.

HACCP 인증 평가 시 선행요건관리 각 항목에 대한 취득점수의 합계가 85점 이상일 경우에는 적합, 70점 이상에서 85점 미만은 보완, 70점 미만이면 부적합으로 판정한다. 다만, 평가 제외 항목이 있을 경우 평가 제외 항목을 배제한 총점수 대비 취득점수를 백분율로 환산하여 85%(소수 첫째 자리 반올림 처리) 이상일 경우에는 적합, 70%에서 85% 미만은 보완, 70% 미만이면 부적합으로 판정한다. 다만, 필수항목이 미흡한 경우 부적합으로 판정한다.

HACCP 인증 후 정기 조사·평가 시에는 선행요건 각 항목에 대한 취득점수의 합계가 85점 이상일 경우에는 수정·보완하도록 조치하되, 85점 미만이면 부적합으로 판정한다. 다만, 평가 제외 항목이 있을 경우 평가 제외 항목을 배제한 총점수 대비 취득점수를 백분율로 환산하여 판정한다(부록 2 참고).

선행요건프로그램의 검증은 HACCP 시스템의 검증활동과 병행하거나 분리하여 실시할 수 있다. 검증은 일반적으로 전체 절차 및 방법이 매뉴얼에 따라 적절하게 수행되고 있는지를 점검하고 그 결과를 문서화하는 과정으로 내·외부 검증팀에 의해 이루어진다. 검증팀은 HACCP 관리 인증평가표(부록 3)를 참고하여 검증계획을 수립하고 시행해야 한다.

5. 급식·외식업소의 청소관리프로그램

급식·외식업소 작업구역의 청소는 일별, 주별, 월별, 연간별로 계획을 수립하여 정기적으로 실시하며 청소와 소독에 대한 작업기록을 작성·비치해야 한다. 또한 급식·외식업소의 모든 청소단계에서 반드시 소독과정을 포함하도록 한다. 소독 후에는 자연 건조하도록 하고, 급식·외식관리자는 각 구역과 기기에 대한 청소상태를 매일 정기적으로 점검해야 한다. 또한 전일 작업 종료한 다음 청소와 소독의 실시 후 건조된 조리장을 종업원이 출근한 직후에 다시 물청소하여 미생물 증식의 위험을 증가시키지 않도록 주의한다.

〈표 3-4〉는 학교급식소의 일별, 주별, 월별, 연간별 청소구역과 실시 시기에 대한 청소계획의 예이다. 〈표 3-5〉는 급식시설 및 용기의 세척과 소독에 관한 구체적인 방법과 빈도에 대한 예이다. 청소계획은 지속적인 검증과정을 통해 현재의 계획이 위생적인 조리환경 조성을 위해 미흡하다고 판단되면 청소방법과 빈도를 개선해야 한다.

〈표 3-6〉은 급식소 청소관리프로그램의 일일 점검표의 예이다. 급식관리자는 점검이 필요한 항목을 빠짐없이 포함하고 일일 점검을 통해 해당 항목에 대한 문제발생 시 즉시 시정조치하도록 한다.

표 3-4 학교급식소 청소계획의 예

시 기	청소구역	비 고
일 별	• 전처리실, 조리실 및 식당 • 쉽게 오염되는 벽 및 바닥 • 냉장 · 냉동고의 내 · 외부(손잡이 등) • 배수구 및 트렌치, 찌꺼기 거름망 • 내부 설치된 그리스 트랩 • 식재료보관실 및 화장실	
주 별	• 배기후드 • 보일러 및 가스, 기화실 • 조명 · 환기설비	지정일(1회 이상) 지정일(1회 이상) 지정일(1회 이상)
월 별	• 유리창 청소 및 방충망 청소 • 식재료보관실 대청소	지정일(1회 이상) 쌀입고 전(1회 이상)
연 간	• 개학 및 방학 대비 대청소 • 식판 및 기기 스케일 제거(약품 사용) • 덕트 청소 • 위생 관련 시설 · 설비 · 기기 점검 및 보수 • 외부 그리스 트랩 청소	연 1회 이상(방학 중) 연 4회(2, 7, 8, 12월) 연 2회 이상(방학 중 등) 연 2회(방학 중) 연 2회(방학 중)

자료 : 교육부(2021)

표 3-5 급식시설 · 용기 세척 · 소독관리의 예

구 분	세 척		소 독		
	세척방법	빈 도	소독방법	소독액	빈 도
식기세척기	중성세제 세척	1일 1회	분무	70% 알코올	주 1회
스팀국솥	중성세제 세척	1일 1회	분무, 발포	70% 알코올	1일 1회
취반기	중성세제 세척	1일 1회	분무	70% 알코올	1일 1회
가스레인지	중성세제 세척	1일 1회	분무	70% 알코올	1일 1회
채소절단기	중성세제 세척	매 작업 시	발포	락스 희석액	매 작업 시
냉장 · 냉동고	중성세제 세척	1일 1회	발포	락스 희석액	1일 1회
식기소독고	중성세제 세척	1일 1회	발포	락스 희석액	1일 1회
분쇄기	중성세제 세척	매 작업 시	분무	70% 알코올	매 작업 시
덤웨이터	중성세제 세척	1일 1회	분무	70% 알코올	1일 1회
작업대	중성세제 세척	매 작업 시	발포	락스 희석액	매 작업 시
보온배식대	중성세제 세척	매 작업 시	분무	70% 알코올	매 작업 시
싱크대	중성세제 세척	매 작업 시	발포	락스 희석액	1일 1회
조리대	중성세제 세척	매 작업 시	발포	락스 희석액	매 작업 시
칼 · 가위	중성세제 세척	매 작업 시	조사	자외선 소독	매 작업 시
도마	중성세제 세척	매 작업 시	조사	자외선 소독	매 작업 시
고무장갑	중성세제 세척	매 작업 시	침지	락스 희석액	매 작업 시
행주류	중성세제 세척	매 작업 시	열탕	100℃에서 5분 이상	1일 1회
집기류	중성세제 세척	매 작업 시	침지	락스 희석액	매 작업 시
기타 용기	중성세제 세척	매 작업 시	침지	락스 희석액	매 작업 시
트렌치	중성세제 세척	1일 1회	발포	락스 희석액	1일 1회
바닥	중성세제 세척	1일 1회	발포	락스 희석액	1일 1회
후드	중성세제 세척	주 1회	분무	락스 희석액	주 1회

표 3-6 청소관리프로그램의 예

업장명 :
점검상태가 양호하면 ○, 즉시 시정 필요시 ×

5월(May)

	1	2	3	4	5	6	7	8	9	10	11	12	13	14	15	16	17	18	19	20	21	22	23	24	25	26	27	28	29	30	31
식당(홀)																															
1. 홀 전체가 청결한가?																															
2. 식탁과 의자는 잘 정돈되어 있고, 청결한가?																															
3. 벽과 창, 창틀은 깨끗한가?																															
4. 환기가 잘 되는가?																															
5. 홀의 바닥은 깨끗한가?																															
6. 식수대는 깨끗하고, 청소·소독했는가?																															
7. 정수기를 청소·소독했는가?																															
8. 냉·난방기는 정상 작동되며, 청결히 유지되는가?																															
조리장 및 조리준비실																															
1. 전체적으로 청결하고 잘 정돈되어 있는가?																															
2. 식기류는 청결하고, 잘 정돈되어 있는가?																															
3. 수저, 나이프, 포크 등은 청결하고 잘 정돈되어 있는가?																															
4. 도마, 칼, 행주 등은 사용 후 세척·건조한 후 보관하였는가?																															
5. 작업대, 조리대는 청결하고 잘 정리되어 있는가?																															

(계속)

	1	2	3	4	5	6	7	8	9	10	11	12	13	14	15	16	17	18	19	20	21	22	23	24	25	26	27	28	29	30	31
6. 바닥은 청소 · 소독 후 건조되어 있는가?																															
7. 국솥, 볶음솥 등은 청결한가?																															
8. 그릴, 튀김솥, 가열기구 및 그 주변은 청결한가?																															
9. 후드, 필터, 덕트, 환기팬 등은 정상적으로 작동되며, 청결한가?																															
10. 천장, 조명기구, 창문, 창틀은 청결한가?																															
11. 배수로와 하수구는 청결한가?																															
저장시설																															
1. 냉장고 내 · 외부는 청결하고 냄새가 나지 않고, 식품이 잘 정돈되어 있어 오래된 식품이 없으며, 가득 채워져 있지 않은가?																															
2. 냉동고는 내 · 외부가 청결하고, 냄새가 나지 않으며, 성에가 끼지 않고, 오래된 식품이 없는가?																															
3. 저장창고는 전체적으로 청결하고 잘 정돈되어 있는가?																															
4. 저장선반은 청결하고, 잘 정돈되어 있으며, 오래된 식품이 없는가?																															

	1	2	3	4	5	6	7	8	9	10	11	12	13	14	15	16	17	18	19	20	21	22	23	24	25	26	27	28	29	30	31
5. 저장창고 바닥은 청결하고, 미끄럽지 않은가?																															
6. 저장용기는 청결하고, 상태가 양호한가?																															
식기세척 및 건조																															
1. 식기세척기는 정상적으로 가동되는가?																															
2. 세척 · 헹굼 시 물의 온도는 적정한가?																															
3. 세척 후 육안으로 보아 청결한가?																															
4. 세척이 끝난 식기는 청결한 손으로 다루도록 종업원을 교육했는가?																															
5. 세척이 끝난 후 주변지역을 청결히 청소했는가?																															
6. 식기보관장소는 청결하고, 잘 정돈되어 있는가?																															
세탁공간																															
1. 세척공간은 청결히 유지되는가?																															
2. 세탁기는 정상적으로 작동되는가?																															
3. 세탁물은 청결하게 세탁되었는가?																															
4. 세탁물은 잘 건조된 후 사용되는가?																															
5. 건조된 세탁물은 청결히 보관되는가?																															

자료 : 배현주(2002)

:: REVIEW QUESTION

1 GMP, SSOP, HACCP의 관계를 설명하시오.

2 HACCP의 성공적인 적용을 위해 선행요건프로그램의 계획과 실행이 왜 중요한지 설명하시오.

3 급식 · 외식업소에서 관리해야 할 선행요건 항목은 어떤 영역의 몇 개 항목인가?

4 검수 시 검수 담당자가 확인해야 할 항목에 관해 설명하시오.

5 조리 전 저장단계에서 냉장 · 냉동 · 건조 저장의 조건에 관해 설명하시오.

6 전처리 단계에서 냉동 식재료의 올바른 해동방법에 관해 설명하시오.

7 보존식의 필요성과 보존식 실시 방법에 관해 설명하시오.

8 조리완료 후 배식되기까지의 온도관리방법과 온도조건별로 안전하게 배식이 가능한 경과시간에 관해 설명하시오.

9 식품과 급식시설, 식기류 등에 적용할 수 있는 적절한 소독방법에 관해 설명하시오.

10 선행요건프로그램의 평가방법에 관해 설명하시오.

11 급식 · 외식업소 청소관리프로그램의 올바른 적용방법에 관해 설명하시오.

12 급식 · 외식업소 위생관리를 위해 각 작업구역별로 구비되어야 할 기기 및 소도구 항목을 열거하시오.

13 다음 사진을 살펴보고 급식 · 외식업소에서 기기 및 소도구의 잘못된 활용에 관해 지적하고 이유를 설명하시오.

평가항목	지적사항
조리장 입구의 발판소독기의 사용	
고무호스의 사용	
컵 자외선 살균기의 사용	

4 급식 · 외식산업과 HACCP 제도

학습목표

1. 급식 · 외식업소 HACCP 도입 현황을 파악할 수 있다.
2. 급식 · 외식업소와 식품제조 · 가공업소의 HACCP 적용의 차이점을 이해할 수 있다.
3. 급식 · 외식업소 HACCP 적용 단계를 이해할 수 있다.
4. 외식 업종별 HACCP 인증 현황을 파악할 수 있다.
5. 효과적인 급식 · 외식업소 HACCP 적용 계획을 수립할 수 있다.

1. 급식소 HACCP 적용

1) 급식소 HACCP 적용 현황

학교급식소의 HACCP 적용은 교육부에서는 1999년 특별정책과제를 통해 학교급식을 위한 일반 HACCP 계획을 개발하면서 시작되었다. 2000년도에 16개의 각 시 · 도별로 324개의 시범학교를 운영하면서 2001년도부터는 점진적으로 HACCP을 학교급식에 확대 · 적용해 나갔다. 2003년부터는 모든 학교급식시설에 HACCP을 확대 적용하였으며, 위생 · 안전사고 방지대책의 일환으로 급식시설 현대화 및 노후시설 개 · 보수사업 등 급식환경 개선사업을 추진하고 있으며 2007년 1월 학교급식법 시행령 및 시행규칙을 개정하여 위생 · 안전점검 및 식재료 품질기준, 위생 · 안전관리 기준을 강화했다.

교육부에서는 HACCP의 효율적인 적용을 위해 2000년 '학교급식 위생관리 지침서'를 작성하여 전국적으로 배포하였으며 2021년에 제5차 개정판을 발간 · 보급하였다. 한편 식중독 예방 기본 대책으로서의 학교급식위생관리시스템의 올바른 적용과 확대를 위해 교육청의 지원과 점검을 지속적으로 강화하고 있다. 학교급식에 대한 연 2회 불시 위생 안전점검을 강화하고(83개 항목, DB화 관리), 학교 밖의 급식 관련 시설과 식재료공급업소에 대해서는 식약처 및 자치단체 등 관계기관 합동점검을 실시(교육청 점검단, 식약처, 시군구, 소비자식품감시원)하고 있다.

위탁급식업체 수는 중소업체까지 포함할 경우 전국적으로 1,000개 이상 되는 것으로 추정된다. 이들 업체 중 일부는 급식 분야에 HACCP이 적용됨에 따라 HACCP 적용 시범사업에 참여하였다. 2000년 11월 20일에 이조케터링서비스㈜, ㈜아워홈 2개사 사업장이 HACCP 인증을 받았으며, 2002년 3월 12일에 ㈜현대그린푸드, 2003년 6월에 동원홈푸드, 11월에 CJ프레시웨이㈜ 등의 다른 2개사의 사업장이 추가되면서 7개 위탁급식업체가 HACCP 인증을 받게 되었다. 그 이후 이미 인증받은 업체의 또 다른 사업장에 추가 인증이 이루어졌다. 2000년 말 2개의 급식소에서 처음으로 HACCP 인증을 받은 이래로 2023년 6월 말 기준으로 10,500개소의 HACCP 인증업소 중 급식소는 총 12곳이다.

그림 4-1 HACCP 인증 현판 예시

2) 급식소 HACCP 적용 특징

급식소는 HACCP 자율적용 대상으로, 1999년부터 시범사업을 통해 2000년 집단급식소 및 식품접객업소용 HACCP 관리기준이 마련되면서 본격적으로 HACCP이 적용되기 시작하였다. 초기에는 급식소에 HACCP 적용 시 식품제조·가공업소와 동일한 선행요건관리기준과 HACCP관리기준을 적용하였으나 2005년 10월부터 급식소와 식품제조 · 가공업소의 운영상의 차이점을 고려하여 선행요건관리기준이 업종별로 구분되어 적용되었고, 2007년에는 선행요건관리기준의 평가항목이 100개에서 71개로 수정되었으며, HACCP의 도입을 활성화하고자 2012년부터 선행요건관리기준을 간소화하여 선행요건을 포함하는 자체 위생관리기준을 작성 · 비치한 경우에는 별도의 선행요건관리기준서를 작성 · 비치하지 않아도 되도록 변경하였다.

급식소에 HACCP 개념을 적용할 때에는 식품제조 · 가공업체의 경우와는 그 적용방법이 다를 수 있다. 식품제조 · 가공업체와 달리 급식소의 경우 노동집약적인 특성을 가지며 메뉴도 다양하고, 종사원의 이직률이 높은 점 등이 HACCP 도입의 장애요인으로 작용하고 있다. 급식산업부문에서 HACCP 제도가 성공적으로 적용되기 위해서는 먼저 기본적인 위생규범이 잘 확립되어야 한다. 급식산업에서 기본적인 위생규범으로 중요한 것은 적정한 온도에서의 조리 · 냉각 및 재가열, 교차오염 방지, 개인위생관리, 급식종사원의 교육 · 훈련 등이다.

급식산업부문에서 HACCP 제도가 빠르게 정착되기 위해서는 우선 급식업소 최고경영자의 식품안전성에 대한 의식이 고양되어야 할 것이다. 즉, 최고경영자가 HACCP 제도의 도입 필요성을 깊이 인식하고 전문인력 확보뿐만 아니라, 작업장 시설의 개선과 조리 기계 · 기구의 위생규격화에 필요한 재정투입을 결정해야 한다. 새로 급식을 실시하는 곳이라면 HACCP 제도의 도입을 전제로 하여 처음부터 위생관리기준에 적합한 시설을 갖추는 것이 효과적이다. 또한 식재료 입고에서부터 배식까지의 절차, 방법, 기준 등의 표준화, 특히 메뉴 레시피의 표준화를 이루어야 한다. 그리고 각 사업장별로 급식소의 유형에 맞는 전문적인 종사원 교육 · 훈련 프로그램의 개발과 실행이 필요하며, 더 높은 차원에서 산학연 공동 연구를 통해 급식소의 운영여건을 고려한 표준화된 HACCP 관리계획을 개발하고 보급하려는 노력이 필요하다. 또한 정부와 지방자치단체 및 기타 공공기관에 의한 발전적인 정책 수립 및 지속적인 재정지원이 요구된다.

3) 급식소 HACCP 적용 방법

식품제조 · 가공업체에서는 일반적으로 공정상의 위해요소분석은 보통 한 종류의 제품에 대해 작성된 공정흐름도를 기준으로 실시한다. 이 경우에는 한 번에 한 제품을 다루기 때문에 해당 절차를 원활하게 수행할 수 있으나 급식소에서는 제공되는 모든 종류의 메뉴에 대해 조리공정도를 작성하여 각 단계의 위해요소를 분석한다는 것은 물리적으로 불가능하다. 따라서 제공되는 전체 메뉴를 공통되는 공정을 기준으로 구분하여 위해분석을 실시하는 것이 효과적이다. 급식소에 HACCP을 적용하는 과정에서 조리공정을 크게 3개의 공정으로 구분하거나 병원급식소 환자식의 경우는 5개의 공정으로 구분하여 각 조리공정을 중심으로 공정흐름도를 작성한 후 위해요소 분석을 수행하면 된다. 이에 대한 좀 더 자세한 내용은 '제6장 HACCP 제도 도입 준비단계'에서 다시 다루고자 한다.

일반적으로 급식소의 작업공정은 구매 · 입고→검수→조리 전 저장→전처리→조리→배선→배식→식기 세척 · 소독→잔반 및 폐기물 처리 순으로 진행된다. HACCP 제도는 이러한 각 공정에서 발생하여 건강상의 이상을 유발할 수 있는 모든 위해에 대해서 식품안전관리기준을 제공하고 있다. 직영으로 운영되는 학교급식소 외 급식소에 대한 선행요건프로그램 적용방법은 제3장 선행요건프로그램의 이해에서 설명하였으며, 급식소 HACCP 적용에 대한 구체적인 방법은 '제7장 HACCP 제도 도입 7원칙'에서 자세히 학습하도록 한다.

직영으로 운영되는 학교급식소는 교육부에서 제작 · 배포한 학교급식 위생관리 지침서에 따라 HACCP을 적용하고 있다. 이를 통해 학교급식 학교단위 자주위생관리 능력을 배양하는 한편 위생 · 안전사고 방지대책의 일환으로 급식시설을 HACCP 시설기준에 부합되는 방향으로 개선해 나가고 있다. 특히 전처리실, 조리실, 세척실 등 작업 공간 구분, 교차오염 방지, 다기능오븐기와 보온 · 보냉 배식대 등 능률적인 급식기구 확충 등에 힘쓰며 식중독 원인규명을 위한 보존식 전용 냉동고 확충 및 보관관리를 철저히 하여 보존식은 −18℃에서 144시간(6일) 보관하고 식중독 사고발생 시 소독처리 등 훼손을 금지하고 있다.

또한 위생적으로 안전하고 품질이 우수한 식재료 사용으로 급식의 질을 향상하고 급식 만족도도 제고하고자 2003년 12월 학교급식법 시행령을 개정하여 우수농산물 사용에 필요한 자치단체의 식품비를 지원 근거로 마련하였으며 식재료의 안전성과 품질 및 투명성 확보가 가능하도록 식품위생법 시행령 제7조에 따라 '집단급식소 식품판매업' 신고 등 적격 업체를 통해서 식재료를 구매하도록 하였다. 학교급식법 제10조 및 시행규칙 제4조에서 규정한 '학교급식 식재료의 품질관리기준'(부록 8)을 철저히 준수하고 GAP(농산물 우수관리) 인증품 등 안전하고 우수한 식재료 사용을 권장하고 있으며 최저입찰제를 지양하여 전자조달이나 공동구매를 통한 식재료 구매가 확산되고 있다. 그리고 식재료 구매 시에 원산지와 품질기준을 명시하여 검수를 철저히 하고, 학교급식에 사용되는 쇠고기, 돼지고기, 닭고기, 오리고기 및 그 가공품, 쌀, 김치 등 주요 식재료는 학교급식 식재료 원산지 표시제 시행에 따라 식단표에 원산지를 표시하여 학생과 학부모에게 공지하고 있다.

2003년 이후 학교급식 위생관리 실명제를 실시하고 있으며 학교급식종사자는 6개월마다 1회 이상 건강검진(학교급식법 시행규칙 제6조 제1항)을 실시하고 교육청과 학교의 급식업무 담당자에 대한 위생교육을 강화하고 있으며 식재료업체나 외부운반급식업체 선정 시 HACCP시스템 적용 여부를 확인하고 있다.

상수도 설치가 어려운 농어촌지역 학교급식소는 2010년 기준으로 지하수(운반급식 포함)를 먹는 물로 사용하는 학교가 전체의 7.1%(837개교)이다. 또한 위생관리상의 어려움 때문에 사용이 권장되고 있지 않은 정수기를 사용하는 학교는 전체의 73.4%(8,658교)이다. 한편, 많은 학교가 저수조를 통해 수돗물을 공급하고 있는데, 수돗물이 저수조 등에서 체류시간이 과다한 경우에는 잔류염소의 감소로 미생물 오염 가능성이 증대하므로 저수조 용량 축소 또는 수위계 설치 등을 통해 체류시간을 최대한 단축하고 저수조의 청소주기도 반기 1회에서 분기 1회로 단축하는 등의 개선도 필요하다.

저수조 또는 저수조 최단 수도꼭지에 대한 수질검사는 탁도, 수소이온농도, 잔류염소, 일반세균, 총대장균군, 분원성 대장균군 또는 대장균 등 6개 항목에 대해서 연 1회 이상 실시한다. 그러나 수질검사결과 적합 판정을 받았더라도 지하수의 수질은 수시로 변해서 미생물 및 유해물질이 함유될 가능성이 있으므로 가급적 끓여서 공급하도록 한다.

특히 지하수 등에 의하여 공급되는 먹는 물은 수질검사를 의무화하고 있으나, 수돗물과 정수기 또는 냉·온수기를 통해서 공급되는 물은 수질검사를 실시하지 않아 부실관리가 될 수 있으므로 학교급식소에서는 정수기(냉·온수기)를 통해 공급되는 물에 대한 수질검사(일반세균, 총대장균군)도 분기 1회로 의무화하고 있다.

급식업소의 유형이나 적용되고 있는 급식체계에 따라 조리공정이나 사용하는 기기의 종류나 보관·운반방법 등이 다르고 이에 따라 각 공정의 위해요소와 이에 대한 관리기준 및 모니터링 방법에서도 많은 차이가 생길 수 있다. 그러므로 HACCP

은 급식소의 생산체계(전통식, 중앙공급식, 조리저장식, 조합식 등)나 운영체계(직영, 위탁 등), 급식소 유형(학교, 병원, 산업체, 보육시설 등) 등 급식소의 여러 가지 특성에 적합하도록 관리계획이 수립되어야 한다.

HACCP 관리계획 수립 후에는 급식종사원이 관리기준을 정확하게 수행해 나갈 수 있도록 체계적이고 지속적인 위생교육을 실시해야 HACCP의 빠른 정착이 실현될 수 있다. 종사원 위생교육 프로그램의 계획과 실행에 대해서는 제8장에서 자세히 다루고자 한다.

2. 외식업소 HACCP 적용

1) 외식업소 HACCP 적용 현황

외식업체수는 2001년 36만 개였던 것이 2021년 80만 개로 증가하였고, 외식업체 매출액은 2001년 26조에서 2021년 150조로 증가하였다. 또한 2022년 기준으로 전체 가구당 평균 외식비는 38만 6천 원으로 외식비가 필수 생계비 중 가장 큰 비율(28%)을 차지했다.

가구의 외식비 지출과 외식 기회가 점차 증가하고 있고 이에 따라 외식업체수도 매년 증가함에 따라 외식업체 간 경쟁도 가속화되고 있다. 최근 소비자들의 식품안전에 대한 관심이 높아지면서 외식업소 선택 시에도 '음식의 질'이 최우선 고려사항이 되고 있고, 그중에서 '음식의 위생'이 중요한 선택기준이 되고 있다. 따라서 외식업소는 고객의 만족도를 향상하고 고객의 지속적인 재방문을 통한 매출 증대를 모색하기 위해서 음식과 사업장, 종사원의 위생 개선을 위해 노력하고 있다.

식품의약품안전처에 따르면 2021년 기준으로 전체 식중독 발생 건수 245건 중 음식점(외식업소)에서 발생한 건수는 총 119건으로, 전체의 48.6%를 차지하고 있다. 안전한 환경에서 외식을 즐기고 싶은 고객의 욕구가 점차 증가함에 따라 범정부 차원에서 위생관리의 필요성이 강조되면서 식품의약품안전처에서 2010년부터 식품접객업 HACCP 시범사업을 추진하였고 2011년 6월에 일반음식점, 휴게음식점, 제과점에서 HACCP을 적용할 수 있도록 관련 고시를 개정하였다. 이후 2012년 초 SPC그룹의 '던킨도너츠' 매장이 식품접객업소 최초로 HACCP 인증을 획득한 이후 2012년 5

월에는 식품접객업 중 고속도로 휴게소가 최초 인증을 시작하였고 고속도로 휴게소 HACCP 인증업소 수는 2023년 6월 기준으로 총 33개소이다.

한편 일부 지역 교육청에서는 학교급식 중 주로 석식으로 많이 제공되는 도시락류에 대해서 HACCP 인증을 받은 업체만 납품을 할 수 있도록 관련 규정을 마련하여 결과적으로 관할 구역 내 도시락업체의 HACCP 적용을 활성화하게 되는 고무적인 사례도 있다. 그리고 최근 HACCP 인증 기준의 간소화와 주 5일제 근무 확산으로 인해 사용인구가 더욱 증가할 것으로 예상되는 고속도로 휴게소의 HACCP 인증도 활발히 진행되고 있다. 외식업소에 HACCP이 성공적으로 도입되기 위해서는 해당 업소 종사원의 전사적인 참여와 함께 무엇보다 최고경영자의 강력한 의지가 필요하다.

2) 외식업소 HACCP 적용 특징 및 방법

외식업소에서 식중독 발생 시에는 보고가 지연되거나 보존식 등이 실시되지 않아 원인규명의 어려움이 많고 이로 인해 식중독 예방대책 마련에도 어려움이 있다. 외식업소의 업종에 불문하고 각 업소에서는 식재료 저장, 시설 · 설비, 생산, 조리음식 보관, 종사원 개인위생 등이 부적절하게 관리되고 있는 사례가 많다. 특히, 달걀 등 냉장보관 식품을 상온에 보관하거나 냉장고와 냉동고에 식재료 보관 시 용기를 사용하지 않으며 겉포장지째로 라벨링도 하지 않고 보관하는 경우, 세척 · 소독한 샐러드 재료나 조리 완료된 음식의 장시간 상온보관, 조리실 바닥 · 벽면 · 천장 · 조리기기의 청결상태 불량 등은 외식업소의 대표적인 위생관리 불량 사례들이다.

외식업소의 위생품질 개선을 위해서 HACCP을 적용하고자 할 때 선행요건관리항목은 급식소의 선행요건관리항목과 다르지 않다. 따라서 각 외식업소의 운영특성을 고려하여 적절한 선행요건관리기준을 작성하고 종사원이 준수할 수 있도록 교육 · 훈련을 잘 진행한다면 HACCP의 빠른 정착을 도모할 수 있다.

특히 2011년 6월부터 일반음식점, 휴게음식점, 제과점 등의 식품접객업소에서는 HACCP을 효율적으로 적용할 수 있도록 선행요건관리항목 15개 항목, HACCP 관리 5개 항목에 대해서만 적합 · 부적합 여부를 평가하여 HACCP 인증심사를 하였다. 그러나 2020년 1월부터 평가항목별 위반 정도에 따라 항목별로 차등배점하는 방법으로 평가체계를 개선하였고, 청결 · 일반구역관리, 보관관리, 운반관리 항목을 추가하는 등 평가항목을 구체화하였다. 소규모 식품접객업소를 대상으로 한 HACCP 인증

평가표와 사후평가표는 〈부록 6〉에 제시하였다.

어느 메뉴를 주로 생산하고 판매하는 외식업소든지 HACCP 적용을 위한 HACCP 관리계획 수립 시 공통적으로 고려해야 할 사항은 위해 미생물의 성장을 억제할 수 있는 온도–시간관리와 교차오염의 방지, 효과적인 개인위생관리 등이다. 이러한 관리내용 등이 선행요건프로그램으로 기준이 작성되고 종사원이 잘 준수하면서 기록이 유지된다면, HACCP 관리계획 수립과정에서 중요관리점의 수를 최소화할 수 있게 되고 HACCP을 빠른 시일 내에 도입하여 효과적으로 위생개선 효과를 얻을 수 있게 될 것이다.

다양한 메뉴를 제공하는 레스토랑이라면 위생적인 식재료 구매, 생채소류 · 과일류의 세척과 소독, 가열조리 시 내부중심온도 관리, 음식 보관시간–온도관리, 식기세척 · 소독관리 등이 중요관리점이 될 것이다. 한식당, 양식당, 일식당, 중식당 등 특정 메뉴가 위주인 전문레스토랑의 경우에는 제공 메뉴공정별로 조리공정흐름도를 정확하게 파악한 후 사용하는 식재에 대해서 위해분석을 실시하고 위해평가결과 위해도가 높은 위해요소 중에서 중요관리점을 설정하며 이에 대해서 구체적으로 모니터링, 검증, 문서화 계획을 수립한다. 외식업소 HACCP의 도입단계에 대한 구체적인 내용은 제6장과 제7장에서 학습하기로 한다. 본 장에서는 여러 업종의 외식업소 중 고객이용 빈도가 높거나 위해발생 빈도가 높은 뷔페레스토랑, 배달음식전문점, 피자레스토랑, 즉석섭취식품류, 고속도로 휴게소 식당에 대한 HACCP 적용방법을 살펴보도록 하자.

(1) 뷔페레스토랑의 HACCP 적용

각종 모임장소로 많이 이용되고 있는 뷔페레스토랑의 경우 메뉴가 다양하고 일반적으로 레스토랑의 규모가 크기 때문에 종사원 수와 이용고객 수가 많으므로 작은 규모의 외식업소에 비해 더 많은 위해가 존재할 수 있다. 특히 웰빙트렌드에 부합하여 인기가 높아지고 있는 샐러드 뷔페나 해산물 뷔페 등도 셀프서비스 방식으로 운영되므로 고객 개인이 오염을 유발하는 주원인이 될 수도 있다. 따라서 각 라인에 교육 · 훈련받은 종사원을 배치하여 뷔페 라인 전체의 위생을 실시간으로 관리해야 한다.

뷔페 음식 생산 시에는 고객들의 메뉴선호도와 섭취량 등을 고려하고 레스토랑을 가능한 한 예약제로 운영한다면 적정량을 계획적으로 생산할 수 있어 가장 이상적이다.

원칙적으로는 고객들이 소비하는 양을 실시간 체크하면서 주방에서 이를 충족할 수 있는 양을 생산하고 세팅하는 것이 바람직하다. 부득이하게 가열조리 후 냉장·냉동보관하였다가 재가열 후 세팅하는 경우 가열조리 후 냉각 규정, 재가열 온도관리 규정을 준수하도록 하고, 재가열한 음식은 다시 냉장 또는 냉동 보관하지 않도록 관리한다.

예를 들어 여름철 인기 메뉴인 냉면, 콩국수, 냉국 등을 제공할 때에는 냉면육수, 콩국수의 콩물, 냉국 등을 가열조리 후 냉장보관할 때 위험온도범위(5~57℃)를 신속하게 통과하도록 관리한다. 급속냉각기를 이용하여 급속냉각하거나 급속냉각기가 없는 경우 냉각하려는 식품을 적은 양으로 나눈 후 얕은 용기에 담아 얼음물에 담가 빠르게 식히도록 한다. 냉각과정 중 위험온도에서 6시간 이상 방치하지 않도록 관리해야 한다. 냉각 시의 온도와 시간관리는 57℃에서 21℃까지 2시간 이내에, 21℃에서 5℃ 이하로는 4시간 이내에 온도를 낮추도록 한다. 더 빠르게 냉각하기 위해 차게 보관한 플라스틱 막대기 등의 조리기구로 균일하게 저어준다. 이때 뜨거운 음식을 냉장고에서 냉각하지 않도록 하고(혹은 냉각 전용 냉장공간 확보), 선풍기 냉각은 먼지로 인한 오염이 발생할 수 있으므로 삼간다. 냉각한 식품을 냉장고에 보관할 때에는 반드시 뚜껑을 덮어 24시간 이내에 소비될 수 있도록 계획하고, 전처리하지 않은 원재료와 함께 보관하여 교차오염이 발생되지 않도록 주의한다. 서빙 전 재가열할 때에는 음식의 내부중심온도가 74℃에서 15초 이상 유지되도록 관리해야 한다.

치킨샐러드나 햄샐러드 등은 치킨이나 햄의 조리와 샐러드 재료의 준비를 분리하여 실시하고 샐러드 재료는 세척·소독 후 냉장보관하였다가 서빙 직전에 동물성 식품과 드레싱류와 혼합하거나 재료를 각각 별도로 세팅한 후 고객이 직접 각 재료를 혼합하고 드레싱도 선택할 수 있도록 계획한다.

육류, 가금류, 어패류 및 난류 등을 가열조리할 때 식품의 내부중심까지 완전히 조리되었는지를 확인한다. 이를 위해 탐침온도계를 조리음식의 내부중심에서 3군데 이상 측정하여 그 중심온도가 가열온도 기준 이상인지 확인하고 각각의 중심온도를 기록 관리한다.

식품별 최저 내부중심온도 기준은 〈표 4-1〉과 같이 각 식품별로 차이가 있으나 외식업소에서 가열중심온도에 대한 관리기준 적용 시 각 식품별로 각각 다른 기준으로 모니터링을 실시한다는 것은 현실적으로 어려우므로 일반적으로 업소에서 제공되는 전체 메뉴를 대상으로 하여 공통적으로 적용 가능한 74℃ 이상에서 30초 이상을 관

표 4-1 식품별 최저 내부중심온도 관리기준

식품 항목	최저 내부중심온도
가금류(닭, 칠면조, 오리 등) 달걀, 굴 또는 기타 잠재적 위해식품으로 만든 속재료 속재료를 넣은 육류, 생선, 가금류, 파스타 요리	74℃ 이상에서 15초
다진 쇠고기나 돼지고기 양념육, 달걀요리(일정시간 보관하는 경우)	68℃ 이상에서 15초
돼지고기, 쇠고기, 양고기 스테이크 다지거나 작게 썬 생선 달걀요리(즉시 배식하는 경우)	63℃ 이상에서 15초
튀김요리, 과일이나 채소 요리(가열조리)	57℃ 이상에서 15초

자료 : Food Code(2009)

리기준으로 설정한다. 최근 노로바이러스에 의한 식중독이 다수 발생하고 있으므로 식품의약품안전처에서는 노로바이러스 예방방안으로 가열조리 시 85℃에서 1분 이상 가열할 것을 권고하고 있다. 한편 조리사가 직접 육류를 조리해서 제공하는 코너에서는 쇠고기나 양고기 스테이크의 굽는 정도에 따라 육류의 내부중심온도는 약간 익힌 것rare이 54.4~60℃, 중간정도 익힌 것medium이 71.1℃, 완전히 익힌 것well done이 76.7℃ 정도이다. 따라서 스테이크를 약간 익힌 것rare은 개인의 기호에 따라 맛이 더 좋다고 평가될 수는 있으나 위생적으로 안전하지는 않다. 가열조리 온도 측정 시 기준에 도달하지 않았을 때는 계속 가열하여 관리기준 이상이 된 후에 조리를 완료한다.

뷔페레스토랑의 특성상 음식을 만든 후 즉시 서빙하지 않고 위험온도범위에서 2시간 이상 보관하고 서빙하게 된다면 반드시 보관온도를 5℃ 이하(24시간 이내)나 57℃ 이상(5시간 이내)으로 관리해야 한다. 조리음식 보관온도의 관리를 위한 별도의 시설이 없다면 고객이 소비하기 직전까지 식재료를 전처리 후 냉장보관하였다가 고객이 주문하면 즉석조리하여 세팅하거나 서빙하며 조리완료 후 2시간 이내에 고객이 전량 섭취할 수 있도록 관리한다.

뷔페레스토랑 서빙관리 시에는 고객들이 자신이 사용하던 접시를 다시 사용하지 않도록 하고, 셀프서비스 바 사용과 관련된 에티켓을 사전에 제시하는 것도 좋다. 또한 음식을 오염으로부터 예방하기 위해 셀프서비스 바에 스니즈가드sneeze guard(그림 4-2)를 설치하거나 음식제공은 반드시 뚜껑이 있는 용기에 세팅하도록 한다.

모든 음식에 이름표를 붙이고, 음식을 더는 서빙도구는 음식의 종류별로 준비하며

그림 4-2 스니즈가드(sneeze guard)

손잡이가 긴 것을 이용해 음식이 닿는 부위에 고객의 손이 닿지 않도록 하고 음식진열 후 각 메뉴별로 메뉴의 특성에 따라 30분~2시간 이내에 서빙이 종료될 수 있도록 하고 관리기준에 정해져 있는 시간이 경과한 경우에는 폐기한다. 또한 용기에 음식을 보충할 때는 남아 있던 음식과 보충하는 새 음식이 섞이지 않도록 하는 것도 중요한 관리항목이며 새로운 음식을 보충할 때는 서빙도구도 함께 교체하도록 한다.

엘타워(서울시 서초구 양재동 소재)는 뷔페레스토랑 최초로 2012년 3월 HACCP 인증을 받았다. 모든 메뉴에 대해 위생진단을 실시하고, 최신 위생시설 · 설비를 완비한 후 전 종사원 대상 위생교육을 지속적으로 실시하면서 9개월간 준비한 결과로, 엘타워의 총 4개 업장이 HACCP 인증을 동시에 받아 현재까지 운영하고 있다.

(2) 배달음식전문점의 HACCP 적용

우리나라는 일상식뿐만 아니라 최근 환자식에 이르기까지 배달음식 전문업체가 성업하고 있으며 한꺼번에 많은 인원의 음식을 서빙하는 케이터링(출장연회) 서비스까지 음식의 조리와 서빙이 분리된 형태의 외식업소 유형이 많다. 이 경우에는 조리와 서빙이 같은 장소에서 동일 시간 내에 이루어지는 일반적인 외식업소에 비해 추가적인 위해 노출 위험도가 높다.

배달의 경우 배달시간이 길어지고 거리가 멀어질수록 식품이 오염에 노출되거나 시간-온도관리가 부적절하게 이루어질 가능성이 높아진다. 따라서 배달음식전문점은 각 업소에서 배달 가능한 영역을 우선 설정하고, 매뉴얼에 따라 일정한 시간에 정확하게 배달이 진행될 수 있도록 계획해야 하며, 고객에게 배달되는 시간까지를 포함하여 위해분석과 중요관리점 설정 등 HACCP 관리계획이 수립되어야 한다.

또한 배달음식을 담는 용기는 위생적이며, 구획이 이루어져 있어 음식이 서로 섞이지 않아야 하고 차가운 메뉴와 뜨거운 메뉴를 구분하여 음식 온도 유지가 용이해야 한다. 배달 차량 역시 음식의 온도를 잘 유지할 수 있어야 하고 청소가 용이하며, 항상 청결히 유지되어야 한다. 고객에게 안전한 배달음식의 섭취방법과 재가열 및 보관방법 등에 대한 설명을 사전에 제공하는 것도 바람직하다.

케이터링 서비스 역시 일반적인 외식업소와 같은 위생관리기준을 적용해야 하며 특히 서비스가 제공되야 할 시설에 조리와 세척을 할 수 있는 깨끗한 식수가 공급되는지를 사전에 확인하고 위생적인 조리와 보관, 음식 세팅을 위한 시설 · 설비가 충분하지 않은 경우 업체에서 이동이 가능한 형태로 준비하여 위생적인 환경에서 케이터링 서비스가 제공될 수 있도록 계획해야 한다.

(3) 피자전문점의 HACCP 적용

피자전문점에 HACCP을 적용하고자 할 때는 원재료 검수부터 배식에 이르기까지 생산단계별 위해분석을 실시하여 중요관리점을 결정하여야 한다. 일반적으로 피자전문점의 중요관리점은 검수단계, 토핑단계, 베이킹단계 등이다. 피자의 미생물학적 품질관리를 위해서는 첫째, 신선하고 품질이 우수한 원재료를 구입한다. 둘째, 검수 시 원재료가 운송될 때 온도관리가 적절하였는지 반드시 확인하며, 토핑 전에 냉동생지를 해동 및 발효하는 과정에서 병원균의 증식이 우려되므로 실온방치시간을 최소화한다. 토핑 시에 조리사 손에 의한 교차오염 방지를 위해 위생장갑과 위생적인 조리기구를 사용해야 하며, 항상 조리사 손의 세척 · 소독을 철저히 실천해야 한다. 셋째, 베이킹단계에서는 병원균이 살아남지 못하도록 오븐 내의 온도를 180~200℃에서 5분 이상 준비하고 예열한 후 베이킹한다. 식품의약품안전처에서는 전국 피자업체의 직영점 및 가맹점에 대해 시설규모에 따라 HACCP 적용이 가능하도록 관리기준을 제시하여 HACCP 인증 확대를 추진할 계획이다.

(4) 즉석섭취식품류의 HACCP 적용

즉석섭취식품류 중 김밥류와 샌드위치류는 우리나라 국민이 선호하는 메뉴이다. 섭취가 간편하고 가격도 비싸지 않으므로 일상식사용이나 여행이나 각종 행사 시 도시락용으로 많이 구매되고 있다. 그러나 김밥과 샌드위치는 모두 가열조리하거나 가열조리하지 않은 다양한 동물성 · 식물성 재료를 사용하여 제조하므로 조리공정상에 여러 가지 위해가 존재한다.

시중에 유통되고 있는 김밥류나 샌드위치류에서 대장균, 황색포도상구균, 살모넬라균 등의 검출이 보고되고 있어서 실제 즉석섭취식품류는 구매 후 즉시 섭취하는 것이 가장 좋으나 일부 소비자의 경우는 구매와 소비를 동시에 하지 않으므로 구매 후 보관 온도와 시간이 적절하지 않을 경우 병원성 세균이 문제가 되는 수준으로 증식하여 식중독을 유발할 가능성이 높다.

김밥류 생산공정에 HACCP 적용 시에는 중요관리점으로 냉장식품 보관 시 냉장온도관리, 조리 시 가열조리 온도관리, 후처리 단계의 보관온도관리를 설정하고 있고, 샌드위치는 생산공정에 HACCP 적용 시에는 검수 시 냉장식품의 온도관리, 냉장저장 온도관리, 생채소의 소독, 재료의 가열처리 시 내부중심온도 측정, 가열처리 후 냉각과정, 판매 전 냉장보관 온도관리를 중요관리점으로 설정할 수 있다.

HACCP 적용 업장의 여건에 따라 중요관리점은 일부 달라질 수 있으나 최종적으로 조리완료된 김밥이나 샌드위치는 식품공전상의 즉석섭취식품류 미생물 규격인 대장균, 살모넬라균, 장염비브리오균은 음성, 황색포도상구균은 2 log CFU/g 이하, 바실러스 세레우스는 3 log CFU/g 이하, 클로스트리디움 퍼프린젠스는 2 log CFU/g 이하로 관리되어야 한다.

이 기준에 적합하게 생산하고 즉석섭취식품류의 안전한 소비가 보장되기 위해서

그림 4-3 일본 백화점 즉석섭취식품코너 조리구역 구분 예(좌)와 대만 빌딩식당가 외식업소 조리실 구분의 예(우)

제조업자는 원·부재료의 위생관리, 가열조리 온도, 식재료와 조리된 음식의 보관 시 냉장 온도 등을 실시간 모니터링하고 문제가 있을 때에는 즉각적으로 개선조치해야 한다. 또한 판매업자는 각 제품의 적정 유통온도와 시간을 준수하여 소비자가 구매하기 전까지 제품의 안전을 유지할 수 있도록 관리해야 한다. 더불어 소비자는 위생적인 제조환경에서 만들어진 제품을 선택적으로 구매하고, 구매 시 제조일시와 소비(유통)기한 표기 등을 확인 후 최종적으로 소비할 때까지 이를 준수하는 것이 중요하다. 구매 후 소비할 때까지 부적절한 온도에서 장시간 보관했을 때 제품의 품질이 저하될 수 있으므로 소비자는 즉석섭취식품 구매 후 가능한 한 빨리 섭취하고 제조업자는 소비자 취급 주의사항을 제품포장지에 표시해야 한다.

식품의약품안전처에서는 즉석섭취식품이 의무적용으로 선정됨에 따라, 즉석섭취식품 중 도시락제조·가공업체를 위하여 2016년 4월 도시락제조·가공업소(운반급식 포함)를 위한 소규모 평가항목을 신설하였다. 도시락제조·가공업소의 소규모 평가항목은 일반 제조업체 소규모 평가항목 20개에 냉각, 조리된 음식 보관관리, 배식온도관리, 검식, 보존식에 대한 평가항목 5개를 추가하여 25개 평가항목으로 구성되었다.

(5) 고속도로 휴게소의 HACCP 적용

2011년 일반음식점, 휴게음식점, 제과점 등의 식품접객업 HACCP 평가항목이 개선

그림 4-4 HACCP 적용 고속도로 휴게소 식당

되었고, 이에 의해 2012년 5월 칠곡(하)휴게소 자율식당과 한식당이 고속도로 휴게소 최초로 HACCP 인증을 취득하였다.

매년 증가하고 있는 고속도로 휴게소 이용객들이 소비하는 고속도로 휴게소 판매 음식의 위생 · 안전 관리를 위해 국토교통부 등 관련 부처에서는 식품안전관리인증을 확대하기 위한 지원을 하였고, 식품의약품안전처에서는 2013년 HACCP 인증을 준비하는 고속도로 휴게소에서 활용 가능한 HACCP 관리기준서를 개발하였다. 여기에는 세척, 소독, 가열, 보온, 보냉, 실온보관에 대한 중요관리점 검검일지 예시와 인수인계서, 교육 · 훈련계획서, 검증결과보고서 등 관련 일지가 수록되어 있어 고

그림 4-5 고속도로 휴게소 김밥류 등 복합조리음식 위생관리 매뉴얼

자료 : 식품의약품안전처(2014)

속도로 휴게소 업체 자체 기준에 따라 기준서를 수정하여 사용할 수 있도록 하였다. 또한 2014년에는 일반위생관리, 공정별 중점관리사항, 성수기 위생관리 방안 등을 수록한 고속도로 휴게소 위생관리 매뉴얼을 제작·배포하였다. 한편 한국식품안전관리인증원에서는 전문기술상담 지원사업 등을 통해 고속도로 휴게소 HACCP 적용을 적극적으로 추진하였다. 2023년 6월 말 기준으로 고속도로 휴게소 HACCP 인증을 받은 곳은 총 33곳이다.

음식점 위생등급제

우리나라의 식중독 발생 원인시설 1위는 '음식점'으로 식중독 전체 발생 건수의 48.6%(2021년 기준)를 차지하고 있고, 국민신문고 음식점 이용 관련 민원분석 결과에서도 '위생불량'에 대한 불만이 35.2%로 가장 높았다. 음식점 위생 개선을 위해서 미국과 영국의 일부 시에서는 음식점 위생등급제를 의무시행하고 있고, 캐나다나 일본의 일부 시에서는 음식점 위생등급제를 자율시행하고 있다. 이에 우리나라에서도 음식점 위생 상태를 정확히 평가하여 국민(고객)에게 음식점 선택의 판단기준을 제공하고자 2017년 5월 19일부터 전국적으로 음식점 위생등급제를 시행하게 되었다.

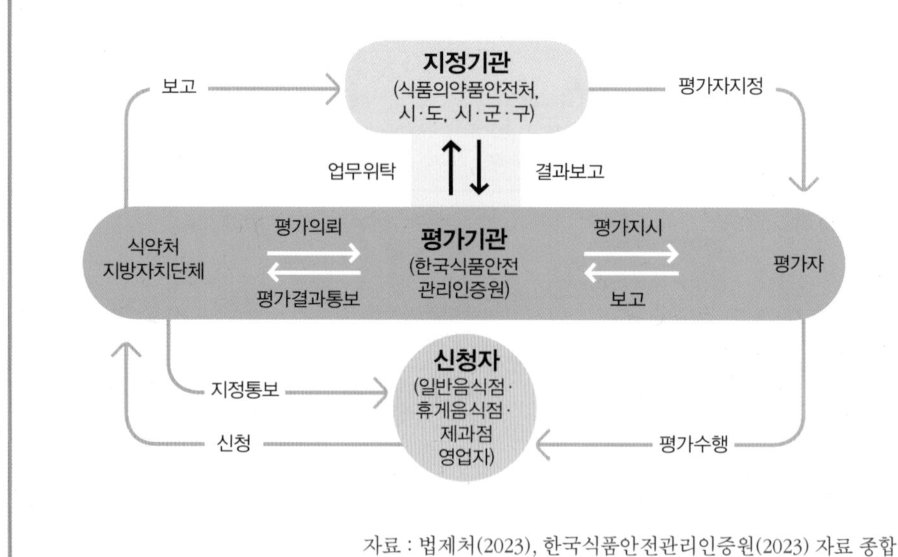

자료 : 법제처(2023), 한국식품안전관리인증원(2023) 자료 종합

REVIEW QUESTION

1 우리나라 학교급식소의 HACCP 적용과정을 설명하시오.

2 우리나라 위탁급식업체의 HACCP 적용 현황을 설명하시오.

3 우리나라 외식업소의 HACCP 적용 현황에 관해 설명하시오.

4 식품제조 · 가공업체와 급식 · 외식업소의 HACCP 적용의 차이점에 관해 설명하시오.

5 급식소와 소규모 외식업소의 HACCP 인증 평가기준의 차이점을 설명하시오.

6 즉석섭취식품류의 미생물 규격에 관해 설명하시오.

5 HACCP 관리를 위한 미생물 검사

학습목표

1. HACCP 관리를 위한 미생물 검사의 목적을 이해할 수 있다.
2. HACCP 관리를 위한 미생물 검사항목을 선정할 수 있다.
3. 식품공전의 미생물 실험법에 따라 식중독균 검출 실험을 수행할 수 있다.
4. 간이신속 미생물 실험법을 활용할 수 있다.
5. 급식 · 외식업소 미생물 검사결과에 대한 다양한 활용방안을 설명할 수 있다.

1. 미생물 검사의 목적 및 적용

급식 · 외식업소에서는 연중 지속적으로 발생되고 있는 식중독 사고로 인한 급식대상자(고객)의 불신을 해소하고 신뢰를 확보하기 위하여 최종음식의 품질향상 및 안전성 확보를 위한 여러 가지 노력을 기울이고 있다. 그러나 최종음식의 안전을 위협하는 위해요인은 제조공정 및 제조환경에서 여러 경로를 통해 노출될 수 있으며 이러한 위해요인이 완전히 제거되었거나 안전한 수준으로 관리되고 있다고 해도 이를 육안으로 실시간 확인하기는 어렵다. 즉, 식품이 식중독균에 오염되어 있더라도 육안으로는 구별이 불가능하므로 음식의 원 · 부재료, 각 생산단계와 최종배식단계에서 일정량의 샘플을 정기적으로 채취하여 위생검사를 실시할 필요가 있다.

일반적인 식품위생검사는 식품을 매개로 한 감염병이나 식중독이 발생했을 때 원인식품 등에서 병인물질을 찾아내기 위하여 혹은 감염경로나 오염경로를 조사하기 위하여 실시하거나 식품위생에 관한 지도 및 식품위생대책을 수립하는 데 필요한 식품 · 용기 등의 위생관리 수준을 평가하기 위해 실시된다.

또한 미생물 검사는 식품제조·가공업체나 급식·외식업소에서 HACCP 도입 시에 각 공정에 대한 위해요소를 분석하고 HACCP 관리계획의 적합성을 검증하는 절차에서 과학적인 근거를 제공하기 위한 목적으로 실시되고 있다. 급식·외식업소의 위생관리 수준을 평가하기 위한 미생물 검사항목은 조리음식, 조리 기기·용기, 배식도구뿐만 아니라 조리종사원의 손과 고무장갑, 먹는 물, 급식소 작업환경 등이다(표 5-1).

급식·외식업소 선행요건관리항목 중 제품검사결과는 각 메뉴가 제품설명서의 미생물관리 규격에 적합하게 생산되었는지를 검증할 수 있는 근거자료로 활용할 수 있다. 식품공전에 의하면 급식·외식업소에서 조리된 음식은 대장균이 음성이어야 하고, 살모넬라균, 황색포도상구균, 리스테리아 모노사이토제네스, 대장균 O157:H7, 캠필로박터 제주니, 여시니아 엔테로콜리티카, 장염비브리오균 등 식중독균이 검출되어서는 안 되며, 클로스트리디움 퍼프린젠스는 100/g 이하, 바실러스 세레우스는 10,000/g 이하로 관리해야 한다. 다만, 조리과정 중 가열처리를 하지 않거나 가열조리 후 조리한 식품(복합조리)의 경우는 황색포도상구균을 100/g 이하로 관리한다. 더불어 작업장의 청정도 유지를 위하여 공중낙하세균 등을 관리계획에 따라 측정·관리하도록 하고 먹는 물은 수질기준에 정해진 미생물학적 항목에 대한 검사를 월 1회 이상 실시하도록 규정하고 있다(부록 2 참고).

또한 학교급식 위생관리 지침서에 의하면 학교 내 조리실을 갖춘 학교는 급식시설에 대해 가급적 연 1회 이상 행주, 칼·도마 및 식기류, 먹는 물에 대한 정기검사와

표 5-1 학교급식소 HACCP 검증을 위한 자체 간이미생물 검사기준

구분	검사 항목	검사 목적	기준
조리된 식품	대장균 · 대장균군	조리된 식품의 안전성 확인	대장균 음성
식품 접촉 표면	대장균, 살모넬라균, 여시니아 엔테로콜리티카	칼, 도마 등 식품취급 기구의 세척 · 소독 적합성 확인	대장균 음성
식품 비접촉 표면	일반세균 대장균 · 대장균군	냉장고 내부, 문 손잡이, 선반, 작업대 등의 표면 미생물 상태 파악, 적정 청소주기 선정과 청결상태 확인	대장균 음성
작업자 손 또는 고무장갑	일반세균, 대장균 · 대장균군	개인위생의 확인과 손 씻기, 장갑 세척 · 소독의 필요성 인식 및 교육용	대장균 음성

자료 : 교육부(2021)

HACCP이 올바로 적용되고 있는지 검증하기 위한 표본검사를 관할교육청의 계획에 따라 지자체 또는 지역보건소, 시 · 도 보건환경연구원 등과 사전에 협의하여 연간 계획을 세워서 실시하도록 하고 있다.

2. 미생물 실험법

HACCP이 올바로 적용되고 있는지 검증하기 위한 표본검사를 관할교육청의 계획에 따라 지자체 또는 지역보건소, 시 · 도 보건환경연구원 등과 사전에 협의하여 연간 계획을 세워서 실시하도록 하고 있다.

식품 미생물 검사방법은 일반적으로 식품공전의 미생물 실험법에 의해 실시된다. 식품공전의 미생물 실험법은 공인기관의 규격시험이나 위생시험에 적용되며 검체의 채취 및 취급에 대한 주의사항에서부터 시험용액과 배지의 제조, 일반 세균과 대장균군 및 여러 식중독균에 대한 검사법을 수록하고 있다.

식품공전의 미생물 실험법에 의하면 식중독균을 검출하기 위해서는 짧게는 24시간에서 길게는 7일 정도가 소요된다. 그러나 위생관리 시 문제발생에 대한 즉각적인 시정조치를 취하기 위해서는 보다 빠른 분석 결과가 필요하므로 산업체 현장에서는 식중독균 검출을 위한 간이신속진단키트나 최신 검출장비를 이용한 간이신속검사법이 개발되어 활용되고 있다.

HACCP 관리자는 미생물 실험법을 올바르게 이해하고 HACCP 관리를 위해 적용할 미생물 실험의 대상, 검사시점, 검사횟수, 검사방법, 검사결과 피드백에 대한 계획을 적절히 수립해야 한다.

1) 식품공전에 의한 미생물 실험법

미생물 실험은 일반적으로 검체를 채취하고 이를 균질화, 전처리한 뒤 해당 배지에 도말하거나 접종 후 배지를 분주하여 적정조건에서 배양한 후 확인하는 과정을 거친다. 미생물은 노출되는 온도와 시간 조건에 따라 증식하거나 사멸될 수 있어서 원래 시험하고자 하는 검체에 존재했던 미생물을 정확하게 검출하지 못하거나 다른 미생물의 오염도 유발될 수 있으므로 실험할 때 주의해야 한다. 이와 같은 실험상의 오차를 방지하기 위해서는 모든 시험조작은 원칙적으로 무균적으로 실시되어야 하며 동시에 실험실과 실험하는 사람의 청결 및 위생관리에도 주의해야 한다(그림 5–1, 그림 5–2). 또한 식품의 품질관리를 위한 미생물 검사에서는 식품의 종류와 조리공정에 따라 검출될 수 있는 식중독균에 차이가 있으므로 이를 고려하여 미생물 실험항목을 결정하도록 한다.

(1) 시료의 채취 및 전처리

각 시료는 해당 채취지역에서 2차 오염을 방지하기 위하여 무균적으로 멸균 시료병이나 멸균 비닐팩에 채취한 후 아이스박스(ice box)로 운반하여 신속히 실험에 사용한다. 모든 시료는 무균대에서 무균적으로 처리하고 모든 검체는 멸균한 시약스푼이나 멸균한 가위를 이용한다.

무균적으로 채취된 시료 25g에 225mL 0.85% 멸균 NaCl 용액을 가한 후 스토마커 Stomacher를 이용하여 균질화하여 이 중 1mL를 시험원액으로 사용한다. 액상검체인 경우에는 강하게 진탕하여 균질화하고, 고형 · 반고형인 검체는 시료 25g에 225mL

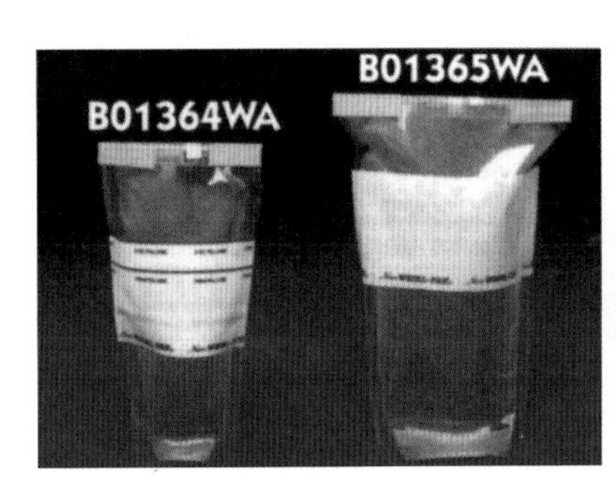

멸균시료팩

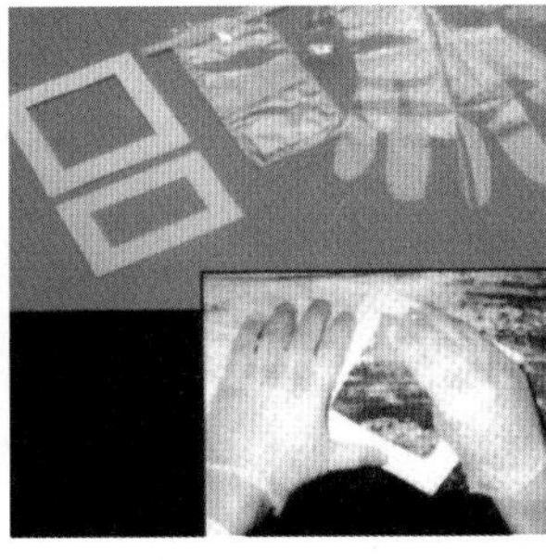

시료 채취도구(swab용)

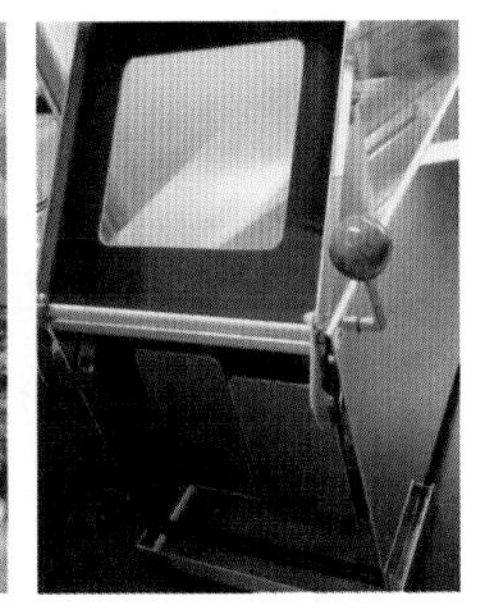

스토마커

그림 5–1 **시료 채취와 전처리에 필요한 기기**

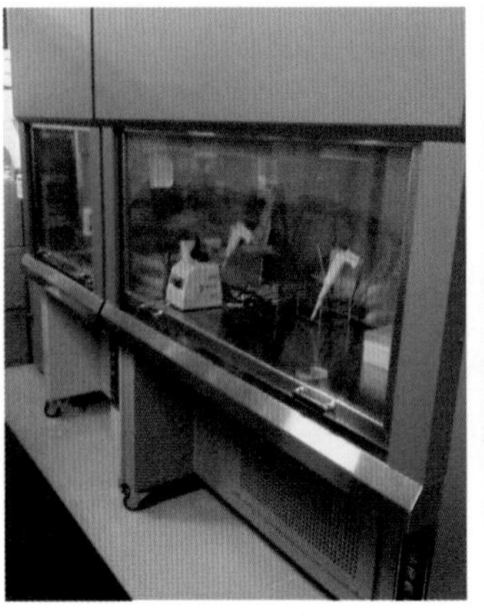

고압멸균기(autoclave)　　무균대(clean bench)　　배양기(incubator)

그림 5-2 미생물 실험에 필요한 기계

0.85% 멸균 NaCl 용액을 가한 후 스토마커를 이용하여 균질화한 것을 검체로 사용한다.

칼·도마 및 조리기구, 조리 작업대 등에서 검체를 채취할 때는 Swab 방법을 이용하여 0.85% 멸균 NaCl 용액에 적신 멸균한 면봉으로 조리기구 및 용기, 작업대 표면을 100cm^{2}씩 닦아낸 후 0.85% NaCl 용액 10mL씩을 넣고 멸균하여 냉각한 시험관에 넣고 세게 진탕하여 부착균의 현탁액을 조제해서 이를 시험용액으로 사용하거나 멸균한 탈지면에 희석액을 적셔 검사하고자 하는 기구의 표면을 완전히 닦아낸 탈지면을 멸균용기에 넣고 적당량의 희석액과 혼합한 것을 시험용액으로 사용한다.

고무장갑이나 손의 미생물 검사 시에는 Glove-juice법을 이용하여 0.85% NaCl 용액 50~75mL를 넣은 멸균백에 직접 고무장갑을 낀 채 혹은 맨손을 넣은 후 강하게 1~2분 정도 진탕하여 밀봉해서 아이스박스로 운반한 후 다시 세게 진탕한 다음 현탁액을 조제하여 이를 시험용액으로 사용한다.

(2) 미생물 분석방법

① 일반세균

일반세균수를 측정하기 위해서는 표준평판법이나 건조필름법을 사용한다. 표준평판법은 무균적으로 채취된 시료 25g에 225mL 0.85% 멸균 NaCl 용액을 가한 다음 스토마커(그림 5-1)를 이용하여 균질화한 후 이 중 1mL를 취하여 9mL 0.85% 멸균

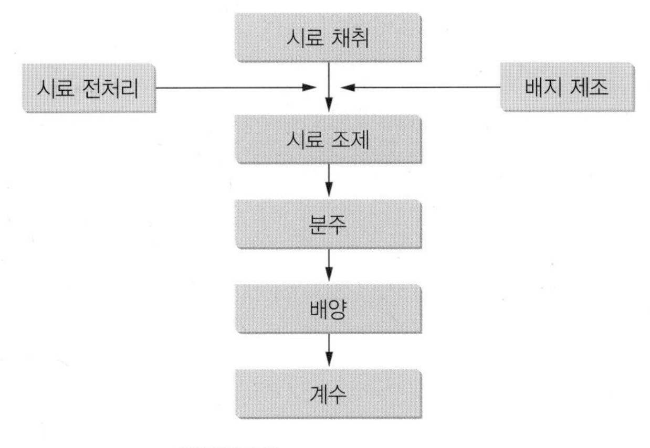

그림 5-3 일반 세균의 검사단계

NaCl 용액에 접종해서 단계별로 희석한다. 각 단계 희석액 1mL씩을 멸균 페트리접시 2매 이상씩에 무균적으로 취하여 약 43~45℃로 유지한 표준한천배지 약 15mL를 무균적으로 분주하고, 페트리접시 뚜껑에 부착되지 않도록 주의하면서 회전한 후 냉각 응고시켜 분주한다. 확산집락의 발생을 억제하기 위하여 다시 표준한천배지 3~5mL를 가하여 중첩시킨다. 이 경우 검체를 취하여 배지를 가할 때까지의 시간은 20분 이상 경과하여서는 안 된다. 응고시킨 페트리접시는 거꾸로 하여 35±1℃ 배양기(그림 5-2)에서 48±2시간 배양한 후 확산집락이 없고 1개의 평판당 15~300개의 집락을 생성한 평판을 택하여 집락수를 계산한다(그림 5-3).

건조필름법(그림 5-7)은 제조법에 따른 시험용액 1mL와 각 10배 단계 희석액 1mL를 세균수 건조필름배지에 접종하고, 35±1℃에서 48±2시간 배양한 후 생성된 붉은 집락수를 계산한 다음 그 평균집락수에 희석배수를 곱하여 일반세균수로 한다.

② 대장균군(Coliforms)

대장균군의 정량실험은 식품공전의 데스옥시콜레이트 유당한천배지법에 의한다. 시험용액과 각 단계 희석액은 일반세균수 측정 방법과 동일한 방법으로 조제한 후 시험용액 1mL와 각 10배 단계 희석액 1mL에 대하여 멸균 페트리접시 2매 이상씩에 무균적으로 취한 후 약 43~45℃로 유지한 데스옥시콜레이트 유당한천배지 약 15mL를 무균적으로 분주하고 페트리접시 뚜껑에 부착하지 않도록 주의하면서 회전하여 검체와 배지를 잘 혼합해서 응고시킨 다음 그 표면에 동일한 배지 또는 보통한천배지를 3~5mL를 가하여 중첩시킨다. 응고시킨 페트리접시를 35~37℃에서 24±

2시간 배양한 후 생성된 집락 중 전형적인 집락 또는 의심스러운 집락에 대하여 계수한다. 균수 산출은 일반세균수와 동일한 방법으로 한다.

대장균군 검사를 위해 건조필름법을 이용할 경우에는 제조법에 따른 시험용액 1mL와 각 10배 단계 희석액 1mL를 대장균군 건조필름배지에 접종한 후, 35±1℃에서 24±2시간 배양하여 생성된 붉은 집락 중 주위에 기포를 형성한 적색 집락수를 계산하고, 그 평균집락수에 희석배수를 곱하여 대장균군수를 산출한다.

③ 대장균(*E. coli*)

검체를 전처리하고 시험용액 1mL를 3개의 EC broth(durham관)에 접종하여 44.5±0.2℃에서 24±2시간 배양 후 발효관에서 가스발생이 인정되었을 때에는 EMB Agar에 접종하여 35~37℃에서 24±2시간 배양한 후 녹색의 금속성 광택을 띠는 전형적인 집락을 선택한 다음 유당배지 및 보통한천배지nutrient agar에 접종한다. 유당배지에 접종한 것은 35~37℃에서 48±3시간 배양하고, 보통한천배지에 접종한 것은 35~37℃에서 24±2시간 배양한 후 유당배지에서 가스발생을 확인하였을 때에는 이에 해당하는 보통한천배지에서 배양된 집락을 취해서 그람염색을 실시하고 그람음성, 무아포성 간균을 확인한 후 API 20E Kit(bioMérieux) 등을 이용하여 생화학시험을 실시하여 대장균 양성으로 판정한다.

건조필름법으로 대장균을 검사할 경우에는 제조법에 따른 시험용액 1mL와 각 단계 희석액 1mL를 2매 이상씩 건조필름배지에 접종한 후 잘 흡수시키며, 35±1℃에서 24~48시간 배양한 후 생성된 푸른 집락 중 주위에 기포를 형성하고 있는 집락수를 계산하고 그 평균집락수에 희석배수를 곱하여 대장균수를 산출한다.

접객용음용수의 대장균 검사의 경우에는 막여과법에 의하여 시료 250mL를 여과한 후 여과지를 EMB 평판배지 위에 올려놓고 35℃에서 하룻밤 배양한다. 전형적인 집락이 확인되면 대장균의 정성시험 중 한도시험에 의하여 확인 동정한다.

④ 장출혈성 대장균(*Enterohemorrhagic E. coli*)

검체 25g 또는 25mL에 225mL mTSB를 가한 후 35~37℃에서 24시간 증균배양한다. 증균배양액을 TC-SMAC 배지와 BCIG 한천배지에 각각 접종하여 35~37℃에서 18~24시간 배양한다. TC-SMAC 배지에서는 sorbitol을 분해하지 않은 무색 집락을, BCIG 한천배지에서는 청록색 집락 각 5개 이상을 취하여 보통한천배지에 옮겨

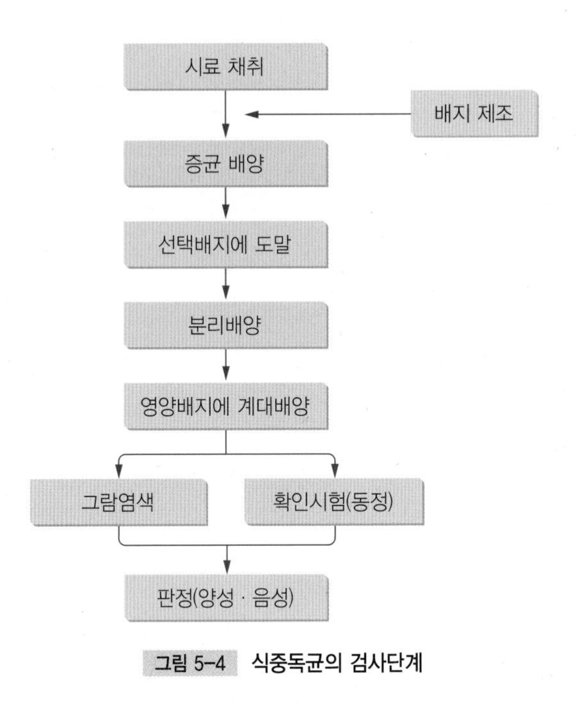

그림 5-4 식중독균의 검사단계

35~37℃에서 18~24시간 배양한다. 전형적인 집락이 5개 이하일 경우 취할 수 있는 모든 집락에 대하여 확인시험을 실시한다.

배양 후 집락에 대하여 다음의 베로독소 유전자 PCR 확인 시험을 수행한 후 베로독소 양성 집락을 대상으로 그람음성간균을 확인하고 생화학시험을 실시하여 대장균으로 확인된 경우 장출혈성대장균으로 판정한다(그림 5-4).

장출혈성대장균 중 대장균 O157:H7의 확정이 필요할 경우 분리배양 시 TC-SMAC 배지를 사용하여 sorbitol을 분해하지 않는 무색 집락에 대하여 최종적으로 베로독소 보유 및 대장균 동정을 확인한다. 양성균주에 대하여 O157과 H7 혈청형의 결정은 제조사가 제시하는 방법에 따라 시험한다. 최종적으로 베로독소 유전자(VT1 또는/그리고 VT2) 양성, O157 및 H7 혈청확인, 대장균으로 확인되었을 때 O157:H7로 판정한다.

⑤ 살모넬라균(*Salmonella* spp.)

검체 25g 또는 25mL를 취하여 225mL의 peptone water에 가한 후 36±1℃에서 24±2시간 증균배양한다. 배양액 0.1mL를 취하여 10mL의 Rappaport-Vassiliadis 배지에 접종하여 42±1℃에서 24±2시간 배양한 후 또한 배양액 1mL를 취하여 10mL

의 Tetrathionate 배지에 접종하여 36±1℃에서 24±2시간 배양한 후 증균배양액을 Bismuth Sulfite 한천배지 또는 Desoxycholate Citrate 한천배지와 XLD 한천배지에 각각 접종하여 36±1℃에서 24±2시간 배양한 후 전형적인 집락은 확인시험을 실시한다. 분리배양된 평판배지상의 집락을 보통한천배지에 옮겨 36±1℃에서 18~24시간 배양한 후, TSI 사면배지의 사면과 고층부에 접종하고 36±1℃에서 18~24시간 배양하여 생물학적 성상을 검사한다. 살모넬라는 유당, 서당 비분해(사면부 적색), 가스생성(균열 확인) 양성인 균에 대하여 그람음성 간균임을 확인하고 urease 음성, lysine decarboxylase 양성 등의 특성이 확인되면 양성으로 판정한다. 균종확인이 필요한 경우 Spicer Edwards 등과 같은 H 혼합혈청과 O 혼합혈청을 사용하여 응집반응을 확인한다. 전형적인 집락이 확인되면 확인시험에 의하여 확인 동정한다.

⑥ 황색포도상구균(*Staphylococcus aureus*)

정성실험법은 검체 25g 또는 25mL에 225mL의 10% NaCl을 첨가한 TSB 배지를 가한 후 35~37℃에서 18~24시간 증균배양한 후 증균배양액을 난황첨가 만니톨 식염한천배지 또는 Baird-Parker 한천배지 또는 Baird-Parker(RPF) 한천배지에 접종하여 35~37℃에서 18~24시간 배양한다. 배양결과 난황첨가 만니톨 식염 한천배지에서 황색 불투명 집락(만니톨 분해)이 나타나고 주변에 혼탁한 백색환(난황반응 양성)이 있는 집락이나 Baird-Parker 한천배지에서 투명한 띠로 둘러싸인 광택이 있는 검은색 집락 또는 Baird-Parker(RPF) 한천배지에서 불투명한 환으로 둘러싸인 검은색 집락은 확인시험을 실시한다.

확인시험방법은 분리배양된 평판배지상의 집락을 보통한천배지에 옮겨 35~37℃에서 18~24시간 배양한 후 그람양성 구균으로 확인되면 coagulase 시험을 실시하여 응고유무를 판정한다. Baird-Parker(RPF) 한천배지에서 전형적인 집락으로 확인된 것은 coagulase 시험을 생략할 수 있으며 coagulase 양성으로 확인된 것은 생화학 시험을 실시하여 판정한다.

정량실험법은 검체 25g 또는 25mL를 취한 후, 225mL의 희석액을 가하여 2분간 고속으로 균질화하여 시험용액으로 하여 10배 단계 희석액을 만든 다음 각 단계별 희석액을 Baird-Parker 한천배지 3장에 0.3mL, 0.4mL, 0.3mL씩 총 접종액이 1mL이 되게 도말한다. 사용된 배지는 완전히 건조시켜 사용하고 접종액이 배지에 완전히 흡수되도록 도말한 후 10분간 실내에서 방치한 후 35~37℃에서 48±3시간 배양한 다음 투명한 띠로 둘러싸인 광택의 검은색 집락을 계수한다. 계수한 평판에서 5개 이상의 전형적인 집락을 선별하여 보통한천배지에 접종하고 35～37℃에서 18～24시간 배양한 후 정성시험의 확인시험방법에 따라 판정한다. 균수는 확인 동정된 균수에 희석배수를 곱하여 계산한다.

⑦ 장염비브리오균(*Vibrio parahaemolyticus*)

정성실험은 검체 25g 또는 25mL를 취하여 225mL의 Alkaline 펩톤수를 가한 후 35～37℃에서 18～24시간 증균배양한다. 증균배양액을 TCBS 한천배지에 접종하여 35～37℃에서 18～24시간 배양한다. 배양결과 직경 2～4mm인 청록색의 서당 비분해 집락에 대하여 확인시험을 실시한다. 분리배양된 평판배지상의 집락을 TSI 사면배지, LIM 반유동배지, 2% NaCl을 첨가한 보통한천배지에 각각 접종한 후 35～37℃에서 18～24시간 배양한다. 장염비브리오는 TSI 사면배지에서 사면부가 적색, 고층부는 황색, 가스가 생성되지 않으며 LIM배지에서 Lysine Decarboxylase 양성, Indole 생성, 운동성 양성, Oxidase시험 양성이다. 장염비브리오로 추정된 균은 0, 3, 8 및 10% NaCl을 가한 알칼리 펩톤수에 의한 내염성시험, VP 시험, Mannitol 이용성시험(배지 20, 1% Mannitol 첨가), Arginine 및 Ornithine 분해시험(배지 21, 1% Arginine 또는 1% Ornithine 첨가), ONPG시험을 실시한다. 장염비브리오는 0% 및 10% NaCl을 가한 배지에서 발육 음성, 3% 및 8% NaCl을 가한 배지에서는 발육 양성, VP 음성, 만니톨에서 산생성 양성, Ornithine 분해 양성, Arginine 분해 음성, ONPG 시험 음성, 3% NaCl을 가한 Nutrient Broth, 42℃에서 발육 양성이다. 확인시험에서 확인된 집락은 API 20E Kit로 동정하여 재확인한다(그림 5-5).

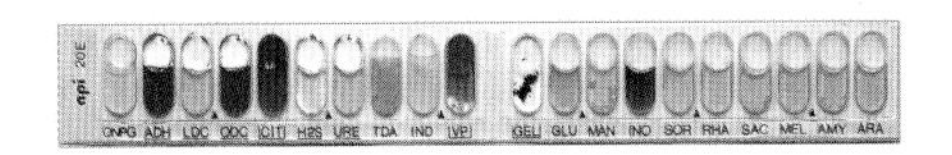

API 20E Kit

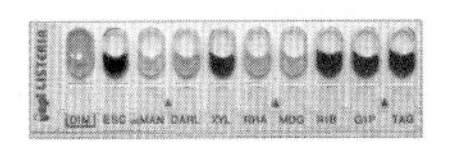

API Listeria Kit

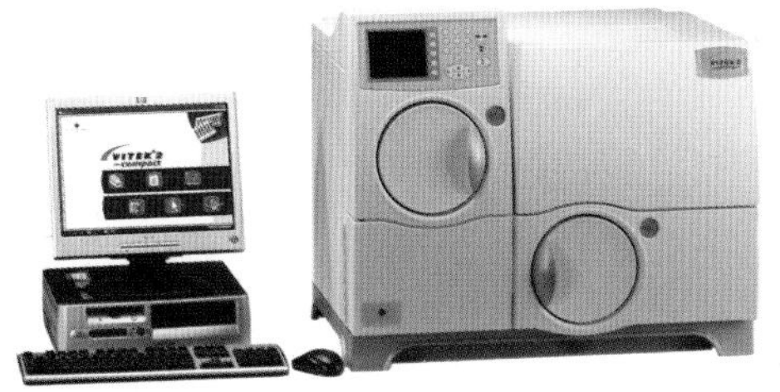

자동동정장비(VITEX2 Compact)

그림 5-5 미생물 동정 시스템

자료 : bioMérieux

정량실험은 검체 25g 또는 25mL를 취한 후, 225mL의 희석액을 가하여 2분간 고속으로 균질화하여 시험용액으로 한다. 10배 단계 희석액을 만든 다음 각 단계별 희석액을 TCBS 한천배지 3장에 0.3mL, 0.4mL, 0.3mL씩 총 접종액이 1mL가 되게 도말한다. 사용된 배지는 완전히 건조시켜 사용하고 접종액이 배지에 완전히 흡수되도록 도말한 후 10분간 실내에서 방치한 후 35~37℃에서 18~24시간 배양한 다음 청록색의 서당 비분해 집락을 계수한다. 계수한 평판에서 5개 이상의 전형적인 집락을 선별하여 2% NaCl을 첨가한 보통한천배지에 접종하고 35~37℃에서 18~24시간 배양한 후 정성실험의 확인시험방법과 동일하게 확인시험을 실시한다. 확인 동정된 균수에 희석배수를 곱하여 계산한다.

⑧ 리스테리아균(*Listeria monocytogenes*)

우유, 유제품, 가공식품 및 수산물의 검체에 대해서는 증균배지로 리스테리아 증균배지를 사용하며, 검체 25g 또는 25mL를 취하여 225mL의 리스테리아 증균배지를 가한 후 30℃에서 48시간 배양한다. 식육 및 가금류의 검체는 1차 증균배지로 UVM–modified Listeria 증균배지를 사용하며, 검체 25g 또는 25mL를 취하여 UVM–modified Listeria 증균배지를 225mL 가한 후 30℃에서 24±2시간 배양한 다음, 이 배양액 0.1mL를 취해서 Fraser listeria broth 10mL에 접종하고 35~37℃에서 24±2시간 증균배양한다. 2차 증균액을 Oxford Agar 또는 LPM 한천배지 또는 PALCAM 한천배지에 접종하여 30℃에서 24~48시간 배양한 후 의심집락이 확인되면 이를 0.6% yeast extract가 포함된 Tryptic soy Agar에 도말해서 30℃에서 24~48시간 배양한다. 그람염색 후 그람양성 간균으로 확인되면 hemolysis, motility, catalase, CAMP test와 mannitol, rhamnose, xylose의 당분해 시험을 실시한 결과 β-hemolysis를 나타내고, catalase 양성, motility 양성을 나타내며 CAMP test 결과 황색포도당구균에서 양성, *Rhodococcus equi*에서 음성으로 나타나는 동시에 당분해 시험결과 mannitol 비분해, rhamnose 분해, xylose 비분해의 결과를 보일 경우 리스테리아균 양성으로 판정한다. 리스테리아균 동정을 위해 API Listeria Kit(그림 5–5)를 사용한다.

⑨ 바실러스 세레우스(*Bacillus cereus*)

시료 25g 또는 25mL를 취한 후, 225mL의 희석액을 가하여 2분간 고속으로 균질화하여 시험용액으로 한다. 희석액을 사용하여 10배 단계의 희석액을 만든다. MYP 한천평판배지에 단계별 희석용액 0.2mL씩 5장을 도말하여 총 접종액이 1mL가 되게 한 후 30℃에서 24±2시간 배양하고 집락 주변에 lecithinase를 생성하는 혼탁한 환이 있는 분홍색 집락을 계수한다. 이때 명확하지 않을 경우 24시간 더 배양하여 관찰한다. 계수한 평판에서 5개 이상의 전형적인 집락을 선별하여 보통한천배지에 접종하고 30℃에서 18~24시간 배양한 후 그람염색을 실시하여 포자를 갖는 그람양성 간균임을 확인하고, 확인된 균은 nitrate 환원능, VP, β-hemolysis, tyrosine 분해능, 혐기배양 시의 포도당 이용 등의 생화학시험을 실시한다. 추가로 24~48시간 배양하여 곤충독소단백질Insecticidal crystal protein 생성확인시험도 실시한다. 생성확인시험법이란 바실러스 세레우스와 *Bacillus thuringiensis*를 구분하는 시험법으로, 보통한천배지에 30℃, 24~48시간을 배양한 후 직접 또는 염색하여 현미경관찰 결과(1,000배), 곤충독소단백질이 확인되면 *Bacillus thuringiensis*로 한다.

확인 동정된 균수에 희석배수를 곱하여 계산한다. 예로 10^{-1} 희석용액을 0.2mL씩 5장 도말 배양하여 5장의 집락을 합한 결과 100개의 전형적인 집락이 계수되었고 5개의 집락을 확인한 결과 3개의 집락이 바실러스 세레우스로 확인되었을 경우 100×(3/5)×10= 600으로 계산한다.

⑩ 캠필로박터 제주니(*Campylobacter jejuni*)

시료 25g 또는 25mL를 취하여 supplement A가 첨가된 HUNT 배지 또는 Bolton 배지 100mL에 넣고 균질화한 후 35~37℃에서 4~5시간 동안 미호기적(5% O_2, 10% CO_2, 85% N_2)으로 1차 증균하고 42℃에서 24~48시간 미호기적으로 2차 증균한다. 다만, HUNT 배지를 사용할 경우, 일반식품은 2차 증균 시 cefoperazone 용액(0.8g/100mL) 0.4mL를 첨가하고 유제품은 1차 증균 시 supplement B, 2차 증균 시에는 rifampicin용액(0.125g/100mL) 0.4mL를 첨가하여 배양한다.

증균배양액을 modified Campy blood free 한천배지 또는 Abeyta-Hunt 한천배지에 각각 접종하여 42℃에서 24~48시간 동안 미호기적으로 어두운 곳에서 배양한다. Modified Campy blood free 한천배지상에서 원형 또는 불규칙한 형태로서 반투명한 흰색 또는 투명한 집락, Abeyta-Hunt 한천배지상에서 무지갯빛 광택 집락을 선별하여 항생제를 넣지 않은 Abeyta-Hunt 한천배지에 신속히 접종하고 42℃에서 24~48시간 동안 배양한다. 배양된 집락을 취하여, 암시야 또는 위상차현미경으로 검경하거나 또는 대비 염색하여 지그재그 모양을 관찰한다. 이때 대비염색은 10mL 식염수에 2방울의 crystal violet을 혼합한 용액을 이용한다. 현미경상으로 확인된 균에 대하여 catalase 및 oxidase 양성임을 확인한다. 확인된 균에 대하여, hippurate 분해 양성, 황화수소 비생성, nalidixic acid 감수성, cephalothin 내성, 25℃에서 비생육, 42℃에서 생육하는 것 등 생화학시험을 실시한다.

⑪ 여시니아 엔테로콜리티카(*Yersinia enterocolitica*)

시료 25g 또는 25mL를 취하여 225mL의 PSBB 배지에 가한 후 10℃에서 10일간 배양한다. 증균배양액 0.1mL를 0.5% KOH가 함유된 0.5% 식염수 1mL에 가하여 수초간 섞는다. 이 용액을 MacConkey 한천배지와 CIN 한천배지에 각각 접종하여 30℃에서 24±2시간 배양한다.

MacConkey 한천배지에서 유당을 비분해하는 집락이나 CIN 한천배지에서 중심부가 짙은 적색을 보이는 집락을 골라 각각 TSI 사면배지의 사면과 고층부에 접종하여, 35~37℃에서 18~24시간 배양 후 고층부와 사면이 노랗고 가스와 황화수소가 발생하지 않은 균주를 선택한 다음 25℃, 37℃에서 운동성 시험 및 urea, citrate시험 등을 한다. 이때 여시니아 엔테로콜리티카는 37℃에서는 운동성을 나타내지 않고 25℃에서 운동성을 가지는 특성이 있다. 또한 urea시험 양성, citrate시험 음성이며 그람음성 간균일 때 양성으로 판정한다.

접객용 음용수의 여시니아 엔테로콜리티카를 검사하는 경우에는 막여과법에 의하여 시료 250mL를 여과한 후 여과지를 CIN 평판배지 위에 올려 놓고 30℃에서 24~48시간 배양한다. 전형적인 집락이 확인되면 확인시험에 의하여 확인 동정한다.

⑫ 공중낙하균 및 부유균

공중낙하균을 측정하는 여러 가지 방법 중 Exposure plate법은 단지 평판배지 위에 자란 미생물이 공기 중에 있었다는 사실 외에 그 수나 종류 등의 정보를 얻지는 못하지만, 장비 없이 측정할 수 있는 가장 간단한 방법이다. 측정을 원하는 해당 지점에서 해당 미생물에 대한 배지를 분주하여 고화시킨 일회용 멸균 페트리접시를 준비하여 각 낙하균의 측정 위치에서 수분간 뚜껑을 열어 방치한 후 뚜껑을 닫고 각각의 적정 배양조건, 즉 일반 세균의 경우 36±1℃에서 48시간, 진균수는 pH를 3.5±0.1로 맞춘 포테이토덱스트로즈 한천배지를 사용하여 25℃에서 5~7일간 배양한 다음 형성된 집락수를 계산하여 페트리접시당 집락수로 표시한다.

최근에는 공기 중의 부유미생물을 정량적으로 체크할 수 있는 에어샘플러air sampler가 개발되어 활용되기도 한다(그림 5-6). 이 기기 활용을 통해 환경오염 정도를 측정함과 동시에 작업장의 Hygiene Map 작성 및 Risk Management에 유용하게 쓰일 수 있다.

그림 5-6 에어샘플러

자료 : bioMérieux

2) 간이신속 미생물 실험법

HACCP에서는 각 공정의 중요관리점CCP을 모니터링해서 기록을 남기고 최종제품의 안전을 보증하는 것이 요구된다. 식품 제조완료 후 출하단계에서 대부분의 품질검사가 종료되어야 하나 미생물 검사의 경우 검사기간이 일반적으로 24~48시간에서 3~7일 이상이 소요되므로 검사결과가 생산공정의 적합성 평가에 반영되기 이전에 이미 소비자가 해당 식품을 섭취하여 부패한 식품이나 유해물질에 노출되어 치명적인 문제가 발생될 수도 있다. 따라서 많은 연구자들이 보다 간단하고 신속하게 식품위생 관련 물질을 검사하거나 동정하는 방법을 개발·적용하기 위해 노력하고 있다. 간이신속검사법은 식품·급식·외식업체에서 위생관리를 위하여 적용하고 있으며, 식품의 위생적인 생산 여부, 위해요소 존재 여부나 제어 확인 등을 신속한 검사를 통해 확인하여 식중독을 예방하려는 것이 실시목적이다.

간이신속검사법에는 제조된 간편배지chromogenic media를 활용하는 방법, 면역분석법immunomagnetic assay, 분자생물학적 측정법 등이 있다. 간이신속검사법은 기초적인 지식만 있으면 누구나 실시할 수 있다는 장점이 있으나 소량의 균을 검출하기는 어렵고 교차반응 등이 발생하므로 종래의 식품공전에 의한 표준 배양법을 병행하여 실시할 필요가 있다.

(1) 시판 제조 간편배지를 활용한 미생물 실험법

제조되어 판매되는 간편배지를 크로모제닉 배지chromogenic media 혹은 선택배지selective media라고 한다. 각 종류의 미생물이 생성하는 효소반응을 색의 변화로 나타내는 배지로서 종래의 실험법에 비해 검사시간을 단축할 수 있을 뿐만 아니라 관련 식중독균의 존재 유무를 색변화를 통해 관찰할 수 있으므로 판독이 용이하다. 현재

액상배지 | 표면측정용 배지 | 3M 배지

그림 5-7 시판 제조 간편배지의 예

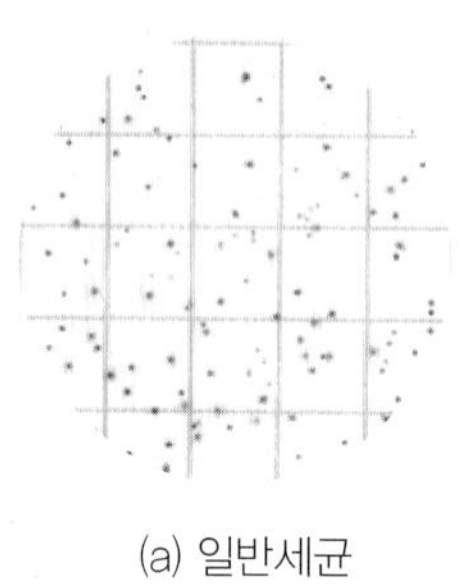

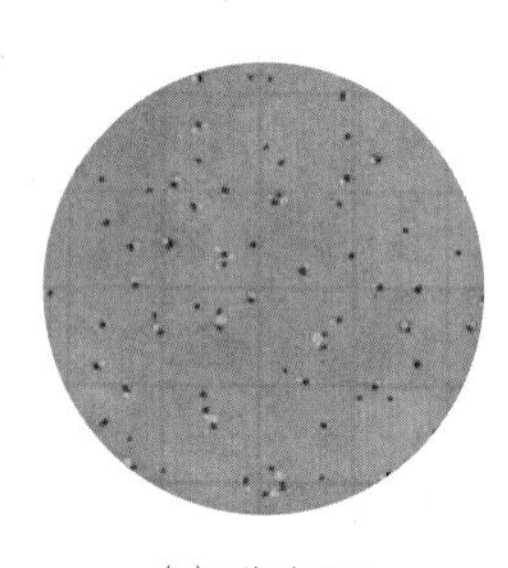

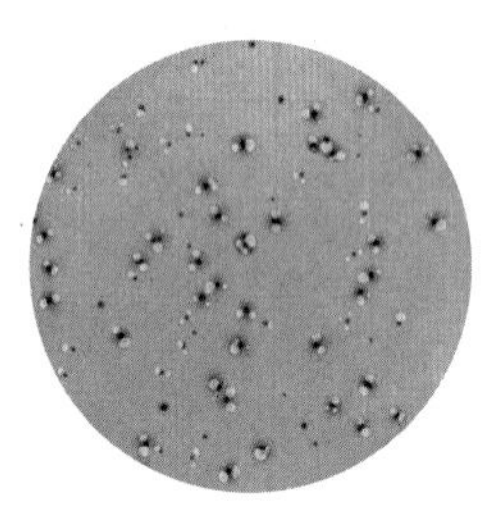

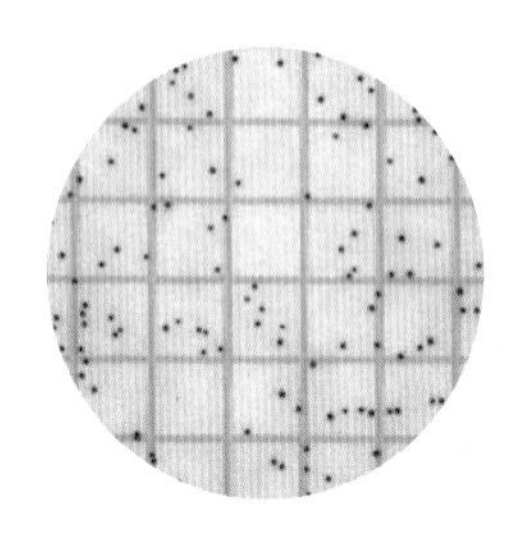

(a) 일반세균 | (b) 대장균군 | (c) 대장균 | (d) 황색포도상구균

그림 5-8 3M 배지 판정 방법

각 식중독균에 대한 액상 · 필름형태의 배지와 표면측정용 배지 등이 시판되고 있으며, 이 배지들을 활용하여 여러 식중독균에 대한 정성 · 정량실험을 할 수 있다(그림 5-7). 필름 형태의 3M 배지를 이용하여 일반세균, 대장균군, 대장균, 황색포도상구균을 실험했을 때의 판정방법은 〈그림 5-8〉과 같다. 일반세균은 붉은색 균체를 계수하고, 대장균군은 붉은색 집락이 가스발생한 경우를 계수한다. 또한 대장균은 푸른색 집락이 가스 발생한 경우를 계수하며, 황색포도상구균은 적자색 균체를 계수한다.

(2) 면역분석법

① 면역자기분리법(IMS : Immunomagnetic Separation)

미생물을 신속하게 분리하는 방법은 식품에 오염된 미생물의 수가 많을 경우에는 균질화한 시료용액을 그대로 또는 희석하여 미생물의 분리 · 배양에 사용하지만 식품에 오염된 미생물의 수가 아주 적은 병원성 세균의 경우에는 증균과정이 필요하다. 또한 필터를 이용한 재래식 여과과정이나 원심분리 등은 미생물의 손실, 여과지의 막힘 현상, 2차 오염 등 제반문제가 따르기 때문에 식품검사에 직접 적용하기에는 어려움이 있다. 이러한 문제점을 보완하여 소량의 시료, 소량의 병원성 세균 오염을 검사하는 경우에는 항체antibody를 활용한 면역자기분리법을 이용한다. 이것은 분리하고자 하는 미생물에 특이적으로 반응하는 immunomagnetic 입자를 샘플혼합기에 섞어서 일정시간 후 그 입자들을 magnetic particle separator로 분리하는 방법이며, 30분 이내에 분리를 끝낼 수 있다.

② 면역 크로마토그래피법(immuno chromatography)

종래의 실험법은 시료를 여러 단계로 희석하여 중첩배양을 해야 하는 어려움이 있을 뿐만 아니라 페트리접시와 배지가 많이 소모되고 측정시간이 많이 소요되는 단점이 있다. 반면에 간이신속진단키트를 활용하는 면역 크로마토그래피법은 여러 단계의 실험단계를 단축하므로 실험이 간단하고, 빠른 시간 내에 정확한 결과가 제공된다. 신속한 결과 판독으로 검사에 소요되는 비용과 시간이 절약될 수 있다. 단, 간이신속진단키트를 활용하는 방법은 정성적인 결과 판독이므로 정량적인 실험결과를 얻고자 할 때에는 부적절하며 일반적으로 표준배양법과 병행 사용된다.

③ 효소면역형광분석법(ELFA method)

효소면역형광분석법이란 식품에 존재하는 유해세균을 ELFAEnzyme-Linked Fluorescent Immunoassay 기술을 이용하여 신속하게 정성분석하는 방법이다. 이 방법은 기존에 가장 많이 사용되어 오던 ELISA법에 비해 민감도가 높은 방법으로, 항원 · 항체

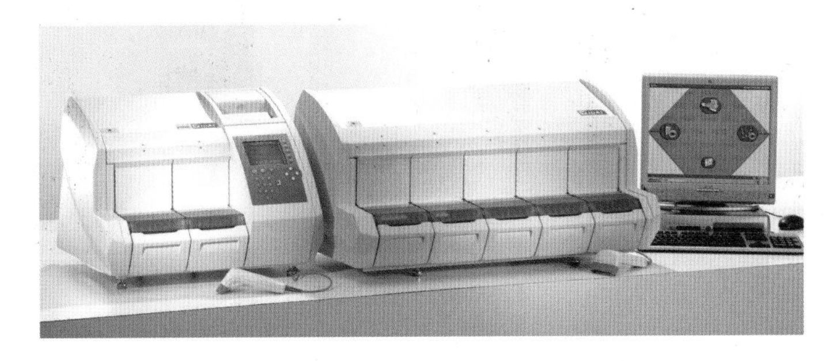

그림 5-9 자동효소면역분석기기(VIDAS)

자료 : bioMérieux

결합 후 2차 항체에 결합되어 있는 alkaline phosphatase가 4-Methylumbelliferyl Phosphate를 가수분해하여 생성되는 산물인 umbelliferone의 형광도를 측정하여 식중독균의 유무를 확인할 수 있다. 이 방법의 경우 1차 증균 이후 45~70분이면 결과확인이 가능하고 ready-to-use 시약을 사용하므로 실험이 간편하다는 장점이 있다(그림 5-9).

(3) ATP 측정법

ATP 측정법은 살아 있는 미생물의 세포는 모두 일정량의 ATP를 가지고 있다는 사실을 이용한 방법으로, ATP에 기질과 효소를 첨가하여 화학반응을 일으키고 이에 따라 빛이 발생하는 원리를 이용하여 식품이나 식품가공환경에서 오염되어 있는 미생물의 수를 측정하는 것이다. 단, 살아 있는 미생물뿐만 아니라 죽은 미생물, 유기물(음식물 찌꺼기 등) 등이 모두 측정결과에 영향을 주므로 측정결과 분석 시 이를 고려해야 한다. 이 측정법을 통해 식품 자체의 오염을 정량적으로 측정하기는 불가능하며, 주로 신선한 육류나 우유의 위생상태 측정, 종균의 활성 등을 측정하는 데 효과적이다. 특히 식품제조·가공업체나 급식·외식업소의 시설 및 설비 등 작업환경에 대한 실시간 모니터링에 활용되고 있으며 최근에는 조리종사원의 손 위생교육에도 활용하고 있다(8장 급식업체 위생교육 사례 참고). 〈그림 5-10〉은 ATP 측정기를 이용하여 급식·외식업소의 작업대의 표면에 대해 위생검사를 실시하는 과정이다.

(a) 표면 미생물 채취

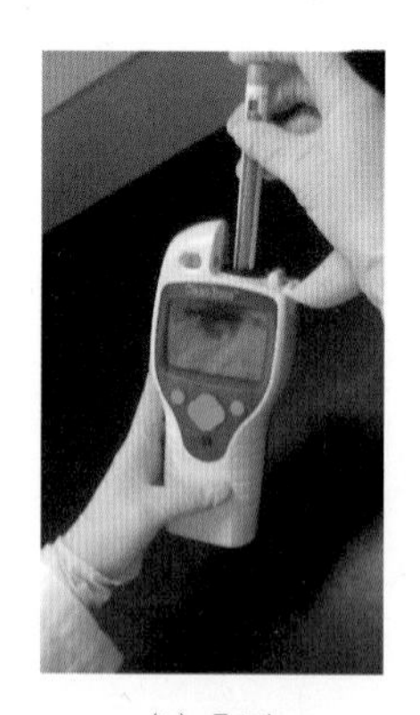

(b) 측정

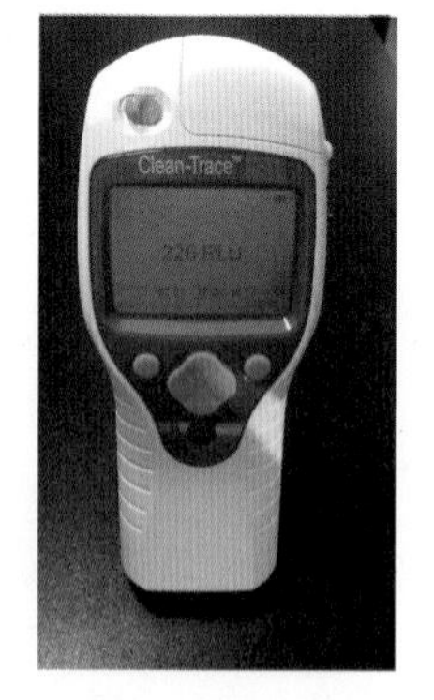

(c) 결과 확인

그림 5-10 ATP 측정기를 이용한 작업대 표면 위생검사

(4) 분자생물학적 측정법

① DNA probe 사용법

DNA probe는 검출하고자 하는 미생물들이 가지고 있는 특징적인 DNA 또는 RNA 배열로 구성되어 있다. 식품을 오염시킨 미생물을 검출하고자 할 때 이 방법을 사용하여 그 미생물의 유전자를 추출하여 제한효소로 처리한 후 DNA probe와 반응시키면 서로 상보적인 DNA 배열과 교잡이 일어나므로 해당 미생물의 존재유무를 확인할 수 있는 것이다. 그러나 이 방법은 보통 식품 중에 오염되어 있는 특정 미생물의 수가 최소 10^5～10^6마리 이상이어야 측정이 가능하므로 오염된 숫자가 적을 경우는 일정시간 배양을 통해 미생물을 증식시킨 후 실험해야 한다.

② PCR법(Polymerase Chain Reation)

PCR법은 DNA 증폭법이라고도 하며, 1971년 Kleppe 등이 개발한 방법으로 식중독균의 검출에 유용한 방법이다. 원리는 각 특유의 pair of primer와 열에 안정한 DNA polymerase를 이용하여 대상 시료의 염기서열을 효소로 증폭시키는 방법이다. PCR 사이클이 반복될수록 높은 감도를 가져서 반응 튜브에 대상 DNA가 소량만 있어도 효소로 증폭시키기에 충분하다. 즉, 열에 매우 안정한 DNA Polymerase, oligonucleotide primer, 그리고 각 DNA 구성 주성분 물질을 공급하여 20～30번 증폭반응을 시키게 되면 식중독균이 갖고 있는 특정 DNA 조각이 증폭되어 10^7 정도로 증가하게 되고 이를 아가로즈 젤agarose gel이나 southern hybridization법으로 검출한다.

이 방법은 적은 수의 미생물이 오염되어 있어도 증폭 정도에 따라 탐지가 가능하다는 장점이 있는 반면, 식품과 같이 오염되어 있는 경우 식품의 여러 가지 성분에 의해 분리가 어려울 수도 있으므로 시료의 전처리에 주의해야 한다. 최근 바이러스 식중독의 발생이 점차 증가하면서 바이러스 식중독의 정성·정량검출에 이 방법이 적용되고 있다.

③ NASBA법(Nucleic Acid Sequence Based Amplification)

바이러스 식중독 검사를 위한 또 다른 방법에는 NASBA를 이용하는 방법이 있다(그림 5-11). NASBA는 promotor가 만들어지게 디자인한 primer와 3가지 효소, 즉 reverse transcriptase, RNase H, T7 RNA polymerase를 같은 튜브에 함께 넣은 후

그림 5-11 노로바이러스 검출에 활용되는 NASBA

자료 : bioMérieux

이때 만들어지는 RNA를 확인하는 방법으로 노로바이러스와 로타바이러스 등의 검사에 이용된다.

3. 미생물 검사결과의 활용

HACCP을 시행하고 있는 식품제조·가공업소나 급식·외식업소에서는 미생물 검사결과를 식중독 사고의 원인분석이나 업소의 위생수준 평가, 작업공정의 위해요소 분석과 HACCP 적용의 적합성 검증을 위한 목적뿐만 아니라 여러 가지 목적으로도 활용 가능하다. 급식·외식업소에서 실시하는 미생물 검사결과의 활용방안은 다음과 같다.

첫째, 공정별 미생물 수준의 변화를 파악하여 개선 계획 수립을 위한 기준을 제공할 수 있다. 즉, 각 공정에서 증감되는 생물학적 위해요소의 변화 양상을 분석하고 주기적으로 검사한 공정별 미생물 오염도 분석결과를 계절별, 작업시간별, 제품의 종류별로 구분하여 데이터베이스로 구축하면 위생관리 및 개선계획 수립을 위한 유용한 자료로 활용할 수 있다.

둘째, 공정에 추가된 위해요소 관리방안에 대한 실질적인 효과 검증을 위해 이용된다. 예를 들어, 소독단계에서 해당 공정의 위해요소를 제어한다는 계획을 수립하였으면 소독 전후의 미생물 수준을 비교·평가하여 효과적인 관리기준 설정을 위한 과학적인 근거를 제공할 수 있다.

셋째, 식품이나 조리기기, 작업장의 소독에 사용되는 소독액의 효과판정이나 급식 · 외식업소 작업환경이나 조리종사원의 손, 고무장갑, 칼, 도마, 조리용기 등의 세척 및 소독의 적절한 시행주기 설정 및 작업장 청소주기 설정을 위한 근거자료로 이용할 수 있다.

넷째, 조리종사원을 대상으로 한 위생교육자료로 활용할 수 있다. 작업장에 있는 전 직원에게 일반세균이나 일부 식중독균이 잘 자랄 수 있는 배지를 제공한 후 배지 표면에 직접 손도장을 찍게 하고 배양 후 개인별로 배양된 미생물 집락을 보여 주는 방법은 종사원의 손 위생관리 개선을 위한 효과적인 교육방법이 될 수 있다. 육안으로는 관찰되지 않는 손의 미생물을 적정 배양하여 자라난 집락을 확인하게 하면 평소 종사원 자신의 손에 보이지 않는 많은 균들이 존재한다는 사실을 각인시킬 수 있다. 또한 매뉴얼에 의해 올바르게 손 세척 · 소독을 실시한 경우와 그렇지 않은 경우를 비교 실험하여 각각의 경우에 미생물 검출량의 차이를 종사원에게 육안으로 확인시켜 주면 종사원이 스스로 손 세척 · 소독 방법을 개선하게 되는 교육적인 효과가 있다. 또한 조리기기나 작업장의 청소와 소독 전후의 미생물 검사결과의 차이도 위생교육자료로 활용할 수 있다.

:: REVIEW QUESTION

1 위생관리를 위해 실시되는 미생물 검사의 목적에 관해 설명하시오.

2 일반적인 미생물 검사가 행해지는 과정을 간략하게 설명하시오.

3 미생물 검사가 무균적으로 실시되어야 하는 이유에 관해 설명하시오.

4 미생물 검사 대상의 오염 정도를 판단할 수 있는 오염지표균에는 어떤 것이 있는지 설명하시오.

5 급식소 위생실태 평가를 위해 실시할 필요가 있는 미생물 검사 대상과 실험항목을 선정해 보시오.

6 급식소 위생관리 시 사용되는 간이신속 미생물 검사법의 활용 및 유효성에 관해 설명하시오.

7 식품안전을 위해 실시하였던 미생물 검사결과를 다른 방면으로 활용할 수 있는 방법에 관해 설명하시오.

HACCP 실무

6 HACCP 제도 도입 준비단계

학습목표

1. 가상의 급식 · 외식업소를 대상으로 HACCP팀을 구성하고 역할분담을 할 수 있다.
2. 급식 · 외식업소 제공 메뉴에 대한 조리공정흐름도를 작성할 수 있다.
3. 급식 · 외식업소 작업장 평면도의 예시를 고찰해보고 가상의 급식 · 외식업소의 작업장 평면도를 작성할 수 있다.

1. HACCP팀 구성

HACCP팀 구성단계는 HACCP 제도의 확립과 운용을 담당할 HACCP팀장 및 팀원을 확보하고, 이들에게 업무를 분장하며, 이에 대한 책임과 권한을 부여하는 과정이다. HACCP팀은 해당 급식조직의 전반적인 운영 특성을 잘 이해하고 있는 인력으로 구성한다. 추가로 HACCP 위원회를 구성할 경우에는 외부 전문가를 포함할 수 있으며, HACCP 위원회에서는 HACCP 정책사항, 전문적인 사항을 자문 · 결정하는 역할을 담당한다.

HACCP팀장은 공장의 경우 사장이나 공장장, 급식조직의 경우 급식관리책임자, 위탁급식업체의 경우 최고경영자나 본사의 위생팀장 등으로 구성하고, 팀원은 HACCP 제도를 구축 · 운영할 수 있는 경력과 전문성을 가진 급식 · 외식관리자 및 조리종사원으로 구성한다. 팀 구성 후에는 팀원의 수행 업무와 책임과 권한을 명시하는 조직도를 작성하고 업무 인수 · 인계체계를 마련하도록 한다. 〈그림 6–1〉은 식품공장의 HACCP팀 조직도의 예이며, 〈그림 6–2〉는 HACCP 적용 전문위탁급식업

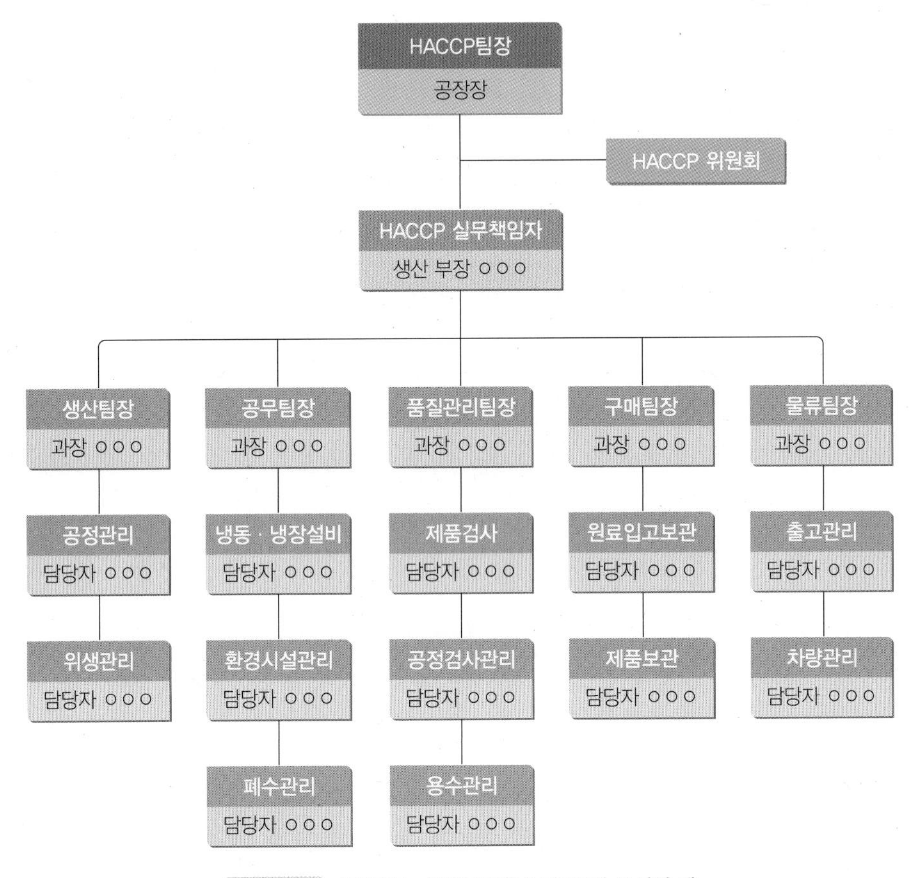

그림 6-1 식품제조 · 가공공장의 HACCP팀 구성의 예

체의 HACCP팀 조직도의 예이다.

식품제조 · 가공업체의 경우 HACCP팀장은 HACCP 업무를 총괄하고, 생산관리부서는 작업장 위생관리, 종업원 위생관리, 공정관리, 공무관리부서는 시설 · 설비관리, 냉장 · 냉동설비관리, 환경시설관리, 용수설비관리, 폐수 · 폐기물관리, 품질관리부서는 제품검사, 위생검사, 클레임관리, 교육 · 훈련, 물류관리부서는 원료입고 · 보관, 제품보관 · 출하, 차량위생관리를 담당한다(그림 6–1).

급식소 HACCP 적용 시에는 HACCP팀장은 급식관리자(영양사)가 담당하고, 검수, 저장, 전처리, 조리, 운반, 배식, 세정 · 세척 등 급식 생산과 배식 담당자가 HACCP팀장의 위임을 받아 실시간 중요관리점을 모니터링하면서 작업하기도 한다(그림 6–2).

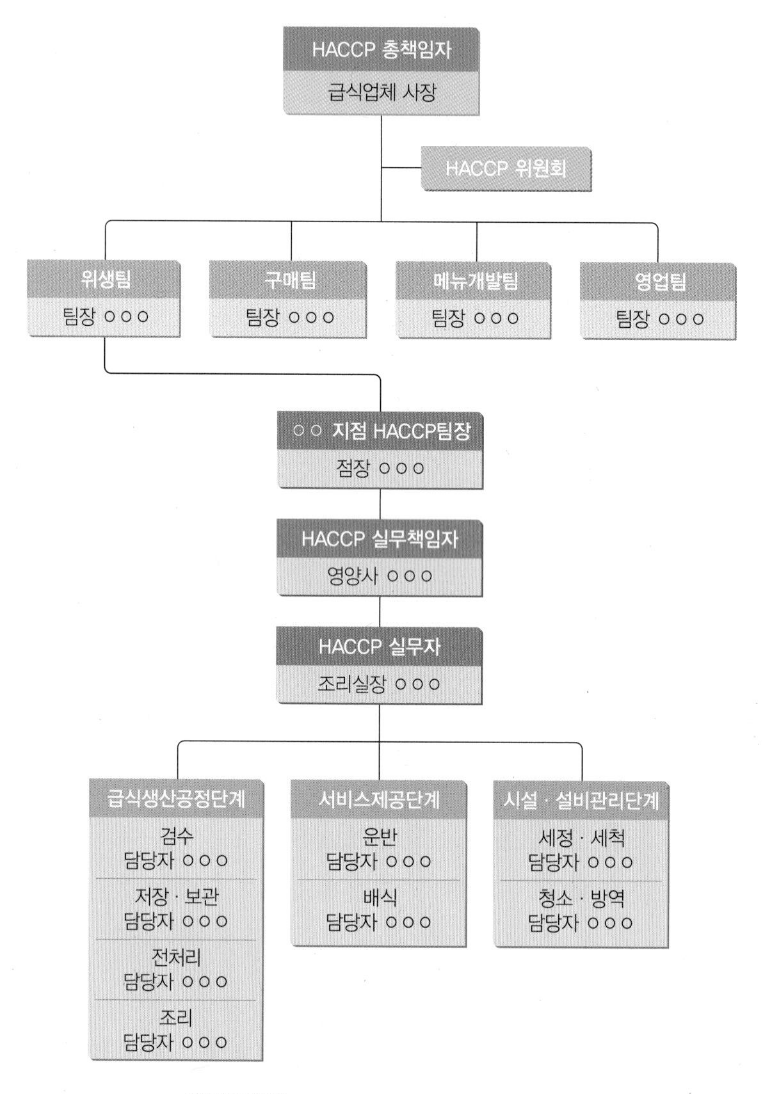

그림 6-2 급식업체의 HACCP팀 구성의 예

1) HACCP팀원 이력표

HACCP팀원의 적합성을 확인하고, 인적자원관리를 하기 위한 'HACCP팀원 이력표'를 작성한다. 'HACCP팀원 이력표'에는 각 팀원의 성명, 부서명, 직책 · 직위, 학위 · 전공, 전문분야, 실무경력, HACCP 교육 · 훈련 참가실적 등에 대해 작성한다. 급식소의 경우 급식인원 수를 고려하고 외식업소의 경우 고객의 수를 고려하여 인력의 배치가 이루어져야 하며, 관리자와 종사원 모두 실무 경력과 식품위생학, 식품

표 6-1 HACCP팀원 이력표 양식의 예

구 분	성 명	부서명	직책·직위	학위·전공	전문 분야	실무경력		HACCP 교육 수료 여부 (수료일자)	교육 기관
						입사 전	입사 후 (입사일자)		

미생물학, 공중보건학 분야에 대한 사전 지식이 풍부한 경우 HACCP을 빠르게 조직 내에 정착시킬 수 있으므로 이 점을 고려하여 실무 경력과 교육·훈련 참가 경력이 있는 담당자를 임명하도록 한다. 〈표 6-1〉은 HACCP팀원 이력표 양식의 예이다.

2) HACCP팀의 책임과 권한

HACCP팀원 개개인에 대한 책임과 권한을 구체적으로 작성한다. 팀원 개개인의 책임과 권한보다 팀원이 속한 부서의 책임과 권한에 대해 먼저 작성하고, HACCP 적용에 중요한 역할을 수행하는 모니터링 담당자 등은 소속부서 해당 팀원의 책임과 권한사항에 추가하여 작성한다.

급식이나 외식업소의 경우 총괄 팀장은 전체적인 계획을 총괄 지휘하며, HACCP 팀의 임명권을 가진다. HACCP팀장은 해당 조직의 작업 전후와 작업 중의 위생관리를 총괄 책임지며, 각종 위생관리사항을 승인·감독·검증하는 책임을 맡는다. 조직에서 팀장과 실무책임자가 분리되어 있을 경우에는 HACCP 실무책임자는 작업장의 위생관리 상태를 수시로 확인하여 필요시 즉시 시정조치를 하며, 팀장과 함께 검증과정에 참여하고, 조리종사원 위생교육을 담당하면서, 팀장 결원 시 업무를 대행한다. 급식소와 외식업소 관리자 1인이 팀장과 실무책임자를 겸임할 경우에는 이에 해당되는 업무를 총괄 시행한다. 종사원은 각자에게 부여된 작업내용을 책임자의 지시에 따라 착오 없이 실시해야 한다. 조리종사원 중에 조리실장이 배치되어 있는 경우,

조리원의 리더로서 조리원들이 HACCP 관리계획대로 작업을 잘 수행하고 있는지 수시로 점검하고 문제발생 시 팀장에게 즉각 보고하여 시정될 수 있도록 조치한다(그림 6–2). 〈표 6–2〉는 학교급식소의 HACCP팀 구성 및 업무분담표의 예이다.

표 6-2 HACCP 적용 학교급식소 HACCP팀 구성 및 업무분담표의 예

구 분		구 성 원	업 무
팀 장		학교장 (혹은 급식 관련 총괄자)	• HACCP 업무 총괄과 책임
팀원	실무책임자	영양(교)사	• HACCP 계획 수립 • 식재료, 시설 · 설비, 조리, 배식 등 위생 총괄 • 위생 및 HACCP 관련 교육 · 훈련 실시 • HACCP 기록유지 · 보관 및 외부 점검에 대응
	시설 · 설비지원	행정실장	• 행정적 · 재정적 지원 • 시설 · 설비 유지 보수
	교육 · 홍보	영양(교)사	• 학생 및 교직원 대상 교육 및 홍보
	현장작업	조리사 · 조리원	• 선행요건 수행 • CCP, CP 기록 참여 • 위생개선에 대한 제안

자료 : 교육부(2021)

HACCP을 수행하는 부서별 또는 종사원 개인별 책임과 권한은 서로 중복되거나 누락되지 않도록 해야 하며, 관리자와 현장 작업자로 구분하여 업무와 관련된 위임사항이나 업무 인수 · 인계사항에 대해 구체적인 절차와 확인방법을 기술한다. 특히 모니터링과 CCP 일지 작성에 대한 인수인계는 철저히 이루어지도록 사전에 계획한다. 또한 인수 · 인계내용과 이에 대한 확인 날인을 할 수 있도록 하고, 비상시 인력을 대체하고자 할 때는 평소 HACCP 교육을 받은 인력을 배치할 수 있도록 계획한다. 이를 위해 대체 인력에 대한 위생교육 계획도 별도로 수립하고 시행해야 한다.

2. 제품설명서 작성 및 용도 확인

제품설명서를 작성하고 사용용도를 확인하는 단계는 식재료와 최종 조리음식은 어떤 특성을 가지며, 어떤 식재료를 사용하여 어떤 작업환경에서 어떤 조리공정을 거쳐 생산 · 보관 · 배식되는지를 검토하는 것은 향후 위생관리의 목표와 방향을 설정하고 위해요소분석과 중요관리점 결정 및 HACCP 관리계획 수립 등에 정확성과 과학성을 부여하기 위한 기초정보를 제공하고 검증단계를 이해하는 데 중요한 근거자료로 활용된다.

1) 제품설명서

제품(메뉴)설명서는 생산되는 식품의 특성과 용도를 기술한 양식이다. 식품제조 · 가공부문의 제품설명서의 작성 예는 〈표 6-3〉과 같다. 급식이나 외식업소에서 제품설명서를 작성할 때에는 표준레시피의 형식을 기본으로 하여 작성한다. 즉 기존의 표준레시피 양식에 제공 음식의 성상 및 생물학적 · 화학적 · 물리적 규격을 포함하여 작성해야 하며, 중요관리점CCP 관리를 위한 조리 및 배식 시 주의사항 등을 포함하여 상세히 서술하면 된다. 〈표 6-4〉는 급식소 메뉴에 대한 제품(메뉴)설명서 양식의 예이다. 제품설명서에는 제품명, 제품유형 및 성상, 품목제조보고연월일, 작성자 및 작성연월일, 성분(또는 식자재)배합비율 및 제조(또는 조리)방법, 제조(포장)단위, 완제품의 규격, 보관 · 유통(또는 배식)상의 주의사항, 제품용도 및 유통(또는 배식)기간, 포장방법 및 재질, 표시사항, 기타 필요한 사항이 포함되어야 한다.

제품설명서 작성 시 제품명은 식품제조 · 가공업소의 경우 해당관청에 보고한 해당품목의 '품목 제조(변경)보고서'에 명시된 제품명과 일치하여야 한다. 또한 제품유형은 '식품공전'의 분류체계에 따른 식품의 유형을 기재한다.

성상은 해당식품의 기본 특성(예 : 액상, 고상 등)뿐만 아니라 전체적인 특성(예 : 가열 後 섭취식품, 비가열 섭취식품, 냉장식품, 냉동식품, 살균제품, 멸균제품 등)을 기재하면 되고 품목제조보고연월일은 식품제조 · 가공업소의 경우에 해당하며, 해당식품의 '품목제조(변경)보고서'에 명시된 보고 날짜를 기재한다.

작성자 및 작성연월일은 제품설명서를 작성한 사람의 성명과 작성날짜를 기재하고 성분(또는 식자재)배합비율은 식품제조 · 가공업소의 경우 해당식품의 품목제조(변경)보고서에 기재된 원료인 식품 및 식품첨가물의 명칭과 각각의 함량을 기재한다. 급식소나 외식업소의 경우에는 각 메뉴의 식재료 분량을 작성하면 된다. 대상식품이 많은 급식소나 외식업소의 경우에는 별도로 사용 식재료 목록표를 작성하면 식재료에 대한 위해요소를 총괄적으로 분석하는 데 도움이 된다. 그리고 제조(또는 조리)방법은 급식소나 외식업소 메뉴에 대한 표준레시피상의 조리방법을 작성하거나 조리공정흐름도의 내용으로 대신할 수 있다.

표 6-3 가공유 제품설명서의 예

구 분	내 용	
축산물가공품 유형	가공유류	
품목제조보고연월일	년 월 일	
작성자 및 작성연월일	○○팀 : ○○○ / 년 월 일	
성 상	이미, 이취가 없어야 함	
완제품 규격	내 용	관리기준
	일반세균/mL	20,000 이하
	대장균군/mL	2 이하
	리스테리아 모노사이토제네스	음성
	살모넬라균	음성
	대장균	음성
	황색포도상구균	음성
	바실러스 세레우스	음성
	항생물질, 합성항균제	함유하지 않을 것
	아플라톡신	검출되지 않을 것
	세제, 살균제	잔류 또는 혼입하지 않을 것
	이물질	없음
제품의 용도	일반 소비자용	
보관·유통 시의 주의사항	• 냉장보관 및 유통(10℃) • 보관방법 : 보관·유통 중 변질 우려, 반드시 냉장고에서 보관함 개봉 후 냉장보관 또는 즉시 음용함	
소비(유통)기한	제조일로부터 5일	
포장방법 및 재질	내면 에틸렌수지, Carton pack 포장	
기타 필요한 사항	• 제품유통 중 취급 부주의로 인한 포장지 파손방지 • 배송 및 보관조건 준수	

자료 : 한국보건산업진흥원(2001)

표 6-4 급식소 메뉴에 대한 제품(메뉴)설명서 양식의 예

<table>
<tr><th colspan="6">제 품 설 명 서</th></tr>
<tr><td>제품명</td><td></td><td>제품번호</td><td></td><td>작성연월일</td><td>.　　.</td></tr>
<tr><td>제품유형</td><td></td><td>제품용도</td><td></td><td>작 성 자</td><td>영양사 ○○○</td></tr>
<tr><td colspan="3">성분배합비율(1인분 기준)</td><td colspan="3" rowspan="6">메뉴 사진</td></tr>
<tr><td>재료명</td><td>1인 분량(g)</td><td>비 고</td></tr>
<tr><td></td><td></td><td></td></tr>
<tr><td></td><td></td><td></td></tr>
<tr><td></td><td></td><td></td></tr>
<tr><td></td><td></td><td></td></tr>
<tr><td></td><td></td><td></td><td colspan="3">완제품의 규격</td></tr>
<tr><td></td><td></td><td></td><td>배식량(g/dish)</td><td colspan="2"></td></tr>
<tr><td></td><td></td><td></td><td>배식용기 재질</td><td colspan="2"></td></tr>
<tr><td></td><td></td><td></td><td>열량(kcal/dish)</td><td colspan="2"></td></tr>
<tr><td colspan="3">조리방법</td><td>단백질(g/dish)</td><td colspan="2"></td></tr>
<tr><td colspan="3"></td><td>성상</td><td colspan="2">색택 양호, 이미 · 이취 없음</td></tr>
<tr><td colspan="3"></td><td>이물질</td><td colspan="2">머리카락 등의 불검출</td></tr>
<tr><td colspan="3"></td><td>일반세균수</td><td colspan="2"></td></tr>
<tr><td colspan="3"></td><td>대장균군수</td><td colspan="2"></td></tr>
<tr><td colspan="3"></td><td>대장균</td><td colspan="2">음성</td></tr>
<tr><td colspan="3"></td><td>살모넬라균</td><td colspan="2">음성</td></tr>
<tr><td colspan="3"></td><td>황색포도상구균</td><td colspan="2">음성</td></tr>
<tr><td colspan="3"></td><td>장염비브리오균</td><td colspan="2">음성</td></tr>
<tr><td colspan="3"></td><td>리스테리아균</td><td colspan="2">음성</td></tr>
<tr><td>조리 시 주의사항</td><td colspan="5">중심온도 75℃ 이상에서 1분, 생채소는 소독 후 사용</td></tr>
<tr><td>배식 시 주의사항</td><td colspan="5">배식 시까지의 온도관리법 기술 : 예) 조리완료 후 보온 · 보냉고에 보관</td></tr>
<tr><td>기 타</td><td colspan="5">제조 시 유의사항 : 예) 어패류가 포함되는 메뉴는 여름철 사용 시 유의</td></tr>
</table>

제조(포장)단위는 판매되는 완제품의 최소단위를 중량, 용량, 개수 등으로 기재하고 완제품의 규격은 식품위생법에 근거하여 작성하거나 급식소나 외식업소의 자체 규격, 유사 메뉴에 대한 관련 연구논문 등을 참고하여 안전성과 관련된 항목에 대해 성상, 생물학적, 화학적, 물리적 항목과 각각의 규격을 기재하면 된다. 완제품의 규격을 설정할 때에는 HACCP 적용 후 검증단계에서 해당항목을 검사해야 한다는 것을 고려하여 규격의 항목을 최종적으로 결정한다.

제품용도는 급식이나 외식의 대상을 고려하여 건강한 일반 성인인지 혹은 영유아, 어린이, 환자, 노약자, 허약자 등 특별한 관리가 필요한 계층인지 구분하여 기재한다. 유통(또는 배식)기간은 식품제조·가공업소의 경우 품목제조(변경)보고서에 명시된 소비(유통)기한을 보관조건과 함께 기재하며, 급식소나 외식업소의 경우에는 조리완료 후 배식(서빙)까지의 총 소요시간을 기재한다. 이와 함께 급식대상자(고객)의 음식 섭취 시 섭취방법도 기재한다.

작성항목 중 포장방법 및 재질은 특이한 포장방법이 있는 경우 그 방법을 구체적으로 기재하며, 포장재질은 내포장재와 외포장재 등으로 구분하여 기재한다. 급식소나 외식업소의 경우 포장하지 않고 생산장소에서 배식(서빙)이 이루어지는 경우 그릇의 재질 등을 작성한다. 또한 표시사항에는 식품 등의 표시기준의 법적 사항에 기초하여 급식대상자(소비자)에게 제공해야 할 해당식품에 관한 정보를 기재한다.

보관 및 유통(또는 배식)상의 주의사항은 해당식품의 유통·판매 또는 배식 중 특별히 관리가 요구되는 사항을 기재한다. 기본적으로 위생적인 요소safety factors를 우선 고려하여 기재하고, 품질적인 사항quality factors을 포함해야 하는 경우에는 위생적인 요소와 구분하여 기재한다.

제품설명서는 식품별로 작성하는 것을 원칙으로 하지만 각 식품의 공정 등 특성이 같거나 비슷하여 식품유형별로 작성하여도 무방하다고 판단되는 경우 식품을 그룹별로 묶어서 작성하거나 식품유형별로 작성할 수도 있다. 또한 급식소나 외식업소의 실정에 맞도록 제품설명서 양식을 적절하게 디자인하여 작성할 수 있다.

제품설명서 작성과정에서 위해를 적절하게 관리할 수 없는 메뉴나 계절적으로 적용이 부적절한 메뉴는 HACCP 업장 메뉴 계획 시 제외하도록 한다(Group Activity 도우미 참고).

2) 용도 확인

급식 · 외식업소에 HACCP 도입 전 세 번째 준비단계는 해당식품의 의도된 사용방법 및 급식대상이나 고객을 파악하는 것이다. 해당 제품이 별도의 조리과정 없이 그대로 섭취하는 것인지, 가열조리 후 섭취하는 것인지, 조리방법은 무엇인지 등 예측 가능한 사용방법과 사용 범위, 그리고 제품에 포함될 잠재성이 있는 위해물질에 대해 민감한 대상, 예를 들어 영유아, 어린이, 노인, 혹은 면역력이 약한 환자 등 여부를 파악해야 한다. 제품에 대한 용도를 확인한 자료는 위해평가risk assessment와 위해요소hazard의 한계기준critical limit 결정을 위한 중요한 근거자료로 활용된다.

3. 공정흐름도 작성 및 현장 확인

HACCP 제도를 도입하기 전 배식(판매)되는 음식의 조리공정흐름도를 작성하고, 생산음식의 공정별 · 유형별 제품설명서와 작업장의 레이아웃을 작성하는 과정은 HACCP 제도를 도입하고자 하는 급식소나 외식업소의 정확한 위생관리 실태를 파악하고 이해하는 데 매우 중요한 단계이다. 따라서 공정흐름도나 작업장 평면도 등은 실제 현장과 일치하도록 작성되어야 하며, 작성된 도면은 실제 작업공정과 동일한지, 시설 · 설비가 적절한지, 교차오염이 없는지에 관해 현장에서 직접 검증하는 절차가 반드시 필요하다.

식품안전관리인증기준 제6조 제3항에는 HACCP 관리기준서 작성 시 제조(조리)공정도와 함께 작업장 평면도, 환기 또는 공조시설 계통도, 용수 및 배수처리 계통도를 포함하여 작성하도록 되어 있다. 정확한 공정흐름도 및 작업장 평면도가 완성되면 본격적으로 HACCP 계획을 개발할 수 있다.

1) 제조(조리)공정흐름도

조리공정흐름도는 급식소나 외식업소에서 식재료가 입고 후 최종 조리되어 배식(서빙)되기까지의 모든 단계를 정확히 파악하여 작성한 양식이다. 조리공정흐름도는 위해요소가 발생할 수 있는 모든 작업지점을 찾아낼 수 있는 기본 자료가 되므로, 단순하고 이해하기 쉽게 작성하되 급식소나 외식업소에서 이루어지는 모든 과정에 대한 충분한 설명이 포함되어야 한다.

〈그림 6-3〉은 식품가공부문에서 가공유의 제조공정흐름도의 작성 예이며, 〈그림 6-4〉는 급식소의 메뉴 중 비빔밥류에 대한 조리공정흐름도의 예이다.

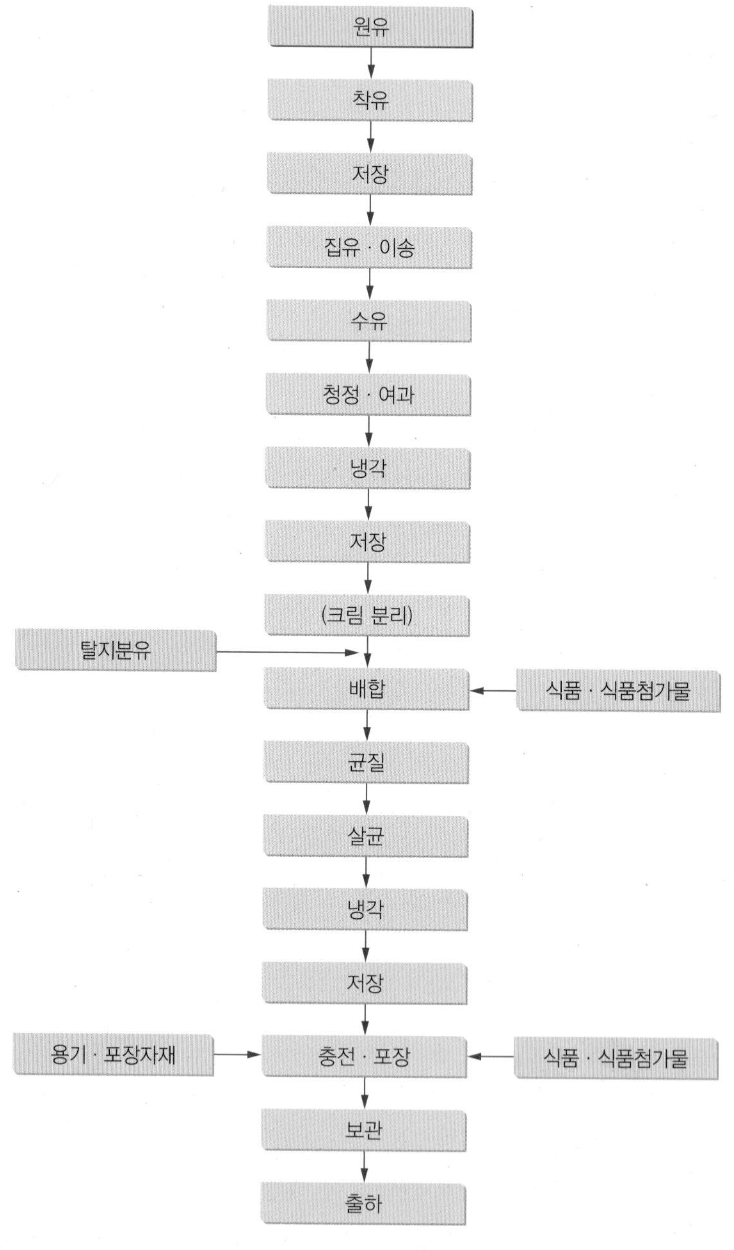

그림 6-3 가공유의 제조공정흐름도의 예

자료 : 한국보건산업진흥원(2001)

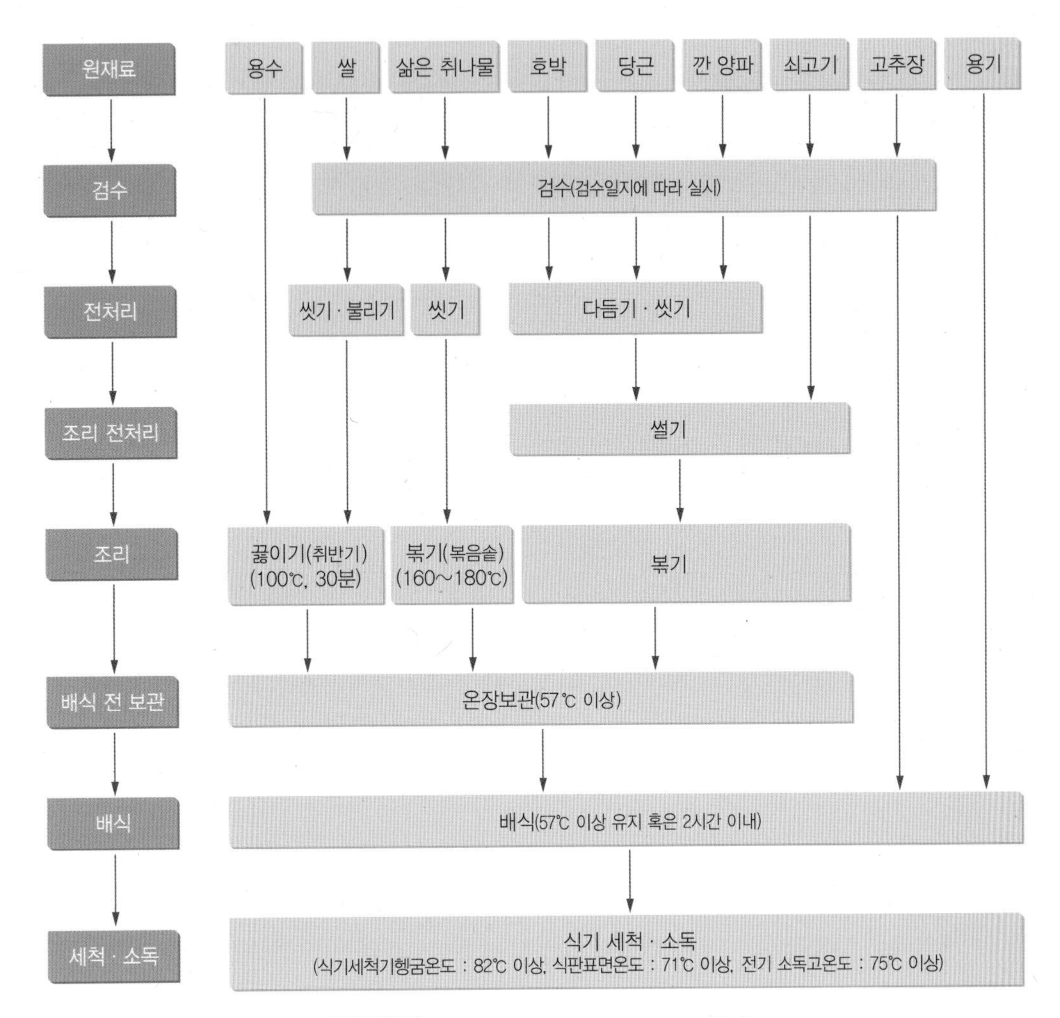

그림 6-4 비빔밥류에 대한 조리공정흐름도의 예

또한 〈그림 6-5〉는 서양식 레스토랑에서 적용할 수 있는 비가열조리공정 메뉴에 대한 공통된 조리공정도의 예이다. 조리공정도 작성 시 공정명 외에 일련번호, CCP 번호, 주요 조건 등을 함께 기재하기도 한다.

식품제조 · 가공업체에서는 일반적으로 단일 품목 · 단일 생산라인에 대한 제조공정흐름도에 따라 위해분석을 수행하게 된다. 즉, 식품제조 · 가공부문에서는 한 번에 단일 공정에 대한 위해만을 통제하게 된다.

이에 비해서 급식소에서는 전체적으로 제공되는 메뉴의 수가 약 3,000개 이상으로 다양하고 외식업소의 경우에는 일부 전문음식점을 제외하고는 반찬까지 포함하

조리공정도			
업소명	○ ○ ○ 레스토랑	작성일자	202 년 ○월 ○일
		작성자	○ ○ ○
조리완제품유형	조리공정 #1 (비가열조리공정)	메뉴분류	샐러드류, 샌드위치류, 드레싱류
공정단계	공 정 흐 름		
식재 입고 · 검수	1	식재 입고 · 검수	
식재보관	2	냉장 보관	CCP 1B
전처리	3	세척 · 소독	
조리	4	조리	
메뉴보관	5	냉장 보관	
배식(서빙)	6	배식(서빙)	CCP 4B
식기 세정	7	식기 세척 · 소독	CCP 5B
식기보관	8	식기보관	

그림 6-5 외식업소(양식당) 비가열조리공정 메뉴에 대한 조리공정도의 예

여 하루에 수십 가지의 메뉴를 생산하므로 각 메뉴별로 조리공정흐름도를 작성하여 위해를 통제한다는 것은 현실적으로 쉽지 않다. 따라서 수천, 수백, 수십 가지의 메뉴 각각에 대한 조리공정흐름도를 작성하여 위해분석을 수행하기보다는 미국의 식품의약품안전처 등이 제안한 대로 음식의 생산공정을 ① 열처리가 없는 조리공정, ② 당일 제공된 음식의 조리공정, ③ 복합조리공정 등 3가지로 구분하여 조리공정흐름도를 작성한 후 위해를 통제하면서 HACCP을 적용해 나가는 공정접근법이 여러 가지 면에서 효과적이다.

〈표 6-5〉는 공정접근법에 따른 급식소 조리공정과 공정별 메뉴 분류의 예이다. 조리공정 #1은 가열조리가 없는 메뉴로 생채류, 샐러드류, 샌드위치류 등이 이에 해당된다. 조리공정 #2는 일부 재료를 가열조리한 후 배식(서빙)하기 전까지 많은 수작업을 요하는 메뉴 또는 가열조리가 없는 식품과 가열조리한 식품을 혼합하게 되는 메뉴로 비빔밥류, 무침나물류, 냉면류, 냉국류 등이 이에 해당된다. 조리공정 #3은 가열조리 후 다른 수작업을 거치지 않고 바로 배식(서빙)되는 메뉴로 국류, 탕류,

표 6-5 공정접근법에 따른 급식소 조리공정과 메뉴의 분류

공정 구분	공정단계	해당 메뉴군
조리공정 #1 (비가열조리)	구매 및 검수→저장→전처리→비가열조리→배식 전 보관→배식	생채류, 생회류, 샐러드류, 채소쌈류, 김치류, 장아찌류, 샌드위치류, 젓갈류, 소스류, 드레싱류
조리공정 #2 (가열조리 후처리)	구매 및 검수→저장→전처리→가열조리→조리 후처리→배식 전 보관→배식	무침나물류, 숙회류, 비빔밥류, 냉면류, 냉국류, 치킨샐러드, 햄버거류, 해산물 냉채류, 육류 냉채류
조리공정 #3 (가열조리)	구매 및 검수→저장→전처리→가열조리→배식 전 보관→배식	잡곡밥류, 볶음밥류, 덮밥류, 국밥류, 국수류, 만두류, 빵류, 죽류, 수프류, 국류, 찌개류, 탕류, 찜류, 볶음류, 볶음나물류, 조림류, 구이류, 전류, 튀김류

자료 : 배현주(2002), 식품의약품안전처(2011) 자료 종합

찜류, 볶음류, 조림류, 구이류, 튀김류 등이 해당된다.

〈표 6–5〉의 3가지 조리공정을 기준으로 메뉴생산단계를 구매 및 검수, 저장, 전처리 및 조리 전처리, 조리(가열조리 · 비가열조리 · 가열조리 후처리), 급식(서빙) 전 보관, 배식(서빙)의 6단계로 구분하여 급식소나 외식업소에서 최종 음식의 조리공정을 모두 포함할 수 있는 조리공정흐름도를 통합하여 작성한 예는 〈그림 6–6〉과 같다. 우리나라 대부분의 급식소에서는 일반적으로 동일한 장소에서 당일 생산 후 당일 전량 배식하는 급식체계를 적용하고 있으므로 조리공정흐름도에 냉각 및 재가열 공정 등은 포함되어 있지 않다. 그러나 전통적인 급식체계conventional foodservice system 이외 조리저장식 급식체계ready-prepared foodservice system를 적용하고 있는 경우에는 급속냉각, 해동, 재가열 등의 공정이 추가되어야 하고, 중앙공급식 급식체계commissary foodservice system의 경우 보관, 운송, 재가열 등의 공정을 추가로 포함하여 조리공정흐름도를 작성하도록 한다. 각 조리공정별 대표 메뉴의 조리공정흐름도의 작성 예는 〈부록 11〉을 참고하도록 한다.

2) 작업장 평면도

작업장 평면도는 급식소나 외식업소에서 사용되는 모든 원재료의 입고에서부터 저장 · 전처리 · 조리 · 배식 · 세척 · 소독에 이르는 전 과정의 흐름을 파악하고, 탈의

그림 6-6 급식소 조리공정흐름도의 예

자료 : 배현주(2002)

실 · 샤워실 및 식당을 포함한 급식소나 외식업소 내에서 작업자의 이동경로를 파악하며, 외부환경 · 작업장 구획 · 기기 설비 및 배치 · 제품의 흐름경로 등의 내용을 포함하는 것으로 최종 조리음식에 대한 작업장 내에서 잠재적 교차오염의 가능성을 파악하기 위하여 작성하는 것이다. 따라서 구체적이고 상세하게 작성해야 한다.

〈그림 6-7〉은 작업장의 구획 · 구분과 레이아웃이 잘되어 있는 급식소 작업장 평면도의 예이고, 〈그림 6-8〉은 우리나라 학교급식소의 이상적인 작업장 평면도의 예이며,

〈그림 6-9〉는 외식업소 작업장 평면도의 예이다.

급식소나 외식업소의 작업장 평면도를 작성할 때에는 일반구역(검수구역 · 식재료저장구역 · 전처리구역 · 세정구역)과 청결구역(조리구역 · 조리음식보관구역 및 배선구역 · 식기보관구역)을 구분하여 작성하고, 작업실명, 기계 · 기구의 구조와 배치, 작업자와 제품(식재료와 조리음식)의 이동경로, 탈의실 · 휴게실 · 사무실 · 세척실 등 부대시설의 위치와 에어커튼 · 에어샤워 · 손세척 · 소독시설 등의 위생설비의 위치, 출입문 · 창문의 위치, 공조시설 계통도, 용수 및 배수처리 계통도 등을 표시해야 한다. 작업장 구획 시 일반구역과 청결구역 사이에 준청결구역을 두기도 하며, 저장시설은 검수구역과 조리구역의 사이에 위치하는 것이 좋다.

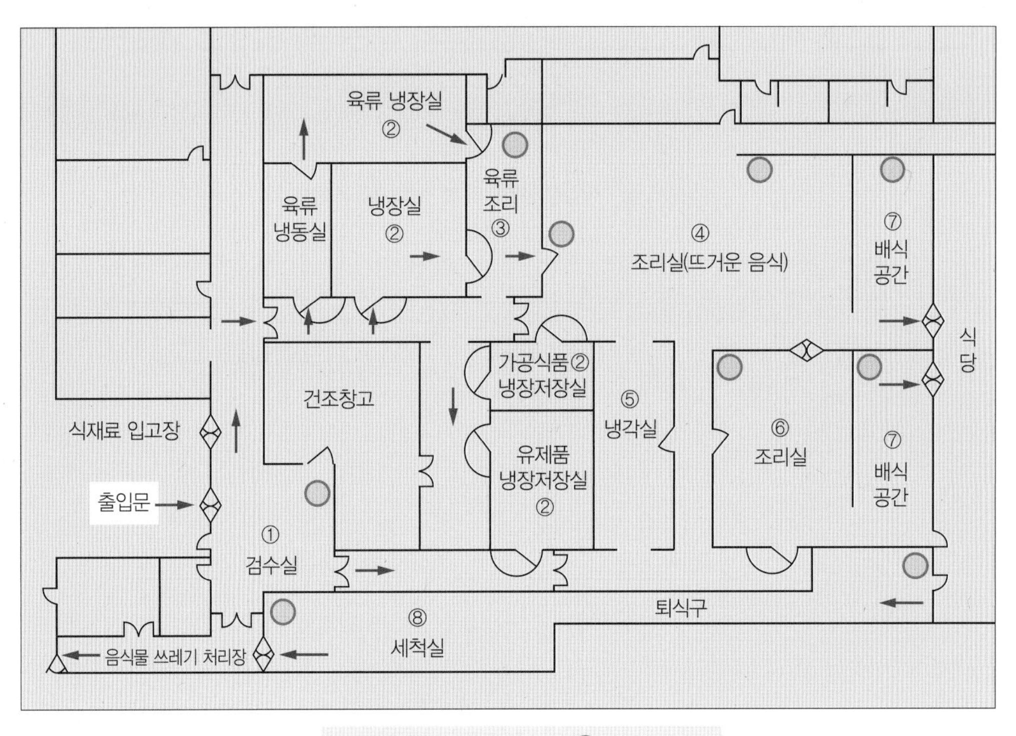

그림 6-7 작업장 평면도의 예 I

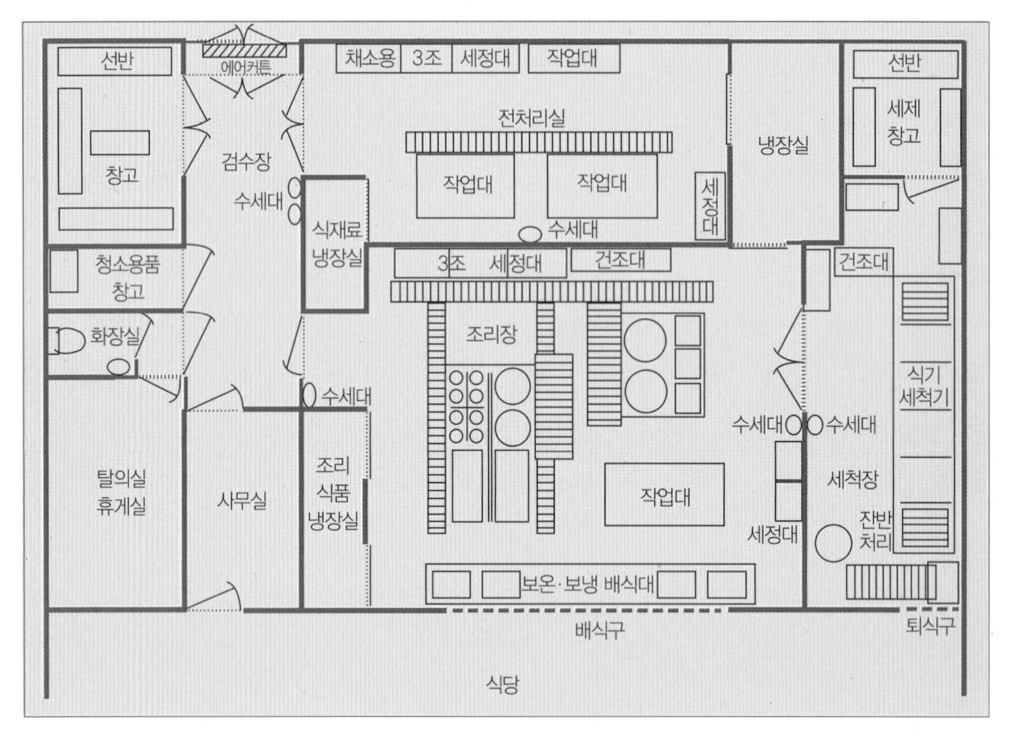

그림 6-8 작업장 평면도의 예 II(학교급식소)

자료 : 교육부(2010)

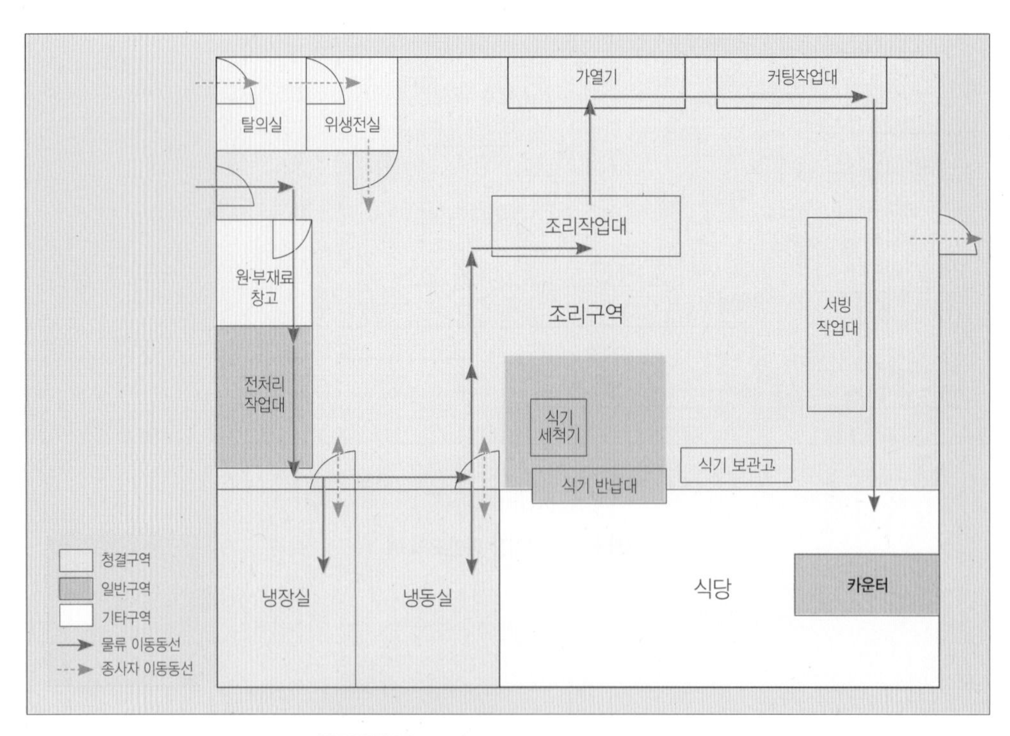

그림 6-9 작업장 평면도의 예 III(외식업소)

자료 : 식품의약품안전처(2011) 자료 일부 변형

3) 공정흐름도 현장 확인

다섯 번째 준비단계는 작성된 조리공정흐름도 및 작업장 평면도가 급식소와 외식업소 현장과 일치하는지를 검증하는 것이다. HACCP팀은 조리공정흐름도 및 작업장 평면도가 실제 조리공정과 동일 여부를 확인하기 위해서 급식소나 외식업소 조리작업 현장에서 조리공정별로 각 단계를 직접 확인하면서 검증해야 한다.

조리공정흐름도와 작업장 평면도의 작성 목적은 각 조리공정 및 작업장 내에서 위해요소가 발생할 수 있는 모든 조건 및 지점을 찾아내기 위한 것이므로 정확하게 작성하는 것이 무엇보다 중요하다. 따라서 현장확인 결과 수정이 필요한 사항이 있으면 해당 조리공정흐름도나 작업장 평면도를 적절하게 수정하여 작성한다.

:: GROUP ACTIVITY

1 가상의 급식소나 외식업소를 대상으로 HACCP제도를 도입하기 위한 팀을 구성하고 각각의 역할을 분담하시오.

2 1번 가상 급식소에서의 일주일 식단을 작성하거나 외식업소의 판매메뉴를 결정하고, 각각의 메뉴가 잠재적으로 위해한 식품이나 계절적으로 위해한 식품을 포함하고 있지 않은지, 조리공정에서 위해가 제거되거나 한계관리기준 내로 관리될 수 있는지의 여부를 평가하시오(급식소의 경우 Group Activity 도우미 활용).

3 2번의 가상 급식소 식단이나 외식업소 판매 메뉴를 기준으로 하루 식단(혹은 한 가지 메뉴)에 대한 제조(조리)공정흐름도를 작성해 보시오.

4 2번의 가상 급식소 식단 중 하루 식단의 주메뉴나 외식업소의 대표 메뉴에 대한 제품설명서를 작성해 보시오.

5 다음의 학교급식소 작업장 전처리실의 평면도를 보고 변경 전후에 어떠한 부분이 개선되었는지 비교 · 고찰하시오.

변경 전

조리실
보일러실
가스 집합실
유류 창고
소모품 창고
휴게실
영양관리실
변기
샤워실
전처리실
채소용 싱크대
부식 창고
생선용 싱크대
육류용 싱크대
입구
검수대

변경 후

조리실
보일러실
가스 집합실
유류 창고
소모품창고
부식 창고
생선용 싱크대
육류용 싱크대
채소용 싱크대
검수대
휴게실
전처리실
샤워실
영양관리실
입구
신발 소독기
변기

자료 : 강희진(2003)

GROUP ACTIVITY 도우미

식단 검토

급식 일자 : 202　.　　.　　. (　　요일) (조 · 중 · 석)식

작성자 :

식단명	닭튀김		오징어 미나리 초무침		사과							
1. 익히지 않은 동물성 식품이나 자연독을 함유한 식단인가?	예	아니요	예	아니요	예	아니요	예	아니요	예	아니요	예	아니요
	'예'라고 응답한 식단 변경											
2. 가열조리 없이 생으로 제공하는 식단인가? 또는 가열조리 후 생식재료와 혼합하는 식단인가?	예	아니요	예	아니요	예	아니요	예	아니요	예	아니요	예	아니요
	'예'라고 응답한 식단 CCP2(식품취급 및 조리) 소독관리											
3. 가열조리과정이 있는 식단인가?	예	아니요	예	아니요	예	아니요	예	아니요	예	아니요	예	아니요
	'예'라고 응답한 식단 CCP2(식품취급 및 조리) 가열온도관리											
4. 모든 식단은 CCP1(검수)과 CCP3(조리완료 및 배식) 작성												

확인자 서명 :

확인일자 : 202　.　　.　　.(　　요일)

자료 : 교육부(2021)

7 HACCP 제도 도입 7원칙

학습목표

1. HACCP 7원칙의 각 단계를 정의할 수 있다.
2. 급식 · 외식업소를 대상으로 한 위해요소분석과정을 이해할 수 있다.
3. 위해요소에 대해 CCP 결정도를 적용하여 CCP를 선정할 수 있다.
4. 급식 · 외식업소 CCP에 대한 한계기준을 작성할 수 있다.
5. CCP별 모니터링 체계를 수립할 수 있다.
6. CCP별 개선조치를 실행할 수 있다.
7. 검증의 중요성과 방법을 설명할 수 있다.
8. 가상의 급식 · 외식업소를 대상으로 CCP일지를 작성할 수 있다.
9. 급식 · 외식업소 HACCP 관리계획을 평가할 수 있다.

1. 위해요소분석

급식 · 외식업소 관리자는 유해물질로부터 급식대상자(고객)의 건강을 지키기 위하여 메뉴 생산 전 과정에서 건강에 해로운 유해 · 유독물질의 부착이나 혼입을 방지하고 최종 배식(서빙)되는 음식으로부터 이들을 철저히 배제하기 위한 관리를 해야 한다. 이를 수행해 나가기 위해서는 우선 유해물질에 대한 정확한 이해가 필요하다.

유해물질은 식품 원료 자체가 태생적으로 포함하고 있는 고유독(固有毒)과 식품의 제조 · 가공과정이나 저장 · 유통 · 조리과정에서 후천적으로 외부로부터 혼입 · 부착된 외부독(外部毒)으로 구분할 수 있다. 고유독에는 독버섯 · 복어독과 같은 자연독과 식이성 알레르기 · 항효소성 물질 · 항갑상선 물질과 같은 생리독 등이 있다. 외부독에는 식중독을 유발하는 병원성 세균 혹은 바이러스, 식품첨가물 · 중금속 · 농약 · PCB 같은 화학물질로 인한 독, 세균성 이질 · 콜레라 · 장티푸스와 같은 감염병균, 탄저 · 브루셀라 등과 같이 사람과 동물에 함께 감염되는 감염병균, 잔류농약 · 항생제 · 공장 배출물 · 가정용 용출물과 같은 식품오염물, 회충 · 촌충 · 폐흡충 등과 같은 기생충, 방사선 조사와 가열 산화유지독과 같이 물리적 처리 시 생성되는 독, 아질산염과 아민과 같은 화학적 처리 시 생성되는 독 등이 있다.

식품의 안전성을 확보하기 위해서는 이러한 유해물질이 식품에 혼입 · 부착되지 않도록 관리하고, 만일 원재료나 음식이 오염되었거나 부패되었을 때에는 그 원인을 신속히 파악하여 이를 제거하고 해당 식품이 급식대상자(고객)에게 제공되는 일이 없도록 철저히 통제하여야 한다. 이를 위해 식품산업 전반에 걸쳐서 HACCP 제도가 도입되고 있으며, HACCP 제도 도입을 위한 제1원칙이 위해요소 분석이다.

위해요소분석HA : Hazard Analysis이란 식품안전에 영향을 줄 수 있는 위해요소와 이를 유발할 수 있는 조건이 존재하는지 여부를 판별하기 위하여 필요한 정보를 수집하고 평가하는 일련의 과정을 말한다. 이때 위해요소hazard라는 개념은 유해물질과는 조금 다른 차원으로 해석된다. 유해물질이란 인간의 건강에 유해한 물질 그 자체를 의미하는 것에 반하여, 위해요소는 이러한 유해성 물질이 식품에 혼입 · 부착되는 과정을 포착하는 개념이며, 이를 관리하여 식품위생을 도모하려는 도구의 개념이다. 따라서 위해요소는 인체의 건강을 해할 우려가 있는 생물학적, 화학적 또는 물리적 인자나 조건을 말한다. 즉 건강상의 해를 일으킬 수 있는 오염물질contaminants뿐만 아니라 오염원이 성장하거나 문제가 되는 독소 등을 생산할 수 있는 온도에서의 저장이나 제조공정조건 등이 위해요소의 정의에 포함된다.

위해요소는 생물학적 위해요소biological hazards, 화학적 위해요소chemical hazards, 물리적 위해요소physical hazards로 구분할 수 있다. 생물학적 위해로는 병원성 세균, 바이러스, 기생충, 진균류 등이 있고, 화학적 위해로는 중금속(수은, 납, 카드뮴, 비소 등), 천연 독소(곰팡이 독소, 패류독, 버섯독, 복어독 등), 잔류농약, 남용되거나 오용된 식품첨가물, 환경호르몬, 알레르기 유발물질, 기타 생산공정에서 혼입될 수 있는 세척제 · 소독제나 조리과정에서 생성될 수 있는 아크릴아마이드 등이 있다. 물리적 위해로는 인체에 상처를 줄 수 있는 뼛조각, 유리파편, 금속조각, 플라스틱 조각, 돌, 녹, 모발, 조리종사원의 장신구, 스테이플러 심, 클립, 고무밴드, 기생충 알, 곤충(생체 혹은 파편), 설치류 분변 등의 이물질이 있다. 급식 · 외식업소의 메뉴 생산에 사용되는 원 · 부재료별, 생산공정별 위해요소의 목록은 〈표 7-1〉, 〈표 7-2〉와 같다.

표 7-1 급식 · 외식업소에서 사용하는 원 · 부재료의 위해요소

구분	위해요소 비교		
	생물학적 위해	화학적 위해	물리적 위해
육 류	살모넬라균, 황색포도상구균, 병원성 대장균, 웰치균, 캠필로박터, 바실러스 세레우스, 리스테리아, 무구조충, 유구조충, 선모충(기생충)	고의 또는 오용에 의한 유해 · 유독물질(항생물질, 성장촉진제)	유해성 이물질 혼입(머리카락, 뼈, 털, 포장비닐, 흙 등)
가금류	살모넬라균, 황색포도상구균, 병원성 대장균, 웰치균, 보툴리누스균, 바실러스 세레우스, 리스테리아, 여시니아	고의 또는 오용에 의한 유해 · 유독물질(항생물질, 성장촉진제)	유해성 이물질 혼입(깃털, 비닐, 흙 등)
어패류	장염비브리오균, 살모넬라균, 대장균, 클로스트리디움 퍼프린젠스, 아니사키스, 노워크바이러스, 간염 A형 바이러스, 간디스토마, 폐디스토마	고의 또는 오용에 의한 유해 · 유독물질(항생물질, 성장촉진제), 히스타민, 메틸라민, 트리메틸라민, 베네루핀, 마비성 조개 중독	유해성 이물질 혼입(뼈, 비닐, 흙 등)
난 류	살모넬라균, 황색포도상구균, 리스테리아	고의 또는 오용에 의한 유해 · 유독물질(항생물질, 성장촉진제)	유해성 이물질 혼입(껍질, 흙, 계분 등)
우유 및 유제품	살모넬라균, 황색포도상구균, 장독소, 대장균, 웰치균, 여시니아, 바실러스 세레우스, 리스테리아, 브루셀라	고의 또는 오용에 의한 유해 · 유독물질(항생물질 등)	유해성 이물질 혼입
가공품(어육류 가공품 및 기타)	황색포도상구균, 마이크로코커스, 아스퍼질러스, 바실러스 세레우스	고의 또는 오용에 의한 유해 · 유독물질(식품첨가물 : 착색료, 보존료, 발색제 등), 용기 · 포장에서 유출 · 이행되는 유해물질(아연, 주석, 셀로판 등), 제조 · 가공 · 보존 중 생성되는 유해물질(니트로소아민 등)	유해성 이물질 혼입(머리카락, 금속 등)
두부류(콩가공품류)	바실러스 세레우스, 여시니아, 병원성 대장균	고의 또는 오용에 의한 유해 · 유독물질(식품첨가물 등)	유해성 이물질 혼입, 포장상태 불량
건어물류		보존제, 식품첨가물	돌, 머리카락, 포장비닐 등 이물질

(계속)

구분	위해요소 비교		
	생물학적 위해	화학적 위해	물리적 위해
통조림류	클로스트리디움 보툴리늄	고의 또는 오용에 의한 유해·유독물질(식품첨가물 등), 용기·포장에서 유출·이행되는 유해물질(아연, 주석 등), 제조·가공·보존 중 생성되는 유해물질	유해성 이물질 혼입
냉동식품	황색포도상구균, 대장균	고의 또는 오용에 의한 유해·유독물질(식품첨가물 등), 용기·포장에서 유출·이행되는 유해물질(아연, 주석, 셀로판 등), 제조·가공·보존 중 생성되는 유해물질(니트로소아민 등)	유해성 이물질 혼입(포장비닐, 머리카락 등의 이물질)
채소류	병원성 대장균, 바실러스 세레우스, 쉬겔라균, 노워크바이러스, 간염 A형 바이러스, 웰치균, 기생충(회충)	고의 또는 오용에 의한 유해·유독물질(항생물질, 농약 등)	유해성 이물질 혼입(흙, 돌, 비닐 등)
곡 류	바실러스 세레우스	고의 또는 오용에 의한 유해·유독물질(농약, 제초제, 고엽제)	유해성 이물질 혼입(흙, 벌레, 돌, 지푸라기, 비닐 등), 포장상태 불량
면 류	바실러스 세레우스	고의 또는 오용에 의한 유해·유독물질(식품첨가물 등), 용기·포장에서 유출·이행되는 유해물질	유해성 이물질 혼입
김치류 장아찌류 젓갈류		살충제 등 농약보존제, 색소	돌, 머리카락, 포장비닐, 유리조각 등 이물질
조미료 양념류			이물질 혼입
물	캠필로박터 제주니		

표 7-2 급식 · 외식업소 생산공정단계별 위해요소

구분	위해요소 비교		
	생물학적 위해	화학적 위해	물리적 위해
구매 · 검수	세균, 바이러스, 곰팡이, 효모	농약, 항생물질, 사용량이 규제된 성분이나 식품첨가물의 과다 첨가	유해성 이물질 혼입
저 장	부적절한 온도 · 시간관리에 의한 병원균 생존 및 증식, 유효기간 경과에 따른 부패균 증식, 보관용 덮개 미사용으로 인한 공중낙하균 오염, 불결한 저장장소에 의한 병원균 오염	유해 · 유독물질(세제, 소독제 등)과의 동일한 장소보관에 의한 접촉	유해성 이물질 혼입(먼지 등)
전처리	조리종사원의 부적절한 취급습관에 의한 병원균 오염(바닥 방치, 교차오염 등), 부적절한 온도 · 시간관리에 의한 병원균 생존 및 증식, 사용기구 오염에 의한 병원균 생존	고의 또는 오용에 의한 유해 · 유독물질(세제, 소독제 등)	유해성 이물질 혼입(흙, 먼지, 비닐조각, 종잇조각 등)
조 리	조리종사원의 부적절한 취급습관에 의한 병원균 오염(바닥 방치, 교차오염, 맛보기, 손 씻기 등), 부적절한 가열온도 및 시간에 의한 병원균 증식, 불결한 기구 및 용기에 의한 병원균 오염	고의 또는 오용에 의한 유해 · 유독물질(세제, 소독제, 화학조미료), 부적절한 용기 사용으로 인한 유독 · 유해물질 유출(구리, 아연, 주석-산성에 유출)	유해성 이물질 혼입(머리카락, 유리조각, 달걀껍데기 등)
운반 · 배식	조리종사원의 부적절한 취급습관에 의한 병원균 오염(바닥 방치, 교차오염 등), 덮개 미사용으로 인한 공중낙하균 오염, 부적절한 온도 · 시간관리에 의한 병원균 증식, 불결한 기구(운반차량, 배식기구 등)에 의한 병원균 오염	부적절한 용기 사용으로 인한 유독 · 유해물질 유출, 고의 또는 오용에 의한 유해 · 유독물질(세제, 소독제 등)	유해성 이물질 혼입
후처리	부적절한 소독처리로 인한 병원균 생존 및 증식, 불결한 보관장소로 인한 세균의 오염	비식용 화학물질(세제, 소독제 등)의 과량 사용 및 잔류	유해성 이물질 혼입

급식 · 외식업소의 메뉴, 조리공정, 조리환경, 생산체계 등에 따라 위해요소의 종류는 달라진다.

HACCP 제도를 도입하고자 하는 급식 · 외식업소에서는 위해요소 분석을 위해서 우선 원 · 부재료의 검수에서부터 전처리 · 조리 · 배식(서빙) 혹은 일정시간 보관 후 유통되어 최종적으로 급식대상자(고객)가 섭취하기까지 각 공정단계에서 발생할 가능성이 있는 잠재적인 위해hazard를 도출해야 한다. 각 위해의 발생 원인을 규명하고 그 위해의 심각성severity(표 7–3)과 발생 가능성likelyhood of occurance을 고려(표 7–4)하여 위해도risk를 평가한 후(그림 7–1), 그에 대한 예방조치 및 관리방법을 결정하고 이 내용이 모두 포함된 위해요소 목록표를 작성한다(표 7–5).

일반적으로 위해도 평가 시에 심각성은 3수준, 발생 가능성은 3수준 이상으로 평가하고 점수가 높을수록 심각성과 발생 가능성이 높은 것으로 표기한다. 심각성 평가는 〈표 7–3〉 등을 참고하고, 발생 가능성 평가는 해당 위해요소가 급식 · 외식업소에서 발생할 수 있는 월 평균 횟수를 기준으로 3～4수준으로 분류하거나 해당 위해

표 7–3 위해요소 심각성 평가기준

구분	내용
높음(high, 3점) : 사망 등 건강에 중대한 영향을 미침	• 생물학적 위해요소 : 클로스트리디움 보툴리늄독소, 살모넬라균(*Salmonella typhi*), 쉬겔라균(*Shigella dysenteriae*), 비브리오균(*Vibrio cholerae*, *Vibrio vulnificus*), 간염 A형 바이러스, 간염 E형 바이러스, 리스테리아균, 병원성 대장균 등 • 화학적 위해요소 : 자연독(패독, 독버섯, 복어독 등), 아플라톡신, 화학오염물질, 식품첨가물, 중금속 등에 의한 직접적인 오염 등 • 물리적 위해요소 : 금속, 유리조각 등 소비자에게 직접적인 해 또는 상처를 입힐 수 있는 이물질 등
보통(moderate, 2점) : 잠재적으로 널리 발생됨 입원치료를 요함	• 생물학적 위해요소 : 장내 병원성 대장균, 살모넬라균, 장염비브리오균(*Vibrio parahaemolyticus*), 리스테리아균, 로타바이러스, 노워크바이러스 등 • 화학적 위해요소 : 타르색소, 잔류농약, 잔류용제 등 • 물리적 위해요소 : 독, 나뭇조각, 플라스틱 등 경질이물
낮음(low, 1점) : 제한적으로 발생됨	• 생물학적 위해요소 : 바실러스 세레우스, 클로스트리디움 퍼프린젠스, 캠필로박터 제주니, 여시니아, 황색포도상구균 독소, 대부분의 기생충 등 • 화학적 위해요소 : 졸음, 일시적인 알레르기 등의 증상을 수반하는 화학오염물질 등 • 물리적 위해요소 : 머리카락, 비닐 등 연질이물

자료 : Codex, NACMCF, FAO 기준 종합

표 7-4 위해요소 발생 가능성의 정의

구분	발생 가능성
높음(3)	해당 위해요소가 지속적으로 자주 발생하거나 가능성이 높음(예 : 2회 이상/분기 혹은 연 발생 사례 수집)
보통(2)	해당 위해요소가 빈번하게 발생하였거나 가능성이 있음(예 : 1회 이상/분기 혹은 연 발생 사례 수집)
낮음(1)	해당 위해요소의 발생 가능성이 거의 없음(예 : 발생 사례 없음/분기 혹은 연)

자료 : 한국식품안전관리인증원(2018)

발생 가능성			
높음(3)	3(경결함)	6(중결함)	9(치명결함)
보통(2)	2(불만족)	4(경결함)	6(중결함)
낮음(1)	1(만족)	2(불만족)	3(경결함)
	낮음(1)	보통(2)	높음(3)

심각성

그림 7-1 심각성과 발생 가능성에 따른 위해 평가

자료 : 한국식품안전관리인증원(2018)

요소가 빈번하게 발생하였거나 가능성이 있으면 '높음(3점)', 문헌상 발생 보고가 있거나 이론상 발생 가능성이 있고, 현장에서도 발생 가능성이 있으면 '보통(2점)', 해당 위해요소가 실제 발생한 적은 없지만 발생 가능성은 있는 경우는 '낮음(1점)'으로 구분하여 평가할 수도 있다.

또한 각 위해요소에 대해서는 안전한 수준으로 감소시키거나 필요하다면 완전히 제거할 수 있는 예방조치 방법이나 해당 공정 이후의 공정에서 위해요소를 완전히 제거 또는 허용수준까지 감소시킬 수 있는 관리 방법을 기술하도록 한다. 제6장의 〈그림 6–5〉 비가열조리 메뉴의 조리공정도를 기준으로 첫째 공정인 식재료 입고·검수 공정에 대한 위해요소 목록표를 작성한 예는 〈표 7–5〉와 같다. 3×3척도를 사용하여 위해도 평가를 실시한 경우 종합평가 결과가 3점 이상인 경우 중점관리대상으로 판정하고 CCP 결정도에 근거해서 중요관리점으로 관리할지 여부를 판단한다.

그러나 위해도 평가 매트릭스는 위해평가를 위한 참고자료이므로 위해도 종합평가 결과 3점 이상이 아닌 항목 중에서도 HACCP 적용 메뉴의 원·부재료와 조리공

표 7-5 양식당 비가열조리 메뉴의 조리공정에 대한 위해요소 목록표

공정명	위해 분류	위해요소	발생요인	위해도 평가			예방조치 및 관리방법
				심각성	발생 가능성	종합 평가	
식재료 입고·검수	B	리스테리아균	• 부적절한 차량 온도 • 운송차량 위생상태 불량 • 원료취급 부주의	3	1	3	• 차량온도상태 확인 • 운송차량 청결 상태 확인 • 작업자 위생교육
		살모넬라균		2	1	2	
		황색포도상구균		1	1	1	
		병원성 대장균		3	1	3	
	B	리스테리아균	• 냉장식품의 온도 관리 미흡으로 미생물 증식	3	2	6	• 검수 가능한 시간에 입고 • 냉장식품 먼저 검수 • 검수시간 단축 • 검수 즉시 냉장 보관
		살모넬라균		2	2	4	
		황색포도상구균		1	2	2	
		병원성 대장균		3	2	6	
	P	머리카락	• 검수자 부주의로 인한 이물혼입	1	1	1	• 검수자 주의 • 육안선별
		플라스틱 조각					

정 등에서 심각성이 높다고 평가되었거나 실제 공정 확인에서 발생되는 위해요소에 대해서는 CCP 결정도에 대입하여 평가해 볼 필요가 있다.

위해요소분석은 HACCP 제도 도입을 위해 가장 기초적이면서도 중요한 단계로 HACCP 관리계획을 수립하는 과정에서 HACCP 관리기준의 과학적 근거를 제공해 줄 수 있다. 즉, 위해요소 분석자료는 HACCP 제도에서 선택적인 관리방법에 대한 정당성을 증명하는 객관적인 자료이다. 위해요소분석이 성공적으로 수행되기 위해서는 지나친 비용이 투입되지 않으면서 적용이 간단하고, 접근방식 또한 국제적으로 승인된 것이어야 한다. 이러한 조건이 충족되지 않으면 HACCP 제도 내 위해요소분석 단계는 HACCP을 도입하고자 하는 업체에 경제적인 부담을 가중할 뿐만 아니라 성공적인 HACCP 도입을 방해하는 요소가 된다.

위해요소분석이 정확하게 수행될 때 효과적인 HACCP 관리계획이 수립될 수 있으며, 이를 근거로 하여 한계기준 이탈 시 개선조치나 검증계획, 예측하지 못한 위해요소 발생 시 대처방안 등도 수립할 수 있다.

2. 중요관리점 결정

위해요소분석을 통하여 확인된 생물학적 · 화학적 · 물리적 위해요소와 예방조치방법을 목록화한 후에는 어떤 수준으로 관리할 것인지를 결정하기 위하여 중요관리점 CCP : Critical Control Point 결정단계를 거친다. CCP란 안전관리인증기준(HACCP)을 적용하여 식품 · 축산물의 안전성을 확보할 수 있는 중요한 단계 · 과정 또는 공정이다. 또한 CPControl Point는 HACCP을 적용하여 해당 업소 식품의 위해요소를 방지하기 위하여 일상적으로 관리해야 할 지점 또는 절차를 말한다.

급식 · 외식업소에서 제공되는 최종 음식의 안전성을 확보해 줄 수 있는 CCP를 결정하는 결정도는 〈그림 7–2〉와 같다. CCP 결정도를 적용한 결과 확인된 위해요소를 관리하기 위한 선행요건프로그램이 없으며, 공정상 확인된 위해의 관리를 위한 예방조치가 있고 이 공정에서 위해의 발생 가능성을 제거하거나 허용수준 이하로 감소시킬 수 있을 때 그 공정을 CCP로 결정한다.

또한 확인된 위해요소를 관리하기 위한 선행요건프로그램이 없고, 공정상 확인된 위해의 관리를 위한 예방조치가 있으나 해당 공정에서 발생 가능성이 있는 위해를 제거하거나 허용수준까지 감소시킬 수 없을 때 그 이후 공정에서 위해를 제거하거나 허용수준까지 감소시킬 수 있는지를 평가하여 위해를 통제할 수 없다면 해당 공정을 CCP로 관리해야 한다. CCP 결정도의 각 질문에 대한 대답의 기준은 〈표 7–6〉과 같고 급식 · 외식업소 비가열조리 메뉴 생산단계 중 전처리공정의 위해요소들이 CCP인지 아닌지를 결정하는 과정은 〈표 7–7〉에서 확인할 수 있다.

전처리공정에서의 위해요소를 CCP 결정도에 적용하여 분석한 결과 '채소류 · 과일류의 부적절한 소독에 의한 병원성 세균과 바이러스의 잔존', '개인위생이 불량한 조리종사원으로부터의 교차오염'은 CCP로, 위해요소항목 중 선행요건프로그램이 있고 잘 수행되고 있으며, 기록 유지되고 있는 항목은 CP로 결정되었다. 채소류와 과일류에 대한 소독단계나 조리종사원 개인위생관리 항목도 선행요건관리항목에 규정되어 있으나(부록 2 참고) 이에 대해서 완벽하게 실행하고 있지 않다면 CCP 결정도의 질문 1에서 '아니요'에 해당한다.

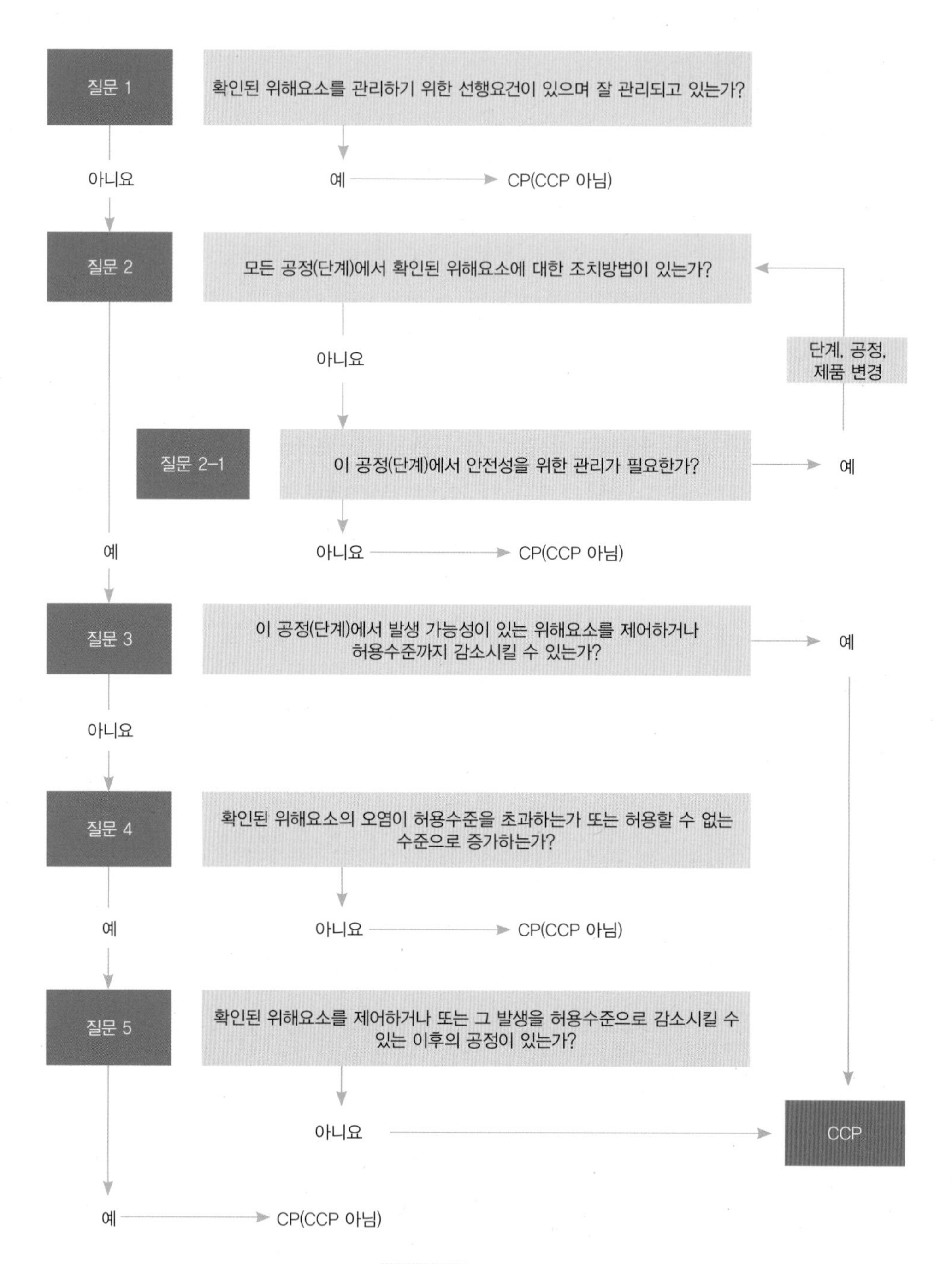

그림 7-2 CCP 결정도

자료 : 한국식품안전관리인증원(2016)

표 7-6 중요관리점(CCP) 결정표

공정 단계	위해 요소	질문 1	질문 2	질문 2-1	질문 3	질문 4	질문 5	CCP 결정
		예 : CP	예 : 질문 3으로	예 : 공정, 절차, 제품변경 후 질문 2로	예 : CCP	예 : 질문 5로	예 : CP	
		아니요 : 질문 2로	아니요 : 질문 2-1로	아니요 : CP	아니요 : 질문 4로	아니요 : CP	아니요 : CCP	
	위해요소를 나열함	확인된 위해를 관리하기 위한 선행요건이 문서화되고 있고 그 기준대로 잘 수행되고 있고, 모든 사항이 기록으로 유지되고 있으면 '예'	확인된 위해에 대한 예방조치가 실제 공정상에 혹은 관리방법으로 있으면 '예'	해당 항목은 위해도 평가를 통해 확인된 위해이므로 이 질문으로 넘어온 위해는 위생관리를 위해서 공정, 절차, 제품의 변경이 필요함	확인된 위해에 대한 예방조치 방법에 해당공정이 언급되어 있고, 이 단계가 전체공정에서의 안전성 확보를 위해 반드시 필요하다고 판단되면 CCP로 정함	현장분석을 통해 위해요소의 한계기준을 정한 후 이를 초과할 경우 '예'	확인된 위해요소를 제어할 수 있는 후속 공정이나 조치가 없다면 해당공정에서 위해요소의 발생을 차단하는 대책이 마련되어야 하므로 CCP로 관리	

표 7-7 비가열조리 메뉴의 전처리공정의 위해요소에 대한 CCP 결정도 적용

공정 단계	위해요소	질문 1	질문 2	질문 3	질문 4	질문 5	CCP
전처리	채소류 · 과일류의 부적절한 세척에 의한 기생충 및 잔류농약의 잔존	예					
	채소류 · 과일류의 부적절한 소독에 의한 병원성 세균과 바이러스의 잔존	아니요	예	예			CCP
	채소류 · 과일류의 세척 · 소독 후 조리실 바닥 방치에 의한 이차오염	예					
	비위생적인 작업대와 싱크대로부터의 교차오염	예					
	비위생적인 칼 · 도마로부터의 교차오염	예					
	개인위생이 불량한 조리종사원으로부터의 교차오염	아니요	예	아니요	예	아니요	CCP

학교급식 위생관리 지침서에서 제안하고 있는 CCP와 CP를 살펴보면 CCP1은 검수, CCP2는 식품취급 및 조리, CCP3은 조리완료 및 배식, CP1은 냉장·냉동고(실) 온도관리, CP2는 식품접촉표면 세척 및 소독이다. 한편, 식품의약품안전처로부터 HACCP 인증을 받은 급식소를 대상으로 CCP를 조사한 결과 전처리 소독공정과 가열중심온도관리는 전체 인증 업장(100%)에서, 가열조리 후 냉각관리는 전체의 21.1%가, 배식 시 온도·시간관리는 전체의 78.9%가, 식기소독관리는 전체의 26.3%의 업장에서 CCP로 관리하고 있었다.

김밥전문점에서 판매되는 김밥의 생산공정 중에서는 냉장식재료의 냉장보관, 가열조리중심온도 측정, 완제품으로 만들기 전 속재료의 냉장보관, 생산 직후 판매되지 않았을 때의 완제품의 냉장보관 등이, 신선편의식품의 경우 채소류 소독공정과 포장된 제품의 금속검출공정이, 도시락류의 경우 가열 시 내부중심온도 측정, 신속냉각, 포장, 제품보관 및 운송 단계가 CCP로 관리될 수 있다.

CCP 결정 시 고려해야 할 사항은 HACCP을 도입하는 급식소나 외식업소의 CCP는 모두 동일하지 않으며, 급식·외식업소의 운영여건이나 조리환경 등에 따라 CCP의 종류와 개수 등이 달라질 수 있다는 점이다. 또한 HACCP 인증 및 재인증과정에서 CCP는 지속적으로 수정되거나 변경될 수도 있다.

3. 한계기준 설정

메뉴생산관리 각 공정 중 위해도risk가 높다고 평가된 위해요소hazard에 대해서 CCP 결정도에 대입하여 CCP 혹은 CP로 관리할지를 결정한 후에는 각 CCP에서 위해의 발생 가능성을 제어하거나 허용수준까지 감소시킬 수 있는 한계기준을 설정해야 한다.

한계기준CL : Critical Limits이란 CCP에서의 위해요소에 대한 관리가 허용범위 이내로 이루어지고 있는지 여부를 판단할 수 있는 기준이나 기준치이다. 한계기준 설정단계는 CCP를 결정하는 과정 이상으로 중요한 단계로서 한계기준 설정 시에는 법적인 한계기준을 포함해야 한다. 법적인 한계기준이 없는 경우에는 각 사업장마다 적합한 한계기준을 자체적으로 설정해야 하는데, 이 과정에서 기존의 관리해왔던 내용과 관련 연구논문, 전문가의 자문 등이 필요하며 유효성 평가validation를 거쳐 대외적으로 해당 조직의 HACCP 제도가 식품안전성을 확보하는 데 효과적인지를 확인해야 한다. 또한 누가 어느 단계에서 어떻게 감시할지 여부를 고려함과 동시에 한계기준의 적합성과 신뢰성이 확보될 수 있도록 모든 근거자료를 유지 · 보관해야 한다.

한계기준 설정과 관련된 주요 구성항목은 위해분석과 CCP를 결정한 결과와 연계되므로 일련번호, 위해요소명, CCP명(공정명), 한계기준명, 기준과 규격값 등으로 되어 있다. 또한 한 개의 한계기준은 한 개 혹은 여러 개의 CCP에 동시에 적용될 수 있다. 이와 같은 한계기준을 설정할 때 중점적으로 고려할 사항은 급식 · 외식업소 현장의 공정관리에 바로 적용 가능해야 하므로 현장에서 즉시 측정 후 적합성을 판정 가능한 항목(예 : 온도, 시간, 습도, pH, Aw, 유효염소농도나 음식의 색깔 · 외형 · 질감 등의 관능평가 항목)이어야 하며 반드시 해당 항목이 적정한 기준값을 가지고 있어야 한다.

예를 들어, 위해요소인 병원성 미생물은 가열공정을 통해 제거될 수 있으므로 이론적으로는 가열공정을 거친 식품의 경우에는 병원성 미생물이 사멸되었을 것이고 그 시점의 기준값은 '병원성 미생물 : 음성'으로 정할 수 있다. 그러나 현장에서는 가열조리를 실시한 메뉴에 대해서 미생물 실험을 실시하여 배양이 끝난 후에야 병원성 미생물이 실제로 '음성'임을 확인할 수 있는데, 그 시간이 경과하는 동안 해당 급식소나 외식업소에서 가열조리된 음식은 이미 급식대상자(고객)가 섭취했을 것이므로 현장에서 가열조리공정에 대해서 종사원이 실시간 모니터링을 하면서 HACCP 방식으로 관리하는 것은 의미가 없어진다.

따라서 한계기준 설정단계는 전체 공정 중에서 병원성 미생물을 '음성'으로 만들기 위해 가열처리 시 온도와 시간이 어떻게 관리되어야 하는지를 사전에 실험적으로 확인한 후 이 자료를 근거로 하여 병원성 미생물을 '음성'으로 관리할 수 있는 가열온도와 시간에 대한 적합한 값을 한계기준으로 제시하고 이를 현장의 종사원이 온도계나 시계로 측정할 수 있도록 정하는 과정이다.

여러 연구결과에 따른 식품 접촉 용기 및 표면, 작업구역별 공중낙하균, 조리된 음식, 조리종사원 손과 고무장갑에 대한 미생물학적 한계기준의 예는 〈표 7-8〉~〈표 7-14〉와 같다. 우리나라에서는 급식 · 외식업소에 HACCP을 도입하고자 할 때 각 CCP에 대한 한계기준을 업소가 자체적으로 설정하도록 하고 있다. 그러나 우리나라 급식 · 외식업소를 대상으로 실시한 한계기준 설정에 관한 선행연구가 많지 않았으므로 일반적으로 외국의 급식·외식업소를 대상으로 한 연구결과를 참고하여 해당 업소의 CCP에 대한 한계기준을 설정해왔다. 그러나 우리나라와 외국의 급식·외식업소를 비교해보면 메뉴구성이나 메뉴생산체계, 시설·설비 현황, 운영방식, 조리방법 및 사용 식재료의 종류 등에서 많은 차이가 있으므로 외국의 급식·외식업소를 대상으로 한 연구결과를 우리나라 업소에 그대로 적용하기에는 부적절한 부분이 있다. 따라서 향후에는 우리나라 급식·외식업소의 실정에 적합한 한계기준 설정을 위한 연구가 활발히 진행될 수 있도록 산학연 합동 연구의 활성화와 함께 해당 관리부처의 적극적인 정책 및 예산지원이 필요하다. 〈표 7-15〉는 HACCP을 적용하고 있는 학교급식소의 공정단계별 위해요소와 CCP 및 한계기준의 예시이다.

표 7-8 식품 접촉 용기 및 표면의 미생물 관리기준

수준	CFU/12.4cm^2	
	세척 후	사용 중
허용 수준	< 5	< 20
관리대상 수준	5～10	20～40
잠정적 위험 수준	> 10	> 40

자료 : Bucklecw et al.(1995)

표 7-9 급식·외식업소 작업구역별 공중낙하세균 관리기준의 예

구분	작업장명	청소 후 측정 결과(CFU/plate 이하)		
		일반세균	대장균군	진균
청결구역	가열실, 취사실, 내포장실, 건조실 등	30	음성	10
준청결구역	세척실, 숙성실, 건조실, 음식보온고 등	50	음성	20
일반구역	검수실, 전처리실, 외포장실, 식기세척실 등	100	음성	40

자료 : 식품의약품안전처·한국식품안전관리인증원(2015)

표 7-10 급식 · 외식업소의 조리식품 등에 대한 미생물 관리기준

구분	일반세균수	대장균	식중독균
조리식품 (즉석섭취식품류 포함)		10CFU/g 이하	• 살모넬라균, 황색포도상구균, 리스테리아 모노사이토제네스, 장출혈성 대장균, 캠필로박터 제주니/콜리, 여시니아 엔테로콜리티카, 비브리오 패혈증균, 비브리오 콜레라 : 음성 • 장염비브리오균, 클로스트리디움 퍼프린젠스 : 100CFU/g 이하 • 바실러스 세레우스 : 10,000CFU/g 이하 • 조리과정 중 가열처리를 하지 않거나 가열 후 조리한 식품의 경우 황색포도상구균 : 100CFU/g 이하
접객용 음용수		음성/250mL	• 살모넬라 : 음성/250mL • 여시니아 엔테로콜리티카 : 음성/250mL
얼음	1,000CFU/mL 이하	음성/250mL	• 살모넬라 : 음성/250mL
조리종사원 손 (swab 방법)	10,000CFU/10cm^2 이하 (대장균군 음성)	음성	• 황색포도상구균 : 음성
작업대 등 표면 (swab 방법)	1,000CFU/10cm^2 이하 (대장균군 음성)	음성	
행주(사용 중인 것 제외)		음성	
칼 · 도마 및 숟가락, 젓가락, 식기, 찬기 등 음식을 먹을 때 사용하거나 담는 것(사용 중인 것 제외)		음성	• 살모넬라 : 음성

자료 : 식품공전(2023), 교육부(2021) 자료 종합

표 7-11 조리하지 않은 식품과 급식단계 음식의 미생물 허용한계기준

미생물 항목	단위	급식단계 음식	조리하지 않은 식품
일반세균	CFU/g	$\le 10^5$	$\le 10^6$
대장균군	MPN/g	$\le 10^2$	$\le 10^3$
대장균	MPN/g	0	≤ 50
황색포도상구균	CFU/g	≤ 20	≤ 50
살모넬라균	MPN/g	≤ 3	≤ 3
클로스트리디움 퍼프린젠스	CFU/g	≤ 20	≤ 50

자료 : Solberg et al.(1990)

표 7-12 HACCP 자율적용 급식소의 조리공정별 최종 조리음식의 미생물 관리기준(국내)

미생물 항목	조리공정 #1 (비가열조리)	조리공정 #2 (가열조리 후처리)	조리공정 #3 (가열조리)
일반세균(CFU/g)	$< 10^6$	$\le 10^5$	$\le 10^5$
대장균군(CFU/g)	$< 10^4$	$< 10^4$	$\le 10^2$
대장균	음성	음성	음성
병원성 대장균	음성	음성	음성
황색포도상구균	음성	음성	음성
살모넬라균	음성	음성	음성
리스테리아	음성	음성	음성

자료 : 배현주(2002)

표 7-13 HACCP 자율적용 급식소 조리종사원의 작업 전 손과 고무장갑의 미생물 관리수준

구분	미생물 항목	계	검출분포(CFU/hand)					
			ND	10^1	10^2	10^3	10^4	10^5
손	일반세균	26	–	–	–	2	18	6
	대장균군	26	26	–	–	–	–	–
고무장갑	일반세균	15	2	–	2	11	–	–
	대장균군	15	15	–	–	–	–	–

자료 : 배현주(2002)

표 7-14 항공 케이터링의 미생물 관리기준

<table>
<tr><th>구분</th><th>일반세균 (CFU/g)</th><th>대장균군 (CFU/g)</th><th>대장균 (CFU/g)</th><th>황색포도상구균 (CFU/g)</th><th>바실러스 세레우스 (CFU/g)</th><th>클로스트리디움 퍼프린젠스 (CFU/g)</th><th>살모넬라균</th><th>리스테리아균</th></tr>
<tr><td>즉석섭취식품(냉장) : 차가운 음식, 샐러드, 전채요리, 샌드위치, 카나페, 스시, 스낵 등</td><td></td><td></td><td rowspan="6">< 10</td><td rowspan="6">< 100</td><td rowspan="6">< 1,000</td><td rowspan="6">< 1,000</td><td rowspan="6">25g 중 불검출</td><td rowspan="6">< 100/g</td></tr>
<tr><td>차게 제공되는 조리된 음식</td><td>$< 10^{6}$</td><td>$< 10^{5}$</td></tr>
<tr><td>따뜻하게 제공되는 조리된 음식</td><td>$< 10^{6}$</td><td>$< 10^{5}$</td></tr>
<tr><td>따뜻하게 제공되는 조리된 음식 중 조리 후 생식재료와 혼합 혹은 발효된 재료나 익히지 않은 가니쉬 등을 첨가(복합조리식품)</td><td></td><td></td></tr>
<tr><td>디저트 : 치즈케이크, 생과일 등</td><td></td><td></td></tr>
<tr><td>디저트(따뜻하거나 차가운 것) : 치즈케이크 외 다른 종류 또는 완전 조리한 것</td><td>$< 10^{6}$</td><td>$< 10^{5}$</td></tr>
<tr><td>손(swab 방법)</td><td></td><td></td><td>불검출</td><td>< 20</td><td></td><td></td><td></td><td></td></tr>
<tr><td>표면(swab 방법)</td><td></td><td></td><td>불검출</td><td></td><td></td><td></td><td></td><td></td></tr>
<tr><td>물</td><td>불검출</td><td>0/ 100mL</td><td>0/ 100mL</td><td></td><td></td><td></td><td></td><td></td></tr>
<tr><td>얼음</td><td></td><td>0/ 100mL</td><td>0/ 100mL</td><td></td><td></td><td></td><td></td><td></td></tr>
</table>

자료 : International Flight Services Association(2016)

표 7-15 HACCP 적용 학교급식소의 CCP와 한계기준

공정	위해요소	한계기준(관리기준)
CCP1. 검수	미생물 증식	• 냉장식품, 전처리된 농산물 10℃ 이하, 생선 및 육류 5℃ 이하, 냉동식품은 냉동상태 유지 • 품질은 학교급식 식재료의 품질관리기준 준수
CCP2A. 식품취급 및 조리 (장소 구분이 될 경우)	교차 오염	• 장소 구분(전처리실, 조리실) • 도구 구분
	미생물 생존	• 소독제 유효염소농도 100~130ppm 5분 침지 혹은 동등한 효과를 가진 살균소독제의 용량 용법 준수
		• 식품 중심온도 75℃(패류 85℃) 1분 이상
CCP2B. 식품취급 및 조리 (장소 구분이 안 될 경우)	교차 오염	• 전처리와 조리 사이에 작업대 세척 · 소독 • 도구 구분
	미생물 생존	• 소독제 유효염소농도 100~130ppm 5분 침지 혹은 동등한 효과를 가진 살균소독제의 용량 용법 준수
		• 식품 중심온도 75℃(패류 85℃) 1분 이상
CCP3A. 조리완료 및 배식 (단독조리 : 식당배식)	미생물 증식과 오염	• 열장 음식 57℃ 이상 유지, 혹은 2시간 이내 배식 • 혼합음식은 배식 직전에 혼합
CCP3B. 조리완료 및 배식 (단독조리 : 교실배식)	미생물 증식과 오염	• 조리 후 2시간 내 배식 완료(혼합 시작 후 2시간 이내 배식)
CCP3C. 조리완료 및 배식 (공동조리)	미생물 증식과 오염	• 열장 음식 57℃ 이상 유지, 혹은 2시간 이내 배식 • 운반과 배식 시 오염 방지

자료 : 교육부(2021)

4. 모니터링 체계 확립

모니터링은 중요관리점CCP이 한계기준에 적합하게 관리되는지를 보장하기 위해서 현장에서 식품을 제조·가공·조리하는 현장 담당자가 주기적으로 CCP 관리의 운영상태를 측정 또는 관찰하는 사전에 계획된 활동이다. 따라서 최대한 실시간으로 관찰 또는 측정하는 것이 좋고, 모니터링 결과는 정확하고 사실적으로 기록 관리해야 한다.

모니터링을 수행한 결과 CCP가 적절히 관리되고 있지 않은 경우, 개선조치corrective action를 취해야 한다. 따라서 모니터링 자료는 문제발생 시 즉각적 개선조치를 취할 수 있는 지식과 권한을 가진 사람이 평가해야 하며, HACCP 관리기준서 작성 시 모니터링 담당자에 대한 적절한 자격요건은 물론 책임과 권한을 명확히 정해야 한다.

모니터링은 자동으로 연속 수행되고 한계기준 이탈 시 자동경보가 발생하여 즉각적인 시정이 이루어지는 것이 바람직하나, 현장 여건상 모니터링을 관리자가 비연속적으로 수행하는 경우에는 CCP가 충분히 관리되고 있음을 보증할 수 있을 정도의 빈도를 자체적으로 설정하여 착오 없이 수행해야 한다. 일반적으로 다음 공정으로 넘어가기 전에 측정 가능한 빈도를 정하거나 개선조치가 가능한 식품의 양을 고려해서 빈도를 정해야 한다. 또한 공정 진행상 분석 또는 측정할 시간적 여유가 많지 않으므로 모니터링은 신속하게 수행될 수 있어야 한다. 이와 같은 이유로 모니터링 항목은 미생물학적 검사보다 신속한 측정과 판독이 가능한 물리적·화학적 항목 중 해당 CCP의 미생물학적 관리상태를 대변할 수 있는 항목을 선택하는 것이 좋다. 따라서 사람에 의한 모니터링은 일정 자질과 권한을 가진 현장 담당자가 현장에서

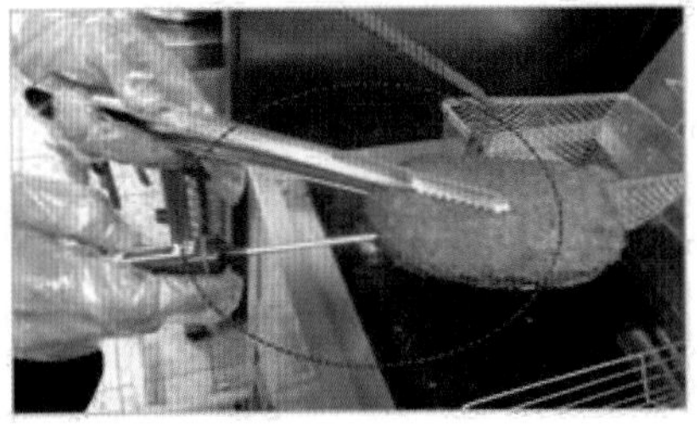

그림 7-3 조리음식의 내부중심온도 모니터링의 부적합(좌)과 적합(우)의 예
자료 : 식품의약품안전처 · 한국식품안전관리인증원(2016)

CCP에 설치된 기계 또는 설비에 있는 계측기나 별도의 계측기(예 : 온도계, 압력계, pH 미터, 염소측정기) 등으로 한계기준에 적합한지를 정해진 주기마다 관찰하거나 측정하여 그 결과를 바로 확인하는 행위이다. HACCP 적용 급식소의 경우 CCP에서 주로 온도계나 테스트 페이퍼 등을 이용하여 모니터링을 실시하고 있다.

모니터링의 오류를 살펴보면, CCP 모니터링 방법과 주기 설정이 미흡한 경우, 모니터링 설정 기준의 단위와 모니터링 기록지의 단위가 일치하지 않은 경우, 모니터링 실시 후 기록하지 않은 경우, 모든 기록값이 동일하거나 수정테이프 등을 사용하여 모니터링 기록을 수정한 경우, 모니터링 담당자가 모니터링 방법을 정확히 모르는 경우, 모니터링 담당자에 따라 모니터링 방법이 다른 경우, 모니터링 도구 검·교정 미실시 및 자체 검·교정일지 작성 미흡 등이다.

적합한 절차와 정확한 방법을 준수하여 얻은 모니터링 결과의 기록은 HACCP 제도가 올바르게 운영되고 있음을 평가하는 중요한 자료가 되므로 모니터링 기록은 육하원칙에 입각하여 정확히 기록하도록 한다. 그리고 모든 모니터링 기록일지는 HACCP 실무 담당자와 HACCP팀장의 서명을 받아야 한다.

이와 같은 모니터링 기록서식은 현장에서 모니터링 담당자가 기록하기 편한 형태와 구성이어야 하며, 모니터링 담당자가 개선조치 업무를 겸하므로 한계기준 이탈 사항을 구체적으로 기록하고, 개선조치 내용을 자세히 기록할 수 있도록 구성한다. 특히 모니터링은 급식관리자가 아닌 조리종사원이 담당하는 경우도 많으므로 여러 단계 HACCP 도입 절차 중 조리종사원의 교육·훈련 시 특히 중요하게 다루어야 한다.

5. 개선조치 확립

모든 시스템이나 활동은 지속적으로 발전하기 위하여 일정 주기마다 점검 또는 고찰해서 미비점이나 문제점을 수정 또는 개선해야 한다. HACCP 제도의 개선조치는 계획Plan, 실행Do, 점검Check, 수정 또는 개선Action, 즉 PDCA 중 수정 또는 개선 단계에 해당하는 것으로 생산현장에서 위해요소를 사전에 예방하는 실제적인 활동에 해당한다.

개선조치는 CCP에서의 작업내용이 한계기준을 이탈 시 최종 조리음식의 안전성 확보를 위해서 모니터링과 마찬가지로 현장에서 이루어지며, 모니터링 결과 한계기준 이탈 시 즉시 시행되어야 한다. 따라서 개선조치는 한계기준의 이탈 정도에 따라 각각의 정도에 적합하게 미리 규정한 후 담당자가 개선조치를 정확하게 수행할 수 있도록 사전에 교육·훈련시킨다.

한계기준을 이탈 시 개선조치에서 가장 중요한 것은 최대한 빨리 제품을 한계기준이내가 되도록 조치(예 : 반품, 재세척, 소독농도 조정 등)하거나 필요시 해당 제품을 폐기하는 것이다. 그러기 위해서 개선조치는 가급적 '선조치 후보고' 원칙에 입각하여 수행하며, 개선조치 담당자는 모니터링 담당자와 동일인이 담당하도록 업무를 분담하고 이에 상응하는 적절한 권한을 부여해야 한다.

모니터링과 함께 이루어지는 개선조치는 모니터링 기록일지에 필요한 항목을 만들어 함께 기록하도록 한다. 또한 조리종사원이 담당하는 개선조치 해당 항목에 대한 결과를 HACCP 실무책임자가 검토하여 개선조치의 적합성 여부를 판단하고 한계기준 이탈의 원인 등을 파악해야 하므로 개선조치 기록양식은 반드시 개선조치 담당자의 확인란이 있어야 하며 개선조치 내용을 구체적으로 기록할 수 있는 충분

표 7-16 HACCP 적용 학교급식소 CCP와 CP 모니터링 결과에 따른 개선조치 월간 보고서의 예

구분	점검결과	개선조치	비고
식단 검토	이상 없음	해당 사항 없음	
CCP1. 검수	3/3. 발주한 등급이 아닌 낮은 등급의 소고기가 납품됨	당일 반품 조치함	
CCP2. 식품취급 및 조리	3/7. 조리 시 조리사 김○○이 전처리용 고무장갑을 착용하고 음식을 조리함	현장에서 즉시 시정하였으며 교차오염 방지를 위한 구분사용의 중요성을 숙지시킴	
CCP3. 조리완료 및 배식	3/28. 4학년 6반 교실 배식 시 배식 아동의 위생장갑 미착용	현장에서 즉시 시정하였으며 배식 시 위생장갑을 사용할 수 있도록 배식카트에 탑재하여 사용하도록 함	
CP1. 냉장·냉동고(실) 온도관리	부착온도계 온도 이상	부착온도계 교환	
CP2. 식품접촉 표면 세척 및 소독	이상 없음	해당 사항 없음	
확인 내용			

자료 : 교육부(2021)

한 여백이 있도록 구성해야 한다. HACCP 적용 학교급식소 CCP와 CP 모니터링 결과에 따른 개선조치 월간 보고서의 예는 〈표 7-16〉과 같다.

개선조치에 대한 기록은 모니터링에 대한 기록과 함께 HACCP 제도가 올바르게 운영되고 있음을 평가하는 중요한 근거자료일 뿐만 아니라 HACCP 적용업소의 CCP를 조정하고자 할 때 공정분석자료로 활용되므로 해당사항이 있을 때마다 육하원칙에 입각하여 정확하게 작성하도록 하고, 개선조치 전후 사진 등을 첨부하여 개선조치 이행의 신뢰도를 높이도록 관리한다. 또한 개선조치에 대해서는 절차와 방법 및 세부사항, 담당자의 교육 · 훈련, 이탈원인 분석, 개선조치의 적정성 평가, 재발방지 방안, 개선조치 담당자 지정 및 업무 인수 · 인계 규정을 구체적으로 명시하여 운영하도록 한다.

6. 검증절차 및 방법 수립

검증verification은 HACCP 관리계획의 유효성validation과 실행implementation 여부를 정기적으로 평가하는 일련의 활동을 말한다. 즉, HACCP 제도를 도입하여 최종 음식의 안전성을 효과적으로 달성하고 있는지에 대한 것과 HACCP 관리계획이 계획대로 실시되고 있는지를 평가하는 것이다. 최근에는 검증을 HACCP 제도 도입의 한 단계로만 인식하지 않고 별도의 시스템으로 발전시켜 '검증시스템'이라고 할 정도로 그 중요성이 부각되고 있다.

체계적으로 검증을 수행하기 위해서는 연간, 월간 정기검증 계획 또는 부정기적인 특별 검증계획 등을 작성하고, 검증원의 자격과 검증 절차 및 방법(검증시기, 검증대상 포함) 등을 사전에 규정해야 하며, 모든 검증기록에는 날짜, 시간, 장소, 담당자명, 담당자 사인, 제품명, 로트 번호, 책임자명, 책임자 서명이 있어야 한다.

HACCP 제도를 구축할 때 HACCP 각 단계 하나하나뿐만 아니라 선행요건프로그램 각 항목에 대해서도 검증해야 한다. HACCP 제도를 구축한 초기에는 되도록 자주 검증을 시행하여 시스템 각 항목 및 전체 시스템에 대한 유효성을 확립해야 한다. HACCP 관리계획 작성이 완료되면 HACCP팀원들을 대상으로 관리계획을 교육한 후 이를 현장에서 실제 적용해보도록 한 후 실행상의 문제점이나 어려운 점은 없는지, 실효성이 있는지 등을 평가하는 과정을 거쳐야 하는데 이 과정을 '최초 검증'이라 한다. 시범 적용 단계에서 문제점이 발견되면 이를 개선 후 HACCP을 본격적으로 적용해 나가도록 한다.

검증은 HACCP 제도를 지속적으로 개선·적용해 나가기 위한 매우 중요한 절차이자 방법론이므로 검증절차 및 검증방법에 대한 전문적 지식과 경험이 있는 담당자가 수행하도록 한다. 자체 인력으로 검증을 수행하기 어려울 경우에는 외부의 검증 전문가를 활용하도록 한다. 검증의 예로는 HACCP 계획 관련 자료의 검토 및 통계적 분석, 개선조치 관련 제품의 미생물 측정, 모니터링 측정 장비의 검·교정, 생산공정 각 단계에서 채취한 시료와 식품과 접촉하는 급식시설 표면에 대한 미생물

표 7-17 HACCP 적용 학교급식소의 HACCP 자체검증 결과표 양식의 예

결재	담당자		

검증일자 : 202 . . .

	항목	관리결과	개선조치사항	비고
1	HACCP팀 구성	양호	–	HACCP팀원 퇴사로 인한 팀원 변경(202 . 4. 1.)
2	HACCP 교육 실시	양호	–	202 . 4. 10. 교육 실시
3	검교정과 적정 사용	양호	–	202 . 3. 1. 검교정(연 1회)
4	CCP 기록지 기록 유지	양호	–	
5	CCP 및 CP별 점검 결과 및 조치 결과 기록 요약	양호	CCP2, 3에 대한 개선조치	202 . 4. 10. 개선 조치사항 교육 실시
6	자체 위생·안전점검 실시 결과	양호	–	
7	최근 교육청에서 실시한 학교급식 위생·안전점검 결과	A	–	학교의 행정적·재정적 지원이 필요한 사항을 명시하여 협조를 구하도록 함
8	미생물 분석을 통한 음식과 환경의 안전성 확인	미실시	미생물 분석을 의뢰함	
검증 결과 총평		• 미생물 분석항목을 제외한 항목이 모두 양호 • 누락한 미생물 분석을 의뢰함		
최종 결재자 의견		HACCP 계획에 따라 이루어지고 있으나, 항목이 누락되지 않도록 확인 필요		

자료 : 교육부(2021)

검사 등이 있다. HACCP 적용 학교급식소의 HACCP 자체검증 결과표 양식의 예는 〈표 7-17〉과 같다.

검증은 검증대상, 검증방법, 검증내용, 검증빈도 등으로 구분할 수 있다. 검증빈도는 HACCP 제도가 올바르게 작동하는지를 확인하는 데 충분해야 하고, 검증내용은 검증대상이 준수해야 할 요건이나 기준이다. 올바른 HACCP 제도 구축 및 운영을 위해서는 선행요건프로그램과 HACCP 제도 전체에 대한 정기검증을 실시해야 하고, 시스템을 구성하는 각각의 사항에 대해서도 검증을 실시해야 한다.

HACCP 인증업소 재심사에서도 HACCP 관리계획의 지속적인 수정 · 보완이 이루어지고 있는지가 중요한 평가항목이므로 HACCP 관리계획의 적정성 여부를 판정하기 위한 검증 활동은 활발히 수행되어야 하나 실질적으로 업장 단위로 정기적으로 검증을 실시하기는 쉽지 않으므로 HACCP 제도 도입 초기부터 검증기법 개발 및 검증 전문인력 양성을 위한 지속적인 노력을 해 나가야 한다.

7. 문서화 및 기록유지 방법 설정

체계적인 HACCP 적용을 위해서는 HACCP 제도의 구축, 운영, 개선에 대한 절차, 방법 등을 문서화하고, 문서화된 규정에 따라 각종 양식과 점검표 등을 현장 종사원(급식 · 외식업소 관리자 혹은 조리종사원)이 실시간 사실적으로 정확하게 기록하며, HACCP팀장은 그 결과를 검토 후 최종 평가해야 한다.

특히 CCP 일지는 최종 조리음식의 안전성 확보를 위한 노력의 실제 수행 여부를 증빙할 수 있는 중요한 근거자료로서 음식의 생산공정이나 식재료 성분의 이력을 추적하는 데 사용될 수 있는 유일한 자료이기도 하다. CCP 일지의 기록은 급식 · 외식업소에서 생산된 음식이 HACCP 관리기준에 따라 조리하여 배식(서빙)하였는지를 검증하기 위해 검토될 수 있으므로 내부규정과 기록 서식에 맞게 작성되어야 한다.

검수일지, 냉장 · 냉동고 온도관리일지, 해동이나 세척 · 소독과정을 포함한 전처리공정일지, 조리공정일지, 배식일지, 식기류 세척 · 소독일지, 창고 저장 · 보관일지, 개인위생점검일지 등(Group Activity 도우미 참고)은 각 급식소나 외식업소의 운영특성에 적합하도록 작성하여 활용한다. 〈표 7-18〉과 〈표 7-19〉는 학교급식소 CCP 일지 중 채소 · 과일의 세척 및 소독과 조리공정에 대한 일지의 작성 예이다. 조

표 7-18 학교급식소 전처리실과 조리실 구분이 잘된 경우의 식품취급 및 조리 CCP 일지 작성의 예

급식일자 : 202 . . .(요일)(중 · 석)식

음식명	식재료명	취급 및 조리방법	취급장소		식품 중심 온도(℃)	소독제농도 및 시간 확인	칼 · 도마, 장갑, 용기 구분 사용 ○, ×표	작성자 서명
			전처리실	조리실				
차수수밥	쌀, 잡곡	세척	○				○	김○○
		끓이기		○			○	김○○
콩나물국	콩나물, 홍고추, 파	세척	○				○	정○○
	홍고추, 파	썰기	○				○	정○○
		끓이기		○			○	정○○
닭튀김	닭고기	세척	○				○	최○○
	닭고기	튀기기		○	90		○	최○○
오징어 미나리 초무침	오징어	해동, 손질, 세척	○				○	박○○
	미나리, 오이, 양파, 파	다듬기, 세척, 소독	○			○	○	박○○
	미나리, 오이, 양파, 파	썰기		○			○	박○○
	오징어	데치기		○	80		○	박○○
	오징어	썰기		○			○	박○○
		무치기		○			○	박○○
사과	사과	세척, 소독	○			○	○	김○○
		썰기		○			○	김○○
포기김치	포기김치	썰기		○			○	정○○

개선 조치 기록			
구분	장소 · 도구	채소 · 과일 소독	가열조리 온도
한계 기준	• 장소 구분, 도구 구분	• 염소농도 100~130ppm 5분간 침지 혹은 이와 동등한 소독효과를 가진 살균소독제의 용법 준수	• 식품 중심온도 75℃(패류 85℃) 1분 이상
관리 방안	• 전처리, 조리작업 공간 분리 • 식재료별, 조리 전 · 후별 도구 구분	• Test paper, 농도측정기 등으로 소독제 희석농도 확인 및 기록 ※ 농도가 기준치 미달 시 추가 제조 · 사용 • 생으로 먹는 채소와 과일류 소독	• 기준온도 이상 가열 및 기록 • 가공완제품 재가열 및 기록
개선 조치	• 장소 변경, 도구 변경 • 오염식품 재가열 혹은 폐기	• 소독제 희석농도 조정	• 계속 가열

※ 전처리실과 조리실용을 별도로 출력하여 사용할 수 있다.

확인자 서명 :
확인일자 : 202 . . .(요일)

자료 : 교육부(2021)

표 7-19 학교급식소 전처리실과 조리실 구분이 잘 안 된 경우의 식품취급 및 조리 CCP 일지 작성의 예

급식일자 : 202 . . .(요일)(중 · 석)식

구분		취급 및 조리방법	전처리 완료/조리 시작 시간	식품 중심 온도(℃)	소독제농도 및 시간 확인	칼 · 도마, 장갑, 용기 구분 사용 ○, ×표	작성자 서명
전처리	쌀, 잡곡	세척	–			○	김○○
	닭고기	손질, 세척	–			○	최○○
	오징어	해동, 손질, 세척	–			○	정○○
	미나리, 오이, 양파, 파	다듬기, 세척, 소독	–		○	○	정○○
	콩나물, 홍고추, 파	다듬기, 세척, 소독	–			○	정○○
	사과	세척, 소독	10:00		○	○	정○○
작업대 세척, 소독 (○)							정○○
조리	닭고기	튀기기	10:15	91		○	최○○
	미나리, 오이, 양파, 파	썰기	–			○	박○○
	오징어	데치기	–	80		○	박○○
	오징어	썰기	–			○	박○○
		무치기	–			○	박○○
	포기김치	썰기	–			○	정○○
	쌀, 잡곡	끓이기	–			○	김○○
	사과	썰기	–			○	김○○
	콩나물, 홍고추, 파	끓이기	–			○	정○○

개선 조치 기록			
구분	장소, 도구	채소 · 과일 소독	가열조리 온도
한계 기준	• 전처리 종료와 조리 시작 사이 작업대 세척 · 소독 • 도구 구분	• 염소농도 100~130ppm 5분간 침지 혹은 이와 동등한 소독효과를 가진 살균소독제의 용법 준수	• 식품 중심온도 75℃(패류 85℃) 1분 이상
관리 방안	• 육안 관찰 • 식재료별, 조리 전 · 후별 도구 구분	• Test paper, 농도측정기 등으로 소독제 희석농도 확인 및 기록 ※ 농도가 기준치 미달 시 추가 제조 · 사용 • 생으로 먹는 채소와 과일류 소독	• 기준온도 이상 가열 및 기록 • 가공완제품 재가열
개선 조치	• 작업대 세척 · 소독 • 도구 변경 • 오염식품 재가열 혹은 폐기	• 소독제 희석농도 조정	• 계속 가열

확인자 서명 :

확인일자 : 202 . . .(요일)

자료 : 교육부(2021)

표 7-20 식당배식 하는 학교급식소의 조리완료 및 배식 CCP 일지 작성의 예

급식일자 : 202 . . .(요일)(중 · 석)식

음식명	혼합 시작 시간	조리 완료 시간	배식 완료			배식도구 청결도	위생복장 착용	배식통 관리	작성자 서명
			시간	온도(℃)	2시간 이내				
차수수밥	–	11:00	12:40	–	○	○	○	○	이○○
콩나물국	–	11:10	12:40	60	–	○	○	○	이○○
닭튀김	–	9:40~ 11:55	12:40	35	×	○	○	○	이○○
오징어미나리 초무침	11:00		12:40	–	○	○	○	○	이○○
사과	–	11:10	12:40	–	○	○	○	○	이○○

개선 조치 기록	• 닭튀김 2시간 초과, 닭튀김 시간을 10시 40분 이후로 조정
한계 기준	• 열장 음식 57℃ 이상 유지, 혹은 2시간 이내 배식 완료 ※ 혼합음식은 배식 직전에 혼합
관리 방안	• 열장 음식의 적온(57℃ 이상) 유지 또는 가열조리부터 배식 완료까지 2시간 이내로 공정관리 • 배식하던 배식통(vat)에 남은 음식과 새로운 배식통의 음식 혼합 금지
개선 조치	• 오븐 또는 열장 설비 확보 • 오염음식 재가열 혹은 폐기

확인자 서명 :

확인일자 : 202 . . .(요일)

자료 : 교육부(2021)

표 7-21 교실배식 하는 학교급식소의 조리완료 및 배식 CCP 일지 작성의 예

급식일자 : 202 . . .(요일)(중 · 석)식

음식명	급식 소요 시간				배식도구 청결도	배식도우미 위생복장 착용	확인장소 (학–반)	작성자 서명
	혼합 시작 시간	조리 완료 시간	배식 완료 시간	2시간 이내				
차수수밥		11:00	12:40	○	○	○	2–3	이○○
콩나물국		11:10	12:40	○	○	○	2–3	이○○
닭튀김		9:40~ 11:55	12:40	×	○	○	2–3	이○○
오징어미나리 초무침	11:00		12:40	○	○	○	2–3	이○○
사과		11:10	12:40	○	○	○	2–3	이○○

개선 조치 기록	• 닭튀김 2시간 초과, 닭튀김 시간을 10시 40분 이후로 조정
한계 기준	• 배식 완료 2시간 이전에 조리 완료 ※ 혼합음식은 혼합 시작 후 2시간 이내 배식 • 배식 시 오염방지
관리 방안	• 혼합과정이 있는 음식은 혼합 시작 시각 기록 • 공정관리를 통해 조리 완료 시간 조정 • 배식대 및 배식 전용 도구는 세척 · 소독하여 건조된 것 사용 • 배식도우미는 깨끗한 앞치마, 위생모, 마스크, 위생장갑 착용
개선 조치	• 공정관리 • 오염음식 교체 • 식당공간 확보

확인자 서명 :
확인일자 : 202 . . .(요일)

자료 : 교육부(2021)

리공간이 용도별로 잘 구분되어 있는 경우에는 해당공정을 관리기준대로 정확하게 수행하였는지를 확인하면 된다. 하지만, 조리장의 용도별 구분이 미흡한 경우에는 작업대 사용의 시차를 두어 식재료 전처리 후 작업대에 대한 세척 · 소독을 실시하고 나서 조리작업을 수행해야 하므로 이를 잘 준수했는지를 확인하기 위해 각 공정을 수행한 시간도 CCP 일지에 함께 작성하도록 한다(표 7–19 참고).

CCP 일지를 포함한 각종 일지는 매일 해당 작업이 진행될 때 실시간으로 작성되어야 하고 온도기록 등은 실제 온도계에 표기되는 온도(소수점까지)를 정확하게 기록해야 하며 해당 작업이 종료되면 관리자가 반드시 확인을 해야 한다. HACCP 인증업소의 기록은 위생사고 발생 시 원인규명 및 책임소재 판명을 위한 근거자료가 되며 PL법 대비 등 법적 근거를 확보하는 차원에서도 중요하므로 각종 기록은 어디에 보관하고 누가 관리할 것인가를 명확히 규정하고 최소 2년 동안 보관해야 한다.

8. HACCP 관리계획 작성

HACCP 관리계획HACCP Plan이란 식품의 원료 구입에서부터 최종 판매에 이르는 전 과정에서 위해가 발생할 우려가 있는 요소를 사전에 확인하여 허용 수준 이하로 감소시키거나 제거 또는 예방할 목적으로 HACCP 원칙에 따라 작성한 제조·가공 또는 조리 공정 관리 문서나 도표 또는 계획을 말한다. 즉, 위해요소분석에서 문서화 및 기록유지 방법 설정에 이르기까지 HACCP 7원칙에 대한 결과를 정리한 내용이다. 각 절차와 원칙의 구성항목과 산출물을 중심으로 필요한 항목 특성 및 해당값을 추출하여 HACCP 관리계획표로 기록한다.

위해요소 분석 결과 CCP를 결정하고 각각의 한계기준을 설정한 다음 모니터링 대상, 방법, 빈도, 관리 책임자 등을 정하고, 한계관리기준 이탈 시 개선조치도 제시하며 자체 검증을 할 수 있도록 CCP 일지를 포함한 관련 기록일지를 공정별, 작업단계별로 구성한 후 담당자가 실시간 작성하고 관리자가 확인하도록 계획한다.

일반적으로 HACCP 제도 계획 실행에 대한 적합성을 판정하기 위한 검증단계에서는 설정된 한계기준이 발생 가능한 위해요소를 관리하는 데 적합한지, 모니터링 간격이 위해요소를 관리해 나가는 데에 충분한지, 관리기준 이탈 시에 개선조치 및 기록유지 절차가 효과적으로 관리되고 준수되는지를 포함해야 한다.

〈표 7-22〉는 학교급식소 HACCP 관리계획의 작성내용이다. HACCP 관리계획은 정기적으로 적합성을 평가하여 평가 결과에 따라 필요하다고 판단되면 HACCP 관리계획을 수정·보완해야 한다.

표 7-22 학교급식소 HACCP 관리계획

공 정	위해 요소	한계 기준 (관리 기준)	모니터링 방법				개선 조치
			대상	방법	빈도	작성자/확인자	
식단검토	미생물의 생존 및 증식	• 학교급식으로 제공하기 부적절한 식단 배제 • 공정별 CCP 확인	식단	식단검토	식단 작성, 변경 시	영양교사 · 영양사	• 식단 변경 • 조리법 변경
CCP1. 검수	미생물 증식	• 냉장식품, 전처리된 농산물 10℃ 이하, 생선 및 육류 5℃ 이하, 냉동식품은 냉동상태 유지 • 품질은 학교급식 식재료의 품질관리기준 준수	식재료	온도측정 관능검사	검수 시	검수자	• 반품 및 교환 • 식재료 부적합 확인서 발급
CCP2A. 식품취급 및 조리(장소 구분이 될 경우)	교차오염	• 장소 구분(전처리실, 조리실) • 도구 구분	구분 여부	육안관찰	해당 공정 시	영양교사 · 영양사/조리사/조리원	• 장소 변경 • 도구 변경 • 재가열 혹은 폐기
	미생물 생존	• 소독제 유효염소농도 100~130ppm 5분 침지 혹은 동등한 효과를 가진 살균소독제의 용량 · 용법 준수	채소 · 과일	소독제 희석농도 및 시간 확인(Test paper, 농도 측정기)	생으로 제공하는 채소 및 과일 소독 시	영양교사 · 영양사/조리사/조리원	• 소독제 희석 농도 조정
		• 식품 중심온도 75℃(패류 85℃) 1분 이상	가열조리 식품	온도측정	식품 가열 조리 시	영양교사 · 영양사/조리사/조리원	• 계속 가열
CCP2B. 식품취급 및 조리(장소 구분이 안 될 경우)	교차오염	• 전처리와 조리 사이에 작업대 세척 · 소독 • 도구 구분	세척 · 소독 및 도구 구분 여부	육안관찰	해당 공정 시	영양교사 · 영양사/조리사/조리원	• 작업대 세척 · 소독 • 도구 변경 • 재가열 혹은 폐기
	미생물 생존	• 소독제 유효염소농도 100~130ppm 5분 침지 혹은 동등한 효과를 가진 살균소독제의 용량 · 용법 준수	채소 · 과일	소독제 희석농도 및 시간 확인(Test paper, 농도 측정기)	생으로 제공하는 채소 및 과일 소독 시	영양교사 · 영양사/조리사/조리원	• 소독제 희석 농도 조정
		• 식품 중심온도 75℃(패류 85℃) 1분 이상	가열조리 식품	온도측정	식품 가열 조리 시	영양교사 · 영양사/조리사/조리원	• 계속 가열

공 정	위해 요소	한계 기준 (관리 기준)	모니터링 방법				개선 조치
			대상	방법	빈도	작성자/ 확인자	
CCP3A. 조리 완료 및 배식(단독조리 : 식당배식)	미생물 증식과 오염	• 열장 음식 57℃ 이상 유지, 혹은 2시간 이내 배식 • 혼합음식은 배식 직전에 혼합	열장 음식	온도측정 시간 확인	배식 완료 시	조리사/ 조리원	• 오븐 또는 열장설비 확보 • 음식 재가열 혹은 폐기
CCP3B. 조리 완료 및 배식(단독조리 : 교실배식)	미생물 증식과 오염	• 조리 후 2시간 이내 배식 완료 (혼합 시작 후 2시간 이내 배식)	열장 음식	시간 확인	배식 완료 시	조리사/ 조리원	• 공정관리 • 음식 교체 • 식당공간 확보
CCP3C. 조리 완료 및 배식(공동조리)	미생물 증식과 오염	• 열장 음식 57℃ 이상 유지, 혹은 2시간 이내 배식 • 운반과 배식 시 오염 방지	열장 음식	온도측정 시간 확인 육안관찰	운반 급식 시	조리사/ 조리원 (비조리교 담당자)	• 상차 시 온도 조정 • 운반용기 개선
CP1. 냉장 · 냉동고 온도관리	미생물 증식과 오염	• 냉장고(실) : 5℃ 이하 • 냉동고(실) : −18℃ 이하	냉장 · 냉동고(실)	온도 확인	2~3회	조리사/ 조리원	• 온도 보정 • 고장 시 수리 • 식품 이동 혹은 폐기
CP2A. 식품접촉표면 세척 및 소독 (세척기로 소독이 안 되는 학교)	미생물 생존	• 식판 표면 71℃ 이상 • 소독 시 소독제 용법 · 용량 준수 • 식판 및 기구 · 기물류 표면에 세제 불검출	식기소독고/소독제/ 식판 및 기구 · 기물류	온도 확인 소독제 및 잔류세제 농도 확인	세척 · 소독 시	세척 담당자	• 식기소독고 온도 및 시간 조정 • 소독제농도 조정 및 재세척
CP2B. (세척기로 소독되는 학교)	미생물 생존	• 식판 표면 71℃ 이상 • 소독 시 소독제 용법 · 용량 준수 • 식판 및 기구 · 기물류 표면에 세제 불검출	세척기/소독제/식판 및 기구 · 기물류	온도 확인 소독제 및 잔류세제 농도 확인	세척 · 소독 시	세척 담당자	• 세척기 A/S (온도 보정) • 소독제농도 조정 및 재세척
CP2C. (세척기가 없는 학교)	미생물 생존	• 식판 표면 71℃ 이상 • 소독 시 소독제 용법 · 용량 준수 • 식판 및 기구 · 기물류 표면에 세제 불검출	식기소독고/소독제/ 식판 및 기구 · 기물류	온도 확인 소독제 및 잔류세제 농도 확인	세척 · 소독 시	세척 담당자	• 식기소독고 온도 및 시간 조정 • 소독제농도 조정 및 재세척

자료 : 교육부(2021)

9. HACCP 제도의 감사

감사는 HACCP 제도 관련 제반 규정을 업체 및 종사원들이 준수하는지를 확인하기 위한 계획적 · 독립적 활동으로 그 활동결과를 문서화해야 한다. HACCP을 처음 개발할 때 감사는 별도 규정하거나 도입하지 않았지만 위생품질개선을 위해 여러 분야의 사람들이 전사적으로 참여하여 HACCP을 운영하는 과정의 시스템에서의 관리가 필요하게 되어 감사가 도입되었다.

감사는 HACCP 7원칙 12절차에는 포함되어 있지 않으므로 ISO에서 정하는 규정을 차용하여 수행하고 있다. 〈그림 7-4〉는 감사흐름도의 예이다. 감사는 내부 및 외부 감사가 행해지며, 외부감사는 HACCP 전문가에 의해 실시되고 내부감사는 HACCP에 대한 사전 지식과 실무경력이 있는 HACCP팀장급이 실시할 수 있도록 해당자를

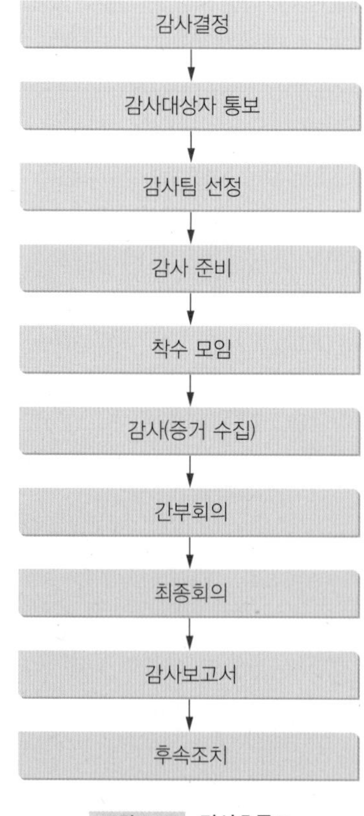

그림 7-4 감사흐름도

교육 · 훈련시키도록 계획한다.

감사 규정에는 감사범위, 감사목적, 감사주체(내부 · 외부), 책임과 권한, 감사원 자격기준, 감사계획 수립, 감사시기(문제발생 시 혹은 계획된 주기), 감사방법(서류 혹은 현장), 감사실시 및 검증보고방법 등을 포함하되 감사계획 수립 시 HACCP 지정요건에 해당하는 항목이나 내용을 감사기준에 반드시 반영하도록 한다.

감사는 검증과 함께 HACCP 제도의 지속적 개선과 발전을 위해서 반드시 필요한 과정이므로 정기적으로 실시하도록 계획한다. 검증과 마찬가지로 HACCP 제도 운영 초기에는 자주 실시하며 HACCP 제도가 원활히 운영되고 감사 결과 부적합 항목이 감소되면 감사의 빈도도 줄여 나간다. 일반적으로 급식 · 외식업소의 시설환경이 낙후되어 있으며, 위해도가 높은 식재료를 많이 사용하거나 위해도가 높은 복잡한 조리공정을 적용하고 있을 때에는 2달에 한 번 정도로 감사를 자주 실시하도록 계획하고, 시설이 우수하고 위험도가 낮은 식품을 주로 다루는 경우에는 1년에 한 번 정도의 감사를 계획한다.

:: GROUP ACTIVITY

1 급식 · 외식업소에 HACCP 제도를 도입하기에 앞서 HACCP 관련 용어를 정의하시오.

- 안전관리인증기준(HACCP : Hazard Analysis and Critical Control Point)

- 위해요소(Hazard)

- 위해요소분석(Hazard Analysis)

- 중요관리점(CCP : Critical Control Point)

- 한계기준(CL : Critical Limit)

- 모니터링(Monitoring)

- 개선조치(Corrective Action)

- HACCP 관리계획(HACCP Plan)

- 검증(Verification)

2 제6장의 Group Activity 2번을 기준으로 가상의 급식소나 외식업소에 HACCP 제도를 도입하고자 할 때 학교급식 위생관리 지침서 등을 참고하여 메뉴 조리공정별로 CCP를 결정한 후 한 끼 식사에 대한 CCP 일지를 작성해보시오(Group Activity 도우미 혹은 학교급식 위생관리 지침서의 CCP 일지 양식 활용).

1. 검수일지 작성

검수일지

아래와 같이 검수합니다.
검수일자 : 202   년   월   일
검 수 자 :   (인)
                          (인)

결재			

No	식품명	규격 (등급)	단위	수량	원산지	포장 상태	식품 온도 (℃)	소비(유통) 기한 (제조일)	품질 상태 (○,×)	조치 사항

한계 기준	• 냉장식품 및 전처리 농산물 10℃ 이하, 생선 및 육류 5℃ 이하, 냉동식품 냉동상태 유지
관리 방안	• 냉장 · 냉동식품의 온도를 측정, 기록지에 기록 • 포장상태, 소비(유통)기한, 품질상태(녹은 흔적, 이물질 혼입 유무, 이취 등) 확인 • 월 1회 이상 운반차량 내부의 청결 상태 확인
개선 조치	• 기준 이탈 재료 반품 및 교환, 부적합 확인서 발급

자료 : 교육부(2021)

GROUP ACTIVITY 도우미

2. 냉동 · 냉장고(실) 관리일지 작성

확인	실 무 담당자	팀 장

냉장 · 냉동고(실) 관리일지

요일 (일자)	확인 시간	구분(℃)				청결도 확인	덮개 확인	분리 보관 여부	작성자 서명
		식품보관용		보존식용					
		냉장고 온도	냉동고 온도	냉동고 온도					
월 (/)	am.								
	pm.								
	pm.								
화 (/)	am.								
	pm.								
	pm.								
수 (/)	am.								
	pm.								
	pm.								
목 (/)	am.								
	pm.								
	pm.								
금 (/)	am.								
	pm.								
	pm.								
토 (/)	am.								
	pm.								
	pm.								

개선 조치 기록	
관리 기준	• 냉장고(실) : 5℃ 이하, 냉동고(실) : −18℃ 이하, 보존식용 냉동고 : −18℃ 이하
관리 방안	• 조리장 내의 모든 냉장 · 냉동고(실) 온도 확인 및 작성 • 문을 장시간 열지 않았을 때 외부 부착 온도계로 온도 확인 • 중식만 제공 시 : 하루 2회(출근 직후, 배식 후 청소 직전 또는 퇴근 전) • 2식 이상 제공 시 : 하루 3회(출근 직후, 중식 후, 석식 배식 후 청소 직전 또는 퇴근 전)
개선 조치	• 냉장 · 냉동고(실) 온도 보정, 고장 시 수리 의뢰 • 식품 이동 혹은 폐기

자료 : 교육부(2021) 자료 일부 수정

3. 전처리 공정일지 작성

확인	실 무 담당자	팀 장

전처리 공정일지

날짜 : 202 년 월 일 요일　　　　업장명 :

구분 (조 · 중 · 석 · 야)	식 품 명	생채소 · 과일류			칼 · 도마 분리 사용	조리원 손	해 동				개선조치
		소독	세척 횟수	세척 후 청결상태		수세 · 소독	방 법	시작시간	종료시간	완전해동 여부	

점검 및 확인 : 조리장 서명 ____________________

생채소 · 과일류 세척 및 소독	
소독	1. 소독제 유효염소농도 100~130 ppm에 5분간 담근 후 흐르는 물에 헹군다.
세척	1. 소독 후 흐르는 물에 2회 이상 세척하고, 세척횟수를 기록한다. 2. 세척 후 청결상태 : 이물질 잔존 여부를 확인하여 양호 ㅇ, 불량 ×로 표시
개선조치	재세척

전처리공정 시	
칼	육류용, 어패류용, 채소 및 과일용으로 분리 사용한다.
도마	육류용, 어패류용, 채소 및 과일용으로 분리 사용한다.
조리원의 손	1. 전처리 작업 전후 손을 비누로 깨끗이 씻고, 건조한 후 70% 알코올로 분무소독한다. 2. 손의 상처 여부나 손톱의 청결 여부 등을 점검한다.

해동공정 시	
냉장해동	1. 방법에 '1'로 표기한다. 2. 전날 입고된 식재에 해당한다. 3. 분리저장, 덮개를 사용하여 5℃ 미만의 냉장고에서 해동한다.
유수해동	1. 방법에 '2'로 표기한다. 2. 당일 입고된 메뉴에 해당한다. 3. 밀폐된 비닐봉지에 넣는다. 4. 21℃ 이하의 흐르는 물에서 4시간 이내로 한다.
조리의 연속으로 해동	1. 방법에 '3'으로 표기한다. 2. 해동이 필요치 않은 냉동식품 등에 해당한다.
개선조치	1. 완전 해동 2. 냉장고 온도나 물의 온도 조정

4. 조리공정 및 검식일지 작성

확인	실 무 담당자	팀 장

조리공정 및 검식일지

날짜 : 202 년 월 일 요일 업장명 :

구 분	메뉴명	조리종사원 조리용장갑 착용 여부	가열조리 시 중심온도 (℃)	상온배식 시		조리상태			배식온도 (℃)	보존식 실시 여부	비 고
				조리 종료시간	배식 종료시간	이물질 혼입 여부	맛(이미)	냄새(이취)			

- 조리종사원은 조리용장갑이나 위생장갑을 착용하고 조리
- 가열조리 시 식품 중심온도는 75℃(패류 85℃)에서 1분 이상, 조리상태는 육안으로 확인
- 조리 후 보냉 · 보온고 이외에 상온보관 · 배식 시 조리종료 후 2시간 이내 배식완료
- 조리상태 : 가열 불충분 시 재가열, 이미 · 이취 발생 시 폐기
- 보존식 : 모든 조리식품을 1인 분량(150g 이상)씩 담아 −18℃ 이하에서 144시간 이상 보관 후 폐기
- 적정배식온도 : 국 65℃(±5℃), 밥 80℃(±5℃), 찌개 85℃(±5℃), 조림 60℃ 내외, 찬 음식 5℃ 내외

확인자 서명 : ____________

5. 운반 및 배식 관련 일지작성의 예

급식일자 : 202 년 월 일(요일) (중 · 석)식

음식명	조리완료	배식 완료			배식 도구 청결도	위생 복장 등 착용	배식통 관리	작성자 서명
	시간	시간	온도(℃)	2시간 이내				
고등어조림			60		○	○	○	유○○
달걀찜	11:00	13:00	50	○	○	○	○	유○○
불고기	9:30	13:00	35	X	○	○	○	유○○
닭튀김	9:40~ 11:55	13:00	40	X	○	○	○	유○○

구분	내용
개선조치 기록	불고기 2시간 초과. 조리완료시간 11시 이후로 조정 닭튀김 2시간 초과. 조리완료시간 11시 이후로 조정
한계기준	• 열장 음식 57℃ 이상 유지, 혹은 2시간 이내 배식 완료 • 배식 시 오염방지
관리 방안	• 열장 음식의 적온(57℃ 이상) 유지 또는 가열조리부터 배식완료까지 2시간 이내로 공정관리 • 배식하던 배식통에 남은 음식과 새로운 배식통의 음식 혼합 금지
개선조치	• 오븐 또는 열장 설비 확보 • 오염음식 재가열 혹은 폐기

확인자 서명 :
확인일자 : 202 . . .(요일)

자료 : 교육부(2021)

6. 식품접촉표면 세척 및 소독일지 작성

요일(일자)	식기세척기			소독제 제조 시간	소독제 희석 농도 확인				작성자 서명
	온수 온도 (　　)℃	세척상태	소독고 설정 온도 시간 확인 (　　)℃		도마 소독조 (제품명 :　　) (　　)ppm	세정대 (제품명 :　　) (　　)ppm	장갑 소독조 (제품명 :　　) (　　)ppm	칼 소독조 (제품명 :　　) (　　)ppm	
월 (　/　)		양호 불량		am					
화 (　/　)		양호 불량		am					
수 (　/　)		양호 불량		am					
목 (　/　)		양호 불량		am					
금 (　/　)		양호 불량		am					

개선조치 기록		
관리 기준	• 식기소독고 내 식판 온도 71℃ 이상	• 기구 및 기물류 소독 시 소독제 희석농도 및 세제 잔류 여부 확인
관리 방안	• 식기소독고 설정 온도 시간 확인 • Thermo-label로 소독 확인	• Test paper나 농도측정기를 사용하여 소독제 희석농도 확인 • Test paper나 페놀프탈레인 지시약을 사용하여 세제 잔류 여부 확인
개선조치	• 전기 식기소독고 온도, 시간 보정	• 재세척 및 소독제 희석농도 조정

잔류세제 확인 여부(월 1회)	(　　　　)	검출(　) 불검출(　)　월　일　시

Thermo-label 부착(월 1회)	
월　일　시	

확인자 서명 :
확인일자 : 202　.　.　.(　요일)

자료 : 교육부(2021)

7. 저장 · 보관일지 작성

확인	실 무 담당자	팀 장

저장 · 보관일지

업장명 :

구 분	점검사항	/	/	/	/	/	/	/
창 고	1. 바닥, 내벽, 천장, 선반 등 보관창고는 청결하게 유지하고 있는가?							
	2. 창고의 통풍 및 환기는 양호한가?							
	3. 재고는 품목별로 구분되어 정위치에 보관되어 있는가?							
	4. 불량재고[소비(유통)기한 경과 등]는 없는가?							
	5. 제품보관용 용기 및 포장상태는 양호한가?							
	6. 제품은 용도별로 표시되어 있고 정리정돈이 잘되어 있는가?							
	7. 식재와 비식재가 확실히 분리 · 저장되어 있는가?							
	8. 방충 · 방서시설은 양호한가?							
곡물 창고	1. 바닥에서 10cm 이상 분리되도록 파레트가 비치되어 있는가?							
	2. 곡물포장상태는 양호한가?							

점검빈도	업장에서 자율적으로 지정
점검방법	양호 ○, 불량 ×
개선조치	불량으로 판정 시 즉시 관리기준에 따른 조치

확인자 서명 :
확인일자 : 202 . . .(요일)

8. 개인위생점검표 작성

확인	실 무 담당자	팀 장

개인위생점검표

날짜 : 202　년　　월　　일　　요일　　　　업장명 :

조리원 성 명	건강상태	복장 위생상태				손 위생상태			반지, 귀걸이, 시계 등 부착물	조리원 서 명
	심한 감기, 열, 설사	위생복	위생모	위생화	앞치마	손의 상처	수세 · 소독	손톱 · 매니큐어		

확인방법	조회 후 주방에 들어가기 전 조리원 개별 점검
확인 여부	양호 ○, 불량 ×

8 급식 · 외식업소 종사원 위생교육 · 훈련

학습목표

1. 급식 · 외식업소 종사원 위생교육의 중요성을 인식할 수 있다.
2. 급식 · 외식업소 종사원을 대상으로 위생교육 계획을 수립할 수 있다.
3. 급식 · 외식업소 종사원 위생교육 · 훈련을 위한 다양한 매체를 활용할 수 있다.
4. 가상의 급식 · 외식업소 종사원을 대상으로 위생교육 · 훈련을 실시할 수 있다.
5. 종사원 위생교육 · 훈련을 실시한 후 적절한 방법으로 평가할 수 있다.

1. 급식 · 외식업소에서의 위생교육

급식 · 외식업소의 관리자가 담당해야 할 위생교육 영역은 종사원, 공급업체, 급식대상자(고객)에 대한 교육으로 구분할 수 있다. 위생교육의 대상자 중 종사원은 일반적으로 임금 수준이나 근무조건이 좋지 않아 직무만족도가 높지 않고 이직률도 높은 편이다. 또한 연령이나 교육수준의 차이 등 개인적 특성이 다양하기 때문에 이들을 대상으로 위생교육을 실시하는 것은 쉽지 않다. 이와 같은 현실에도 불구하고 급식 · 외식산업은 노동집약적 산업으로 생산과 배식(서빙) 과정에서 종사원의 손을 거치는 작업이 대부분이므로 이들의 위생 개념과 태도가 최종적으로 배식되는 음식의 위생상태에 많은 영향을 준다.

따라서 종사원을 대상으로 한 지속적이고 단계적인 위생교육 · 훈련이 중요하며, 이를 위해 각 급식 · 외식업소의 유형과 여러 조건에 적합한 종사원 교육 · 훈련 프로그램이 개발되어야 한다. 또한 종사원 개인의 식품취급 습관이 고객의 건강과 밀접한 관련이 있음을 스스로 인식하게 하여 적극적인 실천을 유도하는 것도 중요하다. 또한 위생교육의 효과를 지속적으로 유지시키기 위해서는 급식 · 외식업소의 경영주나 실무관리자에 대한 교육을 중점적으로 실시하는 것이 효과적이다.

효과적인 위생교육은 급식 · 외식업소에서 발생 가능한 식품으로 인한 질병을 감소시키고 고용 회전율을 낮춰 주는 효과가 있다. 또한 관리자의 지도 · 감독의 업무가 감소되며, 표준작업방법이 개선되어 생산성이 높아지고, 고객에게 보다 나은 서비스를 제공할 수 있다.

HACCP 제도를 적용하는 과정에서도 급식 · 외식관리자와 조리종사원의 교육 · 훈련이 매우 중요하다. 따라서 HACCP 인증업소의 팀장과 팀원은 일정시간 이상 교육을 받도록 관련 고시에서 규정하고 있다. HACCP 적용업소 영업자 및 종사원은 HACCP 적용업소 인증일로부터 6개월 이내에 신규교육훈련을 이수해야 한다. 영업자 교육 훈련 2시간과 HACCP팀장 교육 훈련 16시간은 식품의약품안전처장이 지정한 교육 훈련기관에서 실시해야 하며, HACCP팀원이나 기타 종사원 교육 훈련 4시간의 경우는 업장에서 자체적으로 교육계획을 수립하여 실시할 수도 있다.

또한 HACCP 인증이 유지되고 있는 HACCP 적용업소의 HACCP팀장, HACCP팀원 및 기타 종사원은 식품의약품안전처장이 지정한 교육 훈련기관에서 연 1회 4시간 이상의 정기교육훈련을 받아야 한다. 이때 HACCP팀원이나 기타 종사원 교육 훈련은 업장에서 자체적으로 교육계획을 수립하여 실시할 수도 있다. 효과적인 위생교육 · 훈련을 통해 종사원들이 HACCP 제도의 중요성, 개념, 시행절차, 관리기준 등을 정확히 이해하고 실천했을 때 HACCP 제도의 발전적인 정착이 가능하다.

2. 급식 · 외식업소 종사원 위생교육 계획 및 실행

1) 교육계획 시 고려사항

〈표 8–1〉은 위생교육 프로그램의 절차이다. 교육계획의 첫 번째 단계는 교육내용을 정하는 것이다. 교육내용은 크게 모든 종사원이 알아야 할 것과 종사원 개인의 업무 특성상 특별히 알아야 할 것으로 분리하여 정한다.

표 8-1 위생교육 프로그램의 절차

단 계	내 용
1	청중에게 알맞은 교육내용 정하기
2	교육계획의 목표 설정
3	청중과 목적에 맞는 교육기법 선택, 필요한 자료 획득
4	강사 선발
5	교육 일정 회의
6	교육의 목적에 알맞은 교육장소 선택
7	강사의 교육 준비

교육계획 수립 시 두 번째로 결정해야 할 것은 교육계획의 목표 설정이다. 위생교육의 결과로 이루어질 수 있는 '위생적이고 안전한 식품의 공급'은 급식 · 외식업소 전체 관리목표 중 하나이자 위생교육의 목표가 될 수 있다.

목표의 설정은 관리자와 교육대상자의 협의에 의하여 수립되면 좋다. 목표 설정 시에는 교육의 필요성, 교육의 내용, 문제해결 정도, 교육대상자의 지적 능력과 작업의 숙련도 등을 고려한다. 또한 교육목표의 설정은 급식 · 외식업소 운영경비와 교육가능 시간에 의해서도 영향을 받는다.

위생교육 내용은 공통적으로 적용되는 위생관리 내용과 종사원의 개별업무의 특성에 따른 특별 분야로 나누어 구성한다. 급식소의 배식원이나 외식업소에서 서빙을 주로 담당하는 종사원에게 생산 및 배식에 대한 모든 위생관리항목에 대해서 교육하기보다는 업무상 필요한 배식이나 서빙에 관한 위생교육을 중점적으로 실시하는 것이 효과적이다. 또한 조리업무만 담당하는 조리원에게는 조리 시 위생관리 내용을 교육하는 것이 교육효과를 증가시킬 수 있는 방법이다.

급식 · 외식업소의 운영특성을 고려한 위생교육목표와 교육내용의 설정이 위생교육 프로그램의 진행과 결과에 많은 영향을 미치므로 반드시 여러 가지 항목을 신중하게 고려해야 한다.

- 교육대상자의 특성을 잘 파악한다.
- 교육내용의 효과적인 전달을 위한 교육매체를 제작하거나 선택한다.
- 교육내용은 교육대상자가 쉽게 이해할 수 있도록 구성한다.

- 교육내용을 가시적으로 표현하거나 구체화할 수 있는 방법을 모색한다.
- 교육의 효과를 평가할 수 있는 도구를 적용한다.
- 교육대상자의 능동적인 참여를 유도할 수 있는 교육프로그램을 계획한다.

2) 위생교육의 내용

위생교육내용의 범위는 교육대상자의 업무와 관련된 위생관리 내용으로 한정해야 한다. 교육내용의 범위가 너무 광범위하면 교육대상자는 흥미를 잃게 되고, 참여도가 낮아지며 결과적으로 교육효과도 저하된다. 교육내용은 기초 위생교육과 특정 직무에 대한 위생교육으로 구분할 수 있다.

(1) 식품위생에 대한 기초교육

식품위생에 대한 기초교육은 모든 신규 종사원에게 교육되어야 하며 실제 업소에서 업무를 시작하기 전에 실시하는 것이 좋다. 식품위생에 대한 기초교육은 〈표 8–2〉에 제시된 내용을 포함하면 좋다.

표 8–2 식품위생 기초교육 내용의 예

주 제	내 용
식중독과 미생물	식중독의 원인, 식중독균의 증식요인, 식중독 증상, 잠재적 위해식품(PHF), 식중독 예방을 위한 온도와 시간관리 등
급식생산단계별 위생관리	올바른 검수방법, 검수 후 식품의 전처리 및 저장 · 보관방법, 올바른 해동법, 교차오염, 소독액 제조법, 적정 조리가열온도 및 보관 · 배식온도, 보존식의 필요성과 보관방법 등
급식종사원 개인위생	올바른 손 씻기 방법, 작업 전 개인위생 점검사항, 적절한 식품의 취급법, 조리 작업 중 지켜야 할 개인위생 수칙, 고무장갑의 용도별 분리 사용, 일회용 장갑의 착용방법 등
기기 · 설비 위생관리	냉장 · 냉동온도에서의 식품보관법, 조리기기의 위생적인 취급방법 및 세척 · 소독법, 작업구역의 청결 및 위생관리 등

표 8-3 급식종사원을 대상으로 한 HACCP 관련 위생교육 프로그램의 예

회 차	위생교육 제목	위생교육 내용	교육자료
1회	교육소개	• 교육소개, 급식소 위생관리의 중요성 • HACCP 도입의 필요성 • 급식소 위생관리를 위한 개인위생의 중요성	• 비디오테이프 • 구두교육(유인물) • HACCP 기준서
2회	개인위생	• 개인위생점검표(건강상태 확인) • 작업복장, 작업습관, 올바르게 손 씻는 법 • 조리종사원 손 위생의 중요성 • 고무장갑 · 비닐 앞치마 용도별 분리 사용 • 일회용 장갑 사용법	• 슬라이드 • 미생물 배지 • 구두교육(유인물) • HACCP 기준서
3회	HACCP 개념 및 도입단계	• HACCP의 목적 및 개념 • 위해요소의 통제 • CCP 설정 • 모니터링의 목적 및 개선조치	• 슬라이드 • 구두교육(유인물) • HACCP 기준서
4회	HACCP 계획 구축 및 적용	• 잠재적 위해식품(PHF)의 개념 및 식품 분류 • 급식소 위생관리 시 온도 · 시간관리 방안 • CCP 기록일지 작성법	• 슬라이드 • 구두교육(유인물) • HACCP 기준서
5회	세척 및 소독	• 생채소 · 과일의 세척 및 소독 방법 • 기기 · 기구 식품 접촉 표면의 세척 및 소독 방법, 소독액 만들기 • 교차오염의 문제점과 예방책	• 실연교육 • 구두교육(유인물) • HACCP 기준서
6회	교육평가	• 교육 후 교육내용에 대한 인지도 조사 • 교육내용 실천의 어려움	• 질의응답 • 평가시험

급식 · 외식산업에 근무 예정이거나 또는 근무하고 있는 신규 종사원을 위한 HACCP 관련 위생교육내용의 예는 〈표 8-3〉과 같다. 이 교육내용은 식품위생관리 전반에 대한 전문가를 만들기 위한 프로그램은 아니지만 적용 정도에 따라 경력자에게도 교육 가능하다. 특히 급식시설 · 설비 위생관리는 급식 · 외식관리자에게도 강조되야 할 교육내용이며, 식품 자체의 오염과 식품으로 인한 질병, 소독 · 세정에 관한 내용은 조리 · 가공 · 저장 등을 담당하는 종사원에게 중점적으로 교육해야 한다. 개인위생은 전체 종사원에게 공통적으로 강조되어야 할 부분이다.

(2) 특정분야에 대한 위생교육

식품위생에 대한 기초교육이 수행된 이후에는 각 개인의 직종과 직무에 따라 특정 업무분야에 대한 위생교육이 실시되어야 한다. 위생에 관련된 일은 단위교육으로

분류하여 진행하는 것이 좋다. 예를 들어, 급식·외식업소 종사원의 단위교육내용은 업무분석에 따라 아래와 같이 나눌 수 있다.

- 컵이나 기구에서 손잡이가 있을 때는 손잡이를 쥔다.
- 많은 유리컵은 쟁반으로 운반한다.
- 컵이나 접시는 아랫부분을 쥔다.
- 음식은 쌓아서 운반하지 않는다.
- 얼음은 집게를 사용하여 옮긴다.
- 빵이나 케이크는 집게를 사용하여 나누어 놓는다.
- 오염 가능성이 있는 식품이나 표면과 접촉했을 때는 즉시 손을 씻는다.

위생교육 대상자는 급식·외식관리자 또는 조리사, 조리원을 포함한 식품취급자, 배식원이나 서버 등 서비스를 담당하는 종사원 등으로 다양하기 때문에 위생교육 내용 선정 시에는 교육대상에 따라 교육내용이나 그 비중이 달라져야 하며, 같은 직종에 속하더라도 교육목적, 교육수준 등 교육여건이 일정하지 않으므로 교육프로그램을 융통성 있게 운영하도록 한다.

3) 교육계획

규모가 큰 급식·외식업체는 교육부서를 따로 분리하여 운영하기도 한다. 그러나 전문적인 교육부서가 없더라도 관리자의 올바른 교육·훈련계획 수립으로 목표하는 교육효과를 거둘 수 있다. 위생교육에서 관리자의 가장 중요한 역할은 종사원들이 본받을 만한 모범적인 행동을 하는 것이다. 물론 이것은 공식적인 교육의 단계는 아니지만 위생교육의 중요한 시발점이 된다. 또한 효과적인 위생교육을 위해서는 지속적으로 정기적인 위생교육을 실시해야 한다. 위생교육은 체계적으로 구성되지 않으면 효과를 얻을 수 없으므로 위생교육 프로그램은 교육내용에 위생지식과 올바른 위생행동에 대한 구체적인 내용이 포함되어 있어야 하며, 단계적으로 배울 수 있도록 구성되어야 한다. 다음의 내용은 위생교육 프로그램에 적용할 수 있는 도구와 기술들이다.

(1) 교육과정의 이해

〈그림 8-1〉은 교육과정 4단계에 대한 내용이다. 지식을 전달하는 교육자는 위생규범을 확실히 알고 있어야 하며, 그 위생규범이 필요한 이유에 대해서도 지식을 갖추고 있어야 한다. 기본적인 지식을 알고 있다면 교육의 성공 여부는 교육자의 대인간의 의사소통 기술과 철저한 교육준비에 의해서 결정된다. 또 한 가지 중요한 점은 교육대상자에 대한 동기부여와 알맞은 피드백의 제공이다. 이때 피드백이란 잘못되었거나 실수를 바로잡을 수 있는 조언뿐만 아니라 올바른 행동이나 절차에 대한 칭찬도 포함된다. 마지막으로 교육 후에는 위생규범이 올바르게 수행되고 있는지에 대한 교육자의 후속조치가 필요하다. 이 외에도 교육·훈련은 교육대상자의 연령, 교육수준, 근무경력, 작업내용, 위생지식수준, 숙련도 등 개개인이 가진 특성을 이해하는 데에서 출발해야 한다.

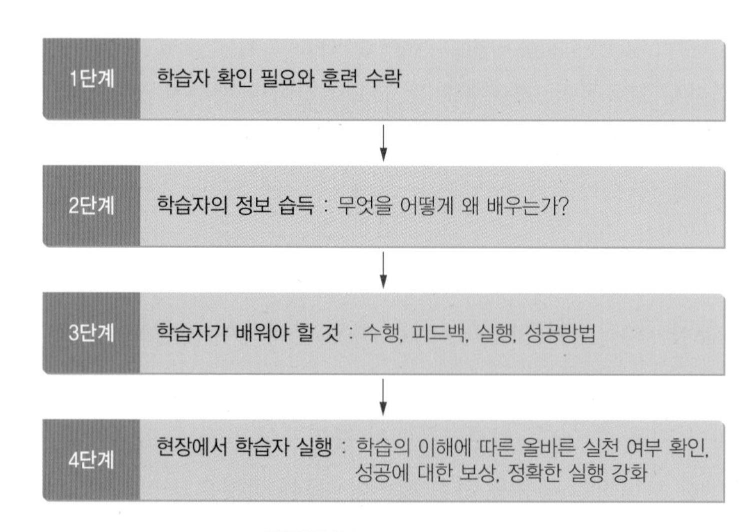

그림 8-1 교육과정 4단계

자료 : Jack E. Miller et al.(1985)

(2) 교육방법의 선택

교육방법은 개인 대 개인의 교육과 집단 교육의 두 가지로 나눌 수 있다. 어떤 교육방법을 선택할 것인지는 교육대상자의 수, 예산범위, 교육의 주제에 따라 달라진다.

① 개인 교육법(one-on-one training)

개인 교육법은 한두 사람을 대상으로 하는 교육방법으로 신입 종사원 교육이나 소수 종사원을 대상으로 재교육을 실시할 때 많이 이용되며 급식·외식업계에서 보편적으로 사용되는 방법이다. 개인 교육법의 장점은 교육 시 장소와 시간의 구애를 받지 않고 교육대상자의 이해도를 즉시 확인할 수 있어 빠른 피드백이 가능하며 교육과정에서 교육대상자 개인의 흥미를 유발하기 쉽다는 점이다. 단점은 시간과 경비가 집단교육에 비해 많이 들며, 교육자가 교육에 많은 시간을 투자하여 다른 관리부문에 소홀해질 수 있다는 것이다.

한편, 교육대상자는 교육자에게서 올바른 위생행동뿐만 아니라 올바르지 못한 비위생적인 행동을 배울 가능성이 있으므로 개인 교육법으로 위생교육을 실시할 때에는 반드시 사전에 교육대상자에게 기본적인 위생교육을 받게 하여 위생상 올바른 행동과 올바르지 못한 행동을 구분할 수 있는 능력과 지식을 가질 수 있도록 해야 한다.

② 집단 교육법(group training)

집단 교육법은 교육대상이 다수일 때 개인 교육법 대신 적용할 수 있는 방법이다.

이 방법은 교육계획이 다수인에게 동일하게 적용되므로 교육대상이 동일한 교육요구가 있을 경우 통일성과 간편성을 갖는다는 장점이 있다. 또 교육방법도 강의, 토론, 토의, 사례연구, 역할극role-play 등을 적용할 수 있고, 여러 가지 교육 보조자료도 효율적으로 이용할 수 있다.

단점은 교육대상자가 실제 자신이 수행하는 작업 중 발생하는 위생적인 문제점에 대하여 더 알고자 할 때 개별 지도가 어렵다는 점이다. 또한 전반적이고 보편적인 위생교육 내용은 교육대상자의 흥미를 저하시킬 수 있다.

③ 위생훈련(applied training)

효과적인 위생교육방법은 위생행동을 포함하고 있어야 한다. 예를 들어 교육자가 위생관리매뉴얼에 따라 소독액을 제조하는 방법을 교육하고자 할 때 가장 좋은 교육방법은 소독액 제조과정을 교육자가 시범으로 시연demonstration하고 교육대상자가 그것을 본 후 반복해서 실습하도록 훈련하는 것이다. 이때 교육자는 실연과정에서 요점과 주의점을 설명할 수 있어야 하며 교육대상자가 올바르게 배웠는지를 실제 작업과정에서 관찰하고 결과를 피드백해야 한다.

또한 도표나 포스터 등의 보조 교육자료를 작업장에 게시하여 교육대상자가 항시 교육내용을 확인할 수 있도록 하는 것이 효과적이다. 예를 들면, 조리실 내에 일반구역과 청결구역을 구분하거나 구획하고 각 구역에서의 준수해야 할 위생수칙을 포스터로 만들어서 종사원이 잘 보이는 위치에 부착하는 것이다. 또는 식기세척실 벽에 식기세척 · 소독의 순서washing→rinsing→drying→sanitizing가 강조된 포스터를 붙여 놓고 매뉴얼에 따라 식기세척 · 소독을 할 수 있도록 교육하는 것이다.

이와 같이 위생교육 · 훈련 내용은 업무와 관련성이 높고 종사원 개인이 실무에 응용할 수 있도록 구성해야 한다.

(3) 교육매체의 선택

위생교육과정에서 교육자가 전달하는 언어가 기술적으로 훌륭했더라도 충분하지 않은 경우가 많다. 이때 교육매체를 이용하면 보다 나은 교육성과를 얻을 수 있다. 교육매체로는 교재, 유인물, 그림, 사진, 도표, 그래프, 동영상, 애니메이션, 슬라이드, OHP, 파워포인트 자료 등이 있다. 그러나 교육매체의 활용도는 교육대상자의 참여, 실제 연습, 현장 경험 등이 뒷받침되어야만 교육성과를 높이는 데 도움이 된다. 적절한 교육매체의 사용은 교육시간을 절약하며 교육대상자의 흥미를 높일 수 있으면서 교육내용에 대한 이해를 돕고 교육내용이 오래 기억되게 하는 역할을 할 뿐만 아니라 매체를 이용한 반복교육이 가능하므로 교육의 효과를 극대화할 수 있다.

① 교육매체 선택의 기본 원칙

위생교육 시 교육매체는 정확성, 적합성, 흥미유발성, 공인성을 가지는 매체를 선택하도록 한다. 교육자료는 사실적이면서 시대감각에 맞으며, 완전하고 이해하기 쉬운 정확한 매체여야 하고, 교육목적에 적합해야 한다. 또 교육대상자의 언어 수준, 이해 수준, 난이도 등에 적합한 매체여야 하며, 교육자의 운용 능력에 맞게 사용해야만 성공적으로 이용할 수 있다.

또한 교육은 교육대상자의 주의를 끌고 흥미를 유발하지 않는 한 성공적일 수 없으므로 식품위생처럼 흥미를 끌기 어려운 주제에 관해서는 끊임없이 흥미와 자극을 유발할 수 있는 매체를 개발 · 활용하여 교육효과를 높일 수 있는 방안을 지속적으로 연구해야 한다. 한편, 교육매체는 그 분야에서 공인되고 교육효과가 증명된 것이어야 결과도 인정받을 수 있다. 이 외에도 교육매체 선택 시에는 매체사용의 용이

성, 매체제작 및 구입 비용의 적정성 등이 고려되어야 한다.

② 교육매체 활용의 절차

교육매체를 활용하여 교육을 실시하고자 할 때에는 먼저 교육대상, 교육장소, 교육 시 활용 가능한 장비 등을 파악하는 등 교육환경 분석을 해야 하며, 교육주체 및 기대효과 그리고 소요예산 등을 계획 시부터 고려해야 한다. 교육매체 선택 시에는 교육대상자의 특성을 고려해서 교육목표를 달성할 수 있는 매체를 선택하여야 하며, 교육매체 활용과정에서 교육대상자의 반응을 관찰하여 교육매체의 효과를 평가하고 다음 활용 시에 수정·보완하여 사용하도록 한다. 교육매체 활용의 절차는 〈그림 8-2〉와 같다.

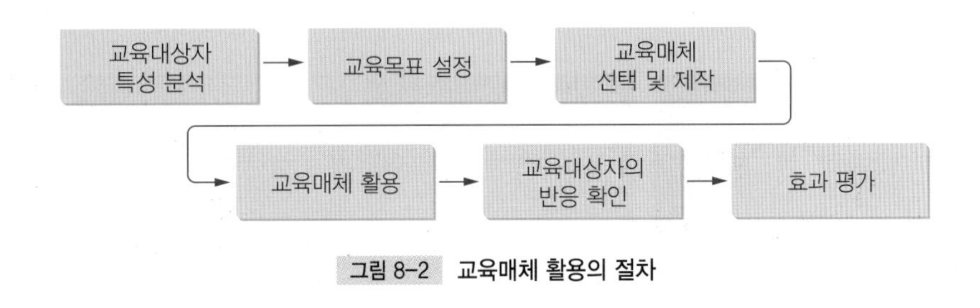

그림 8-2 교육매체 활용의 절차

③ 위생교육 시 활용 가능한 교육매체

교육자는 교육매체가 교육의 효과를 높이는 데 매우 유용하지만 이는 교육의 보조자료일 뿐 교육주체는 교육자라는 것을 명심하고, 교육자가 교육매체를 어떻게 활용하는지가 더욱 중요하다는 사실을 잊지 말아야 한다. 급식·외식업체 종사원 위생교육 시에는 가장 많이 이용되는 매체는 유인물 등의 인쇄매체이다. 그러나 인쇄매체는 교육대상자의 주의집중과 흥미유발 정도가 높지 않으므로 위생교육 효과를 증대시키기 위해서 그림, 사진, 동영상, 애니메이션, 실물, 모형 등을 위생교육 시에 적극적으로 활용하도록 한다.

가. 시청각매체 활용

종사원 교육 시 유인물 등을 활용하는 것보다 가능한 한 비디오나 슬라이드 자료, 동영상이나 애니메이션, 파워포인트 자료(그림 8-3) 등의 시청각매체를 활용할 경우 교육의 효과를 극대화할 수 있다. 특히 교육 수준이 높지 않은 종사원에게 쉽고 흥

그림 8-3 식품안전나라 사이트의 동영상 교육자료의 예

자료 : 식품의약품안전처(2023)

미 있게 제작된 시청각자료는 더욱 유용하게 쓰일 수 있다.

그러나 각 급식 · 외식업소 단위로 위생교육매체를 제작하는 것은 물적 · 인적 자원의 부족으로 쉽지 않으므로 식품의약품안전처가 운영하는 식품안전나라의 식중독 예방홍보사이트www.foodsafetykorea.go.kr나 한국식품안전관리인증원 인터넷사이트www.haccp.or.kr에 업로드되어 있는 동영상, 애니메이션, 파워포인트로 제작된 위생교육자료를 적극적으로 활용하거나 TV 프로그램 중 급식 · 외식업소 위생관리 불량사례를 적발하는 내용 등을 편집하여 위생교육자료로 활용하도록 한다.

또한 최근 사용이 급증하고 있는 스마트폰 애플리케이션을 활용한 조리종사원 위생교육이 가능하다면 시간과 공간의 제약을 받지 않고 위생교육을 실시할 수 있다.

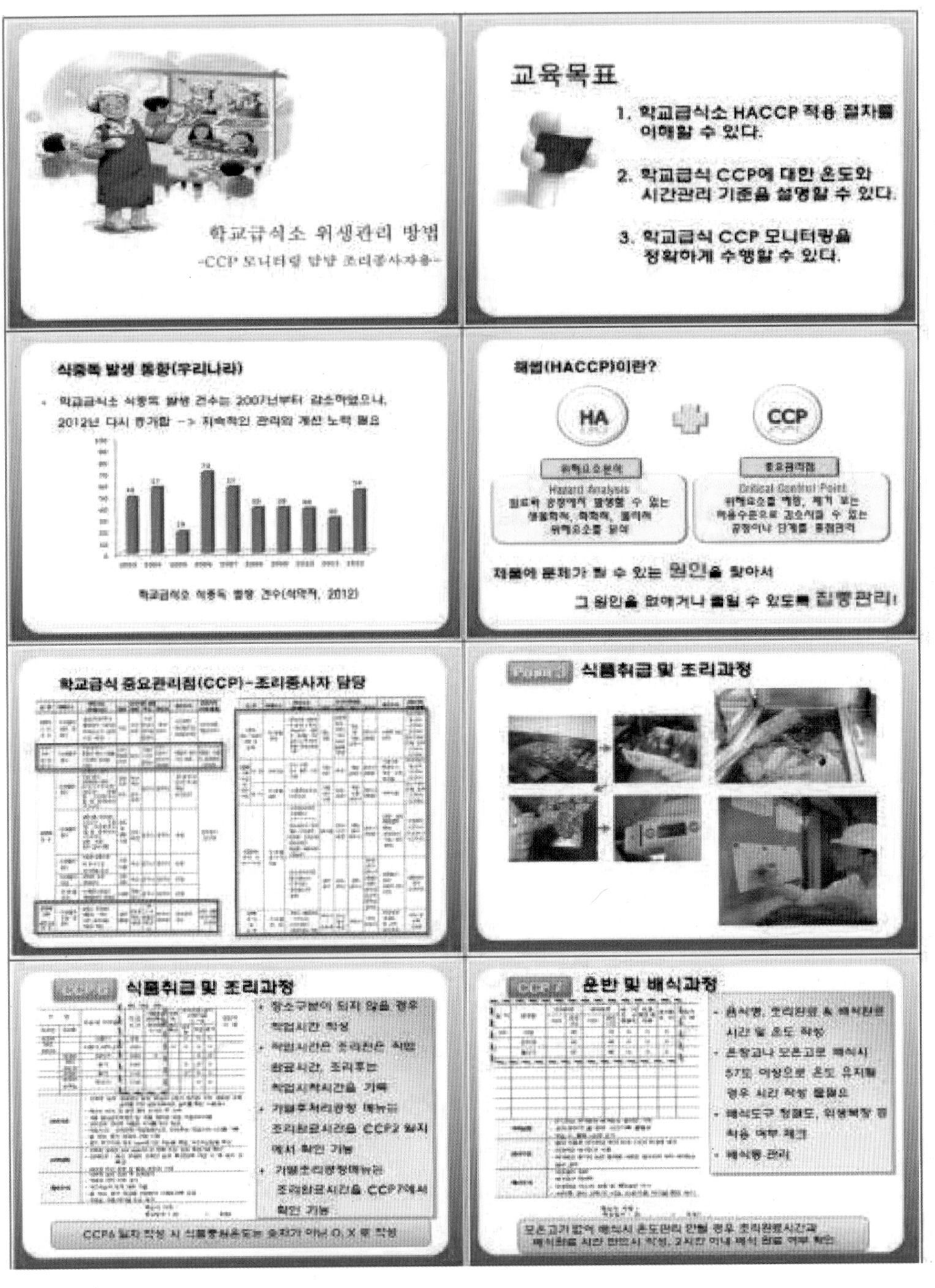

그림 8-4 학교급식소 CCP모니터링 담당 조리원 교육자료 일부

자료 : 이혜연 · 배현주(2016)

그 예로 식품안전나라의 모바일 앱을 활용하여 식중독 예방교육과 식중독 발생 시 대응요령 등을 교육할 수 있다.

그리고 급식·외식업소에서 교육매체를 직접 제작·사용하고자 할 때 종사원의 동기유발을 위해 교육매체 제작에 종사원을 직접 참여시키도록 한다. 파워포인트나 동영상 자료, 포스터 등을 제작할 때 각 급식·외식업소의 조리종사원이 직접 모델이 되어 자료를 제작하면 위생교육 자료에 대한 흥미와 집중도가 증가하고, 학습내용도 더 오래 기억될 수 있다. 또는 디지털카메라나 스마트폰을 이용하여 종사원의 사전 동의하에 업소에서의 종사원의 작업내용을 촬영하여 그 영상을 보면서 위생관리 수행도가 높은 항목과 개선이 필요한 항목을 함께 분석·토의해보는 것도 효과적인 교육방법이 될 수 있다.

나. 미생물 배지 활용

조리종사원을 대상으로 개인위생관리에 대한 교육을 실시할 때 가장 어려운 부분은 종사원의 손이나 작업장에 존재하는 미생물의 위험요인을 설명하는 것이다. 개인위생관리 수준을 시각적으로 확인할 수 있는 교육방법 중의 하나가 미생물 배지를 활용한 방법이다. 예를 들어 미생물 배지를 활용하여 조리종사원의 손을 일반세균이나 황색포도상구균을 배양하는 배지에 직접 찍게 하고 각자의 이름을 적어 미생물이 잘 자랄 수 있는 35℃ 내외의 환경(급식·외식업소에서는 배양기가 없는 경우 따뜻한 창가나 온돌바닥 등에서 배양)에 24~48시간 정도 배양한 후 미생물이 자란 정도를 육안으로 확인하게 한다. 이 방법은 실제 해당 식중독균의 정성적·정량적인 체크를 위한 사용에는 부적절하나 실제 위생교육 적용 시 위생교육 효과를 극대화

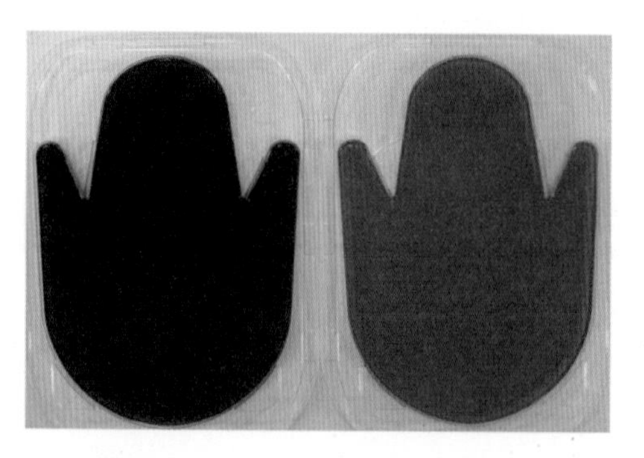

그림 8-5 조리종사원 위생교육용 손배지의 예

할 수 있는 방법이 될 수 있다(그림 8–5). 정기적으로 조리종사원 손에 대한 미생물 검사를 실시하여 그 결과를 위생교육 자료로 활용하면 효과적이다.

다. 형광물질 함유 로션 활용

형광물질 함유 로션Glo-germ Kit/Glitter Bug을 이용하여 올바른 손세척 방법을 교육하는 것도 효과적이다. 조리종사원에게 형광물질 함유 로션을 손에 일정량 골고루 바르게 한 후 물로만 수세, 비누로 수세, 비누로 수세 후 솔을 이용한 이중 수세의 경우로 나누어 손세척을 실시하게 한다. 그 다음 장파장 자외선을 조사하여 잔류한 형광물질을 확인, 형광물질이 잔존한 경우에는 손세척이 충분치 않다는 것을 육안으로 확인시켜 주면 조리종사원들이 평소 각자의 손세척법이 적절하지 못했다는 것을 육안으로 확인할 수 있는 좋은 계기가 마련된다(그림 8–6).

라. 선행요건과 HACCP 관리기준서 활용

HACCP 인증업소는 선행요건관리기준서와 HACCP 관리기준서를 작성 · 비치하고 있으므로 이 매뉴얼 중에서 각 종사원의 직무와 관련 있는 내용을 발췌하여 위생교육자료로 활용하면 별도의 위생교육자료를 제작할 필요가 없어서 효율적이다.

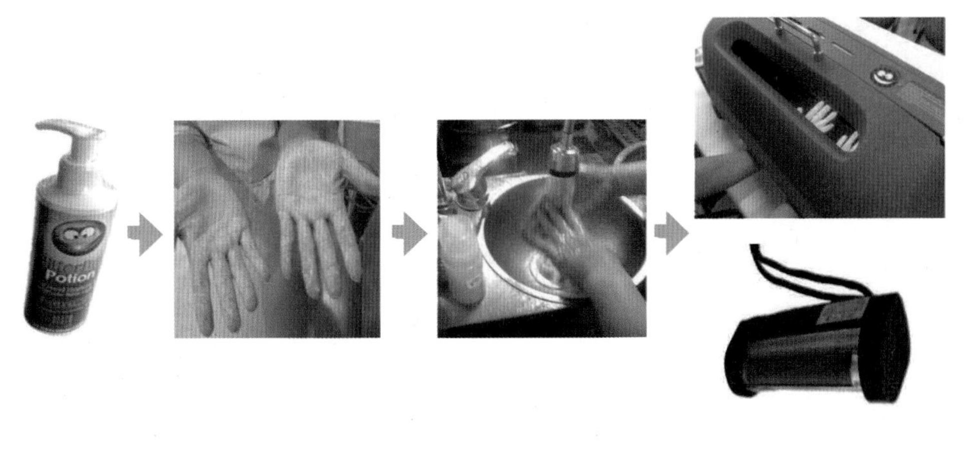

(a) 형광물질 함유 로션

b) 형광물질 함유 로션을 충분히 바름

(c) 다양한 손 씻기 방법 적용

(d) 캠뷰박스(위) 혹은 자외선등(아래)을 이용하여 손 씻기 후 잔존 형광물질 확인

그림 8–6 형광물질 함유 로션과 캠뷰박스를 이용한 손 위생교육 방법

(4) 교육자의 선정

교육자는 위생교육의 주제에 대한 정확한 지식을 가지고 있고, 급식이나 외식조직의 위생문제를 잘 파악하고 있으며, 원만한 인간관계나 의사소통능력이 있어야 하면서 교육자로서의 자질이 충분해야 한다.

교육대상, 교육장소, 교육내용에 따라 급식 · 외식조직 내부 관리자 혹은 외부 전문가를 초청하여 위생교육을 실시할 수 있다. 조직 내에서 관리자 혹은 직속 상급자가 직접 교육하는 것은 현장의 문제점을 가장 잘 알고 있기 때문에 책임 있게 교육을 진행할 수 있다는 장점이 있고, 조직의 상급자에 의한 교육이기 때문에 승진이나 인사문제에 영향을 줄 수 있다고 판단하여 교육대상자는 교육에 더 열심히 참여할 수도 있을 것이다. 그러나 교육자가 강의기법이나 관련 지식이 부족하거나 문제 접근 방법이 미숙할 수 있고 조직의 형편에 따른 편법 운용 등의 문제가 생길 가능성도 있다.

교육자의 자질

- 교육자는 가르치고자 하는 위생교육의 내용을 완전히 파악하고 있어야 하며, 교육내용이 중요한 이유에 대해서도 설명할 수 있어야 한다.
- 교육자가 자신 있는 교육방법을 선택하고 그에 맞게 교육자료를 준비하여 체계적인 교육이 진행될 수 있도록 계획해야 한다.
- 강의 중 교육대상자와의 눈맞춤에 신경을 써야 한다.
- 강의 어투는 가능한 한 편안한 분위기를 만들 수 있도록 대화 형식을 취하고 형식에 얽매인 딱딱한 말투는 피한다.
- 말은 너무 빠르게 하지 않도록 하며, 목소리는 단조로움을 피하고 강약을 이용하여 강조할 부분 등에서는 힘을 주도록 한다.
- 쉬운 용어를 사용하여 교육대상자의 이해를 돕도록 한다. 지나친 전문용어의 사용은 교육대상자로 하여금 흥미를 잃게 하고 교육자와 거리감이 생기게 한다.
- 교육대상자의 질문에 대해서는 정확하고 신속하게 응답을 해 주어야 하며 교육내용과 관련된 의견을 냈을 경우에는 그 의견이 매우 가치가 있다는 것을 표현해 주어야 한다.
- 강의 시 교육자는 모든 내용을 독점하기보다는 교육대상자에게 질문을 하고 답을 유도해 내는 시간을 할애하도록 한다.
- 강의 중 교육대상자의 행동을 주의 깊게 살핀다. 교육대상자가 시계를 자주 본다거나, 질문에 대한 반응이 없을 때에는 교육대상자의 참여도를 높일 수 있는 교육방법으로 변경한다.

한편, 외부에서 전문교육기관의 전문가나 교수, 관련 부처의 전문가 등을 강사로 위촉하여 교육을 실시할 경우에는 내부 강사가 교육하는 경우에 비해 외부 전문가는 강의기법이나 관련 지식이 풍부하고 보편성을 가진 교육을 할 수 있는 장점이 있으나 각 조직의 특수성을 정확히 파악하고 있지 않고, 실무 현장 감각이 떨어지므로 실무자 위생교육 시 교육대상자가 오히려 흥미를 잃기 쉽다.

따라서 전문적인 내용에 대한 교육이 필요할 때에는 외부 전문가에게 의뢰하는 것이 효과적이나 세부적이고 구체적인 실무운영지침 등에 대한 교육은 내부 강사가 진행하는 것이 더 효과적인 경우도 있다. 또한 각 업장의 위생교육의 질 개선을 위해서는 내부 강사의 역할을 담당하는 급식 · 외식업소관리자를 대상으로 교육자의 자질을 함양할 수 있는 별도의 교육을 실시하는 것이 좋다.

(5) 교육 실행 일시의 결정

교육의 실행은 시간의 낭비나 노동력의 손실을 초래하는 것이 아니며, 궁극적으로는 조직기업의 이익과 직결된 것이므로 경영관리 차원에서 정기적으로 또한 지속적으로 실시되어야 한다. 교육시간을 결정하는 것은 교육의 목적에 따라 달라질 수 있으나 일반적으로 강의시간은 너무 길지 않도록 계획한다. 이상적인 1회 교육시간은 관리자 교육은 50분 내외, 조리종사원 교육은 30분 내외가 적당하다. 그리고 교육 진행 담당자는 교육일정을 사전에 공고문 등을 통해 종사원이 쉽게 볼 수 있는 곳에 게시해야 한다. 공고문에 포함될 내용은 날짜, 시간, 교육장소, 교육주제, 교육대상자, 교육담당자, 준비물 등이다.

교육시간은 작업이 시작되기 전, 작업 후 또는 작업 중 쉬는 시간 등을 이용할 수 있다. 교육대상자는 해당 일시에 반드시 교육에 참여해야 하나 부득이하게 불참할 경우 사전에 교육 진행 담당자에게 보고하고 교육 담당자는 불참자를 위한 별도의 교육계획을 마련해야 한다. 급식소의 경우 정기적인 위생교육을 실시하는 날의 메뉴는 조리종사원의 업무량을 고려하여 계획한다. 급식생산과정에서 다른 날에 비해 작업량이 많았다면 체력소모가 커서 교육시간에 집중도가 저하될 수 있기 때문이다. 외식업소의 경우 교육일시를 정할 때는 1주일 중 평균적으로 손님이 가장 적게 오는 요일을 선택하여 일정시간을 할애하도록 계획한다.

교육장소는 교육대상자가 편안하게 느낄 수 있는 장소여야 한다. 관리 감독자 이하 직급의 경우 교육장소로 실제 작업장을 이용하면 실연교육이 용이하고, 특정 작업에 필요한 위생관리방법을 교육하는 데 효과적이다. 사내 집단 교육을 위해서는 종사원 휴게실, 직원용 식당 등을 이용할 수 있다. 종사원 집단 교육을 위한 장소는 여러 사람이 편안히 교육받기에 적절한 크기여야 하며, 좌석은 질의응답 시 의견을 교환하는 데 불편하지 않도록 배치한다. 시청각 기자재를 사용할 경우에는 교육 시작 전에 미리 작동되는지 점검해 보도록 한다.

(6) 교육의 실시

효과적인 위생교육 실시를 위해서는 교육내용이나 절차 모두 꼭 필요한 것 위주로 단순화할수록 좋다. 우선 본격적인 교육을 실시하기에 앞서 교육대상자에게 무엇을, 어떻게, 왜 배우는지 알려 준다. 교재나 여러 가지 교육매체를 활용하여 교육을 실시하면서 교육자가 교육내용에 대한 시범을 보이고, 질의응답을 실시한다.

이때 성공적인 교육을 위해서 교육자는 교육대상자가 물어볼 수 있는 질문에 대한 준비를 철저히 해야 한다. 질문에 대한 대답이 부정확하거나 관련 내용에 대한 명확한 대답을 못했을 경우 교육대상자는 교육내용에 대한 신뢰감을 잃게 될 수도 있다. 질의응답이 끝난 후에는 교육대상자들이 직접 실습해 볼 수 있도록 하고 실습결과를 즉시 피드백한다.

일반적으로 교육내용에 대한 기억력은 읽은 것은 10%, 보고 들은 것은 15~30%, 스스로 말해본 것은 30~50%, 행동해본 것은 50~70%, 실생활에 실천해본 것은 75% 정도이다. 따라서 교육효과를 높이기 위해서는 교육 중 조리종사원이 교육받은 내용을 직접 실습해볼 수 있는 내용을 반드시 포함하도록 한다. 끝으로 전체 교육내용을 다시 한 번 정리하면서 교육을 마무리한다. 교육 전 효과를 평가하기 위해서 간단한 시험을 실시하는 것이 좋다.

(7) 교육효과의 측정방법

위생교육 프로그램의 효과를 측정하기 위하여 교육자는 교육목적에 따른 성과를 주의 깊게 관찰해야 한다. 평가과정은 종사원 행동 변화의 효과를 측정하는 동시에 조직 전체에 미치는 영향을 알아보는 것이기 때문에 매우 중요하다. 평가는 투자된 시간과 재정적 투입 대비 실제 경영상의 이익과의 균형 등을 따져 보아야 한다.

평가과정에서 교육자가 '교육을 통해 얻고자 하는 결과를 도출했는가?', '원하는 결과가 나타나지 않았다면 그 이유는 무엇인가?'와 같은 질문에 대답할 수 없다면 이것은 교육효과가 있었는지, 교육내용이 실제 직무에 적용이 되지 않거나 잘못 적용되고 있지는 않았는지에 대하여 교육자가 알지 못하고 있다는 뜻이다. 교육효과의 측정을 위해서는 객관적인 평가방법과 직무수행 시 종사원 행동 변화에 대해서 관찰해 보는 방법을 사용할 수 있으며, 두 가지 방법을 모두 사용했을 때 효과적인 평가가 될 수 있다.

Case Study

위생교육 실시에 따른 조리종사원의 손 위생 개선 효과

사업체 급식소 조리종사원을 대상으로 위생교육을 한 후 교육 효과를 평가하고자 위생교육 전후에 조리종사원 손의 미생물 수준을 Glove-Juice법을 이용하여 검사하였다. 위생교육 내용은 1회 차는 개인위생관리의 중요성 및 올바른 손세척 · 소독 방법에 대해서 유인물을 이용하여 구두교육을 실시하였고, 2회 차 교육은 황색포도상구균, 대장균에 대한 식중독 발생 현황 및 발생 원인에 대해서 교육하고 형광물질 함유 로션(Glitterbug® potion)을 이용하여 올바른 손 씻기 방법에 대해 교육을 하였다. 그리고 3회 차 위생교육은 살모넬라균과 리스테리아균에 의한 식중독 발생현황 및 그 원인에 대해서 교육하면서 일반세균수를 측정할 수 있는 미생물 배지를 이용하여 교육하였다. 조리종사원의 손을 페트리접시에 도말한 배지 위에 직접 찍게 한 뒤 이 배지를 배양기에 넣고 35℃에서 48시간 배양한 후 조리종사원 손의 미생물이 배지에서 자란 정도를 육안으로 확인할 수 있도록 하였다. 마지막으로 4회 차 위생교육은 손 위생의 중요성에 대해서 교육하고, 전체 위생교육 프로그램 내용에 대한 질의 및 토의 시간으로 구성하였다. 위생교육을 실시하기 전에 실시한 조리작업 전 조리종사원 손의 미생물학적 위해분석 결과 일반세균수는 평균 5.53 log CFU/hand, 대장균군수는 평균 2.95 log CFU/hand, 황색포도상구균의 검출률은 10%였고, 조리작업 중의 조리종사원 손의 위해분석 결과는 일반세균수가 평균 6.49 log CFU/hand, 대장균군수가 평균 3.92 log CFU/hand, 황색포도상구균의 검출률은 5%였다. 총 4회의 위생교육 후와 추후관리를 위한 미생물 검사 결과에서 위생교육 전에 비해 조리종사원 손의 미생물 검출량은 조리작업 전 일반세균수($p<0.01$)와 대장균군수($p<0.001$), 조리작업 중 일반세균수($p<0.001$)와 대장균군수($p<0.001$)가 모두 유의적으로 감소하였고, 황색포도상구균은 1회 차 위생교육 시행 후부터 추후관리 검사 결과까지 조리작업 전과 조리작업 중에 조리종사원의 손에서 전혀 검출되지 않았다.

자료 : 조현옥 · 배현주(2016)

① 객관적 측정방법

개인의 위생지식이나 태도의 향상 정도를 측정하기 위한 객관적인 평가방법은 다양한 시험을 보는 방법이 있다. 공식적인 시간이나 비공식적인 시간을 이용하여 필기나 구두로 실시하는 평가는 교육프로그램 전체에 대해서나 각 회차 교육 후의 개개인의 이해도를 측정하는 데 유익하다.

공식적인 측정법은 매시간 혹은 전 과정에서의 교육목표를 얼마나 잘 달성했는지에 대하여 교육자에게 알려 주는 기회가 된다. 또한 시험의 결과는 교육대상자의 숙지도와 흥미도를 알 수 있게 해 주고 어느 부분에 대한 재교육이 필요한지에 대한 정보를 제공해 준다. 그러나 시험으로 인해 교육대상자에게 지나친 부담을 주지는 말아야 한다.

② 실제 수행 변화 관찰을 통한 측정방법

위생교육의 진정한 평가는 '교육내용이 실제 업무에 반영되는가' 하는 것이다. 작업현장에서의 종사원 위생관리 수행 변화의 측정은 급식·외식관리자 업무의 일부이다.

만약 관리자가 종사원이 저장관리 시 선입선출 규정을 잘 이해했는지를 알고 싶다면 종사원이 식품의 입고일자를 기록하고 확인하는지, 출고 시 규정을 준수하는지를 관찰하면 된다. 또한 종사원이 온도관리 기준을 잘 습득했는지를 확인하고 싶다면 종사원이 온도계를 정상적으로 사용하는지, 가열조리 시 내부중심온도를 측정하고 CCP 일지에 즉시 기록하는지 여부를 확인하면 된다.

교육평가 시 함께 고려해야 할 것은 교육내용을 올바르게 실천하고 있는 종사원에 대한 '칭찬'이다. 칭찬은 학습경험의 일부이며 평가 후에 이루어져야 하는 절차이다. 종사원에 대한 칭찬은 그들이 위생관리에 대해 올바르게 수행하고 있다고 알려 주는 것이며, 위생교육 프로그램의 성공을 알려 주는 것이다. 또한 칭찬은 종사원의 태도와 행동을 긍정적으로 변화시킬 뿐만 아니라 작업 시 활력을 주는 요소가 되며, 자신의 일이 가치 있는 일이라고 느끼게 해 주고 그 일에 최선의 노력을 기울이게 하는 추진력이 된다.

교육 종료 시에는 종사원에게 '교육 수료 인증서' 등의 증빙을 주는 것이 바람직하다. 상장이나 수료증서가 보편적으로 이용되고 있으나 인증서의 형식은 상황에 따라 달라질 수 있다. 인증서의 발행자는 경영자나 급식·외식관리자 명의로 하거나 공동 명의로 할 수도 있다. 증서 발행자가 상위 경영자인 경우에는 교육과정에 대한 경영자의 관심이 크다는 것을 종사원에게 인식시킬 수 있으므로 교육의 가치를 종사원 스스로 높이 평가하게 하는 효과가 있다.

관리자의 역할은 종사원이 교육의 필요성을 인식하고 교육받은 지식을 업무에 적용하도록 도와주는 것이다. 이를 위해 관리자는 원하는 결과가 나오면 그것을 기록해 두고, 교육내용 중 부분적으로만 성취되었다면 그 이유를 알아내기 위해 노력해야 한다.

위생교육의 효과 평가는 근무상황에서도 확인할 수 있다. 잦은 지각, 조퇴, 각종 보고의 지연, 생산성 향상 정도도 평가항목이 될 수 있으며, 최종적으로 급식대상자(고객)의 불편 신고율, 고객의 재방문율을 통해 간접적으로 위생교육의 효과를 측정할 수도 있다. 교육자는 이상의 모든 정보를 위생교육의 평가도구로 이용하여 위생교육 효과를 종합적으로 평가한 후 위생교육 개선방안 수립 시 반영해야 한다.

REVIEW QUESTION

1 급식 · 외식업소 종사원의 위생교육이 중요한 이유는 무엇인지 설명하시오.

2 급식소나 외식업소의 위생교육 내용으로 적합한 주제를 열거하고, 그 주제가 중요한 이유에 관해 설명하시오.

3 급식소나 외식업소 위생교육 계획 및 실행과정에 관해 설명하시오.

4 성공적인 위생교육을 실행하기 위한 교육자의 자질에 관해 설명하시오.

5 급식소나 외식업소에서 종사원을 대상으로 활용 가능한 효과적인 위생교육매체에는 어떤 것이 있는지 설명하시오.

6 위생교육 후 교육효과를 측정하기 위한 방법에 관해 설명하시오.

3. 급식 · 외식 종사원 위생교육 사례연구

1) 국내의 위생교육 사례

(1) 학교급식소 영양사와 조리종사원의 위생교육 사례

학교 영양사에 대한 위생교육은 각 시 · 도 교육청별로 연 1회, 지역 교육청별로 연 1회로, 평균 2회 정도의 교육을 실시하고 있다. '학교급식 위생관리 지침서'에서는 영양사 교육에 대해 교육청은 연 2회 이상 영양사가 조직적이고 체계적인 학교 단위 전문 위생관리를 담당할 수 있도록 수준 높은 교육 · 훈련 프로그램을 마련하도록 제시하고 있으며, 교육내용은 식중독 및 식품매개 감염병에 대한 기초지식, 식중독 예방의 기본원리, 개인 · 시설설비 · 식품 · 작업에 대한 위생관리, HACCP시스템 적용에 대한 교육 등을 중심으로 구성하도록 권장하고 있다.

OSFNSThe Office of School Food and Nutrition Services of New York City Board of Education에서는 HACCP 시스템의 성공적인 정착을 위해 중간 관리자와 조리종사원에 대한 교육 · 훈련은 이론→현장교육→피드백→간단한 평가의 형태로 단계적으로 실시할 수 있도록 제시했으나 교육청에서는 예산과 전문 인력 확보의 어려움 등으로 피드백 중심의 교육보다 관리대책 중심의 교육이 주로 이루어지고 있다.

조리종사원에 대한 위생교육은 '학교급식 위생관리 지침서'에서 위생교육 프로그램의 내용을 제시하고 있고, 학교 단위에서의 위생교육은 영양사가 주체적으로 교육 프로그램을 마련하여 조리종사원, 교직원, 학부모 등을 대상으로 실시하도록 되어 있으나 사실상 학교 단위의 교육 프로그램의 개발은 어려운 실정이다.

학교급식 기본지침에 의하면 학교급식소에서는 조리사 및 조리원 대상 위생교육 및 HACCP 이해 교육을 월 1회 이상, 평가는 연 2회 실시(학교단위 '학교급식 위생교육 이수기록제' 시행)하고, 식재료 운반자에 대한 위생교육은 매월(운반자 미변경 시 연 2회 이상) 실시하도록 하고 있다.

(2) 아워홈의 위생교육 사례

1984년부터 국내 위탁급식산업의 발전과 선진화를 주도해 온 ㈜아워홈은 급식뿐만 아니라 식품제조, 외식에서 유통에 이르는 사업분야에서 선도적인 푸드서비스회사로 발전해왔으며 체계적인 위생교육 프로그램의 적용에서도 관련 업종의 모범 사례로 제시할 수 있다.

아워홈에서 급식종사원 교육에 도입하고 있는 '무돌이 위생교실'은 컴퓨터 이용 학습CAI : Computer-Assisted Instruction의 대표적인 사례이다. 이 학습법은 교육대상자가 스스로 속도를 조절하면서 자율적으로 습득하는 학습도구로 활용되고 있다. 컴퓨터 이용 학습은 반복적인 연습과 문제해결, 구체적인 사례 중심의 학습이 가능하므로 위생교육의 효과를 극대화할 수 있다. 무돌이 위생교육 프로그램의 목적은 아워홈의 위생지침의 기초적인 내용을 쉽고 재미있게 교육하기 위한 것이다. 교육대상자는 영양사, 조리사, 조리원, 사무직군 등의 모든 신규 입사자이며, 교육내용은 개인위생, 식재위생, 상품위생, 시설안전, 청소, 식중독관리 등이다. 전체 6개의 과정으로 1과정은 20분으로 구성되어 있다. 〈표 8–4〉는 아워홈 직원을 대상으로 한 위생교육체계이다.

표 8-4 ㈜아워홈 위생교육체계

대 상	주 기	내 용	비 고
인턴 영양사 인턴 조리사	1차 (3개월 차)	• 위생관리 개념 이해 및 마인드 교육 • 당사 위생관리 조직도 및 시스템 교육 • HACCP 및 식중독관리 • 당사 위생관리 지침서 교육	
	2차 (6개월 차)	• 법적사항 : 법적 서류, 영업의 형태, 식재 표시사항 • 금지 식재와 메뉴 적용 • 위생관리점검표와 관리기준 • 공정별 일지류의 작성 • 일지류, 미생물 검사 실습	
점장 영양사 리더 조리사 조리사	반기 2회 이상	• 위생관리 마인드 교육 • 전사 집중관리 테마 교육 • 집단급식소 법적사항 및 행정 처분 • 위생정보 공유	영업소별 소집교육
사무직군	연 1회 이상	• 식품위생관리체계 • 식품위생 관련 법규 • 식재위생 : 식재 위해도 평가, 협력업체 관리방안 • HACCP 관리기준	식품안전교육 (업무별로 교육 내용이 다름)

(3) CJ프레시웨이의 위생교육 사례

CJ의 식품산업에 대한 오랜 경험과 노하우를 바탕으로 1999년 CJ FD 시스템으로 시작하여 2008년 회사명을 변경하고 식자재유통사업, 급식·외식업종에서 확고한 지위를 구축해온 CJ프레시웨이는 회사가 운영하는 급식소 각 지점의 위생 점검 시 ATP기기를 도입해 과학적인 손 씻기 체험 위생 교육을 실시하고 있다. CJ는 기존에는 올바른 손 씻기 방법과 중요성에 관해 이론 교육만 실시해 왔지만, 조리종사원의 개인위생 관리에 대한 자발적 참여를 높이기 위해 2011년 5월부터 ATP기기를 활용한 위생교육을 실시하고 있다. ATP기기로 손 씻기 체험 위생교육을 할 경우에는 기기에 청결도 숫자가 바로 나타나 교육 효과가 더욱 높다.

CJ가 운영하는 한 업장의 조리종사원을 대상으로 손의 위생 상태를 측정한 결과 개인적인 손 씻기 습관에 따라 미생물 수의 감소폭도 많은 차이를 보이는 것으로 나타났다(표 8-5). 손을 씻기 전과 비교해 물로만 씻었을 경우는 미생물 수가 최소 30%에서 최대 80%까지 감소했으며, 비누를 사용했을 경우는 최소 75%에서 최대 98%까지 감소했다(대한급식신문 2011년 5월 16일 자 기사내용 일부 발췌).

표 8-5 ATP기기를 이용한 조리종사원 손 씻기 체험교육 효과 측정 결과 (단위 : RLU, Relative Light Unit)

구분	손 씻기 전	물로만 씻었을 때	비누로 씻었을 때
조리원 A	1,299	907(30%↓)	301(77%↓)
조리원 B	1,946	1,031(47%↓)	97(95%↓)
조리원 C	2,231	856(72%↓)	96(96%↓)
조리원 D	2,250	455(80%↓)	46(98%↓)
조리원 E	2,737	957(65%↓)	399(85%↓)

*RLU는 미생물이 효소와 결합해 빛에너지를 내는 양을 말하며 조리종사원의 손 청결도는 1,500RLU 이하여야 한다.

(4) 풀무원푸드앤컬처의 위생교육 사례

1991년부터 위탁급식산업을 이끌어 온 ㈜풀무원푸드앤컬처는 위탁급식에서 가장 중요한 관리사항을 식품의 안전과 위생 실천으로 생각하고 있다. 2000년부터 체계적인 위생교육시스템을 단계별로 구축하여 전 직원을 대상으로 실시하고 있다. 〈표 8-6〉은 ㈜풀무원푸드앤컬처의 직원을 대상으로 한 위생교육체계이다.

표 8-6 ㈜풀무원푸드앤컬처의 위생교육체계

대 상	주 기	내 용	비 고
정규 채용자 수시 채용자	입사 시	• 위생 개념의 이해 및 위생 마인드 교육 • 식품위생 법적관리 • 당사 위생관리시스템	
인턴 영양사	1개월 (일일 자율학습 과제 배포)	• 위생 개념의 이해 및 위생 마인드 교육 • 개인 · 식품 · 상품 · 시설위생관리 • HACCP 시스템 이해 • 위생관리 및 실행실습(사례 중심)	멘토에 의한 밀착교육, 일일자율학습 후 집체 교육(과제 제출 및 시험)
관리자(영양사) 조리실장 조리사	반기 2회	• 위생 마인드 교육 • HACCP 시스템 관리(조리공정별) • 식품위생 법적사항 및 행정처분 • 당사 위생관리기준 • 위생관리 및 실행실습(사례 중심) • 식중독 사례연구	집체 교육 시 시험
조리종사원	월 1회 및 수시	• 위생 마인드 교육 • 공정별 위생 실천 방법 • 조리종사원 작업습관 교정	플래시 애니메이션 '감순이의 위생여행', 안전교육 병행
본사 관리직	반기 1회	• 위생 마인드 교육 • 위생관리체계 및 실행방법 • 식품위생 법적사항 및 행정처분 • HACCP 시스템 이해 • 식품안전교육 • 사업장 방문 시의 위생 체크사항	

현장의 급식종사원이 위생을 쉽고 재미있게 받아들이도록 실질적인 위생실천지침이 플래시 애니메이션으로 구현된 온라인 교육 '감순이의 위생여행'을 직원들의 위생교육 시 적극 활용하고 있다. 이 프로그램의 교육대상자는 기존의 급식종사원과 신규 · 수시 채용 종사원이다. 교육내용은 총 10장으로 구성되어 있으며 1장당 교육시간은 3분으로 전체 교육시간은 30분이다. 급식종사원이 홈페이지를 통해 언제든지 가능한 시간에 반복적으로 학습할 수 있으므로, ㈜풀무원푸드앤컬처의 위생관리시스템에 대한 내용을 빠르게 학습하고 인지하게 하여 ㈜풀무원푸드앤컬처의 위생기준을 준수시키는 데 효과가 크다고 평가하고 있다.

(5) SPC 그룹의 위생교육 사례

1945년 설립 이후 식품전문기업으로, 파리크라상, 비알코리아㈜, ㈜에스피씨삼립 등을 통해 프랜차이즈와 브랜드빵 사업을 전개해오고 있는 SPC 그룹은 2023년 기준으로 총 67개의 식품제조 · 가공업소에 HACCP을 인증받았다. SPC 식품안전센터에서 그룹 내 식품안전관리를 총괄하고 있고, 공장과 직 · 가맹점을 현장 방문하여 위생점검을 실시하고 있으며, 원료, 제품, 작업환경에 대한 미생물 검사도 실시하고 있다. 또한 점포 근무자를 대상으로 정기적인 위생교육을 실시하고 있으며 교육대상은 점주, 관리자, 제과 · 제빵사 등이며 사이버교육체계 구축을 위한 동영상 교육 콘텐츠도 개발하여 활용하고 있다.

2) 외국의 위생교육 사례

(1) 각 기관의 위생교육 프로그램

급식 · 외식산업에서 좋은 개인위생 습관을 가진 종사원의 역할은 매우 중요하며 효과적인 위생관리를 하는 데에 필수적이다. 미국 급식 · 외식업소의 종사원 위생교육은 특히 많은 관련 협회의 도움을 받아 진행되고 있다. 각 협회에서는 급식관리자가 종사원 위생교육에 필요한 여러 가지 기준을 설정하거나 위생교육 수료증 제도 등을 마련해 놓고 있다. 특히 학교와 같은 비상업적 급식소에서는 급식관리자가 전적으로 종사원 교육을 맡고 있는데, 대개는 정부와 협회에서 제작해 놓은 비디오테이프, 영화, 슬라이드, 포스터 등을 활용한다. 또한 급식관리자가 직접 급식업소에 맞는 위생교육 책자를 제작하기도 한다.

미국에서의 급식대상자를 위한 위생교육은 정부와 협회, 그리고 대학교 전문가로 이루어진 많은 단체에서 꾸준히 진행되고 있다. 특히 학교 급식소 위생교육의 대상을 학생으로 제한하지 않고 부모, 담임교사, 보건교사, 학교장 등 학교와 관련된 모든 사람에게 필요한 교육을 제공하고 있으며, 위생교육 포털 사이트를 운영하거나, 교육자료의 제공, 기존 위생교육자료의 검토와 평가 등 다양한 위생교육 관련 서비스를 보급하고 있다. 또한 정부는 NRA 산하 International Food Safety Council의 협찬을 받아 9월을 '식품위생교육의 달'로 정하고 캠페인을 벌이고 있으며 해당 캠페인에 필요한 교육자료를 급식위생 교육 담당자에게 제공하고 있다. 이러한 캠페인은 성공사례를 모아 보고하게 하여 위생교육자가 실제적으로 이용할 수 있도록 효과적인 교육방법을 제시하고 있다.

식자재 공급업자에 대한 교육내용을 살펴보면, FDA는 수산물 제조업체에 1997년부터 HACCP 교육을 받도록 지시했고 위생감시 또한 예방 차원이 강조되고 있다. 미국 최대의 해산물 퀵 서비스 체인 레스토랑인 'Long John Silver'는 공급업자들에게 수산물 위생안전에 대한 교육을 제공하고 있으며, 어선과 가공공장으로 위생감시원을 수시로 파견하고 있다. 또한 각 체인점에서 판매하고 있는 모든 메뉴에 대하여 자체 실험실에서 위생테스트를 실시하고 있다. 'Beef Industry Food Safety Council'은 육류와 관련된 모든 부분을 대표하는 전문가들로 구성된 연합으로서 육류의 생산 · 가공 · 유통과정 전반에서 발생할 수 있는 식중독균과 관련된 문제를 해결하기 위한 전략 개발을 목표로 하고 있다.

여러 기관에 의한 교육 프로그램을 살펴보면 'Educational Foundation of the National Restaurant Association'은 급식관리자와 종사원을 위한 다양한 위생교육 과정을 개설하고 있다. 'ASFSA American School Foodservice Association'는 학교급식에서 중요한 위생과 급식종사원에 대한 교육을 제공하고 있다. '미국영양사협회ADA : American Dietetic Association'는 식품위생관리를 어느 단체보다도 중요하게 여겨 위생과 관련된 많은 책을 출간했으며 급식관리자에게 다양하고 강도 높은 교육을 제공하고 있다. 이 외에도 JCAHO Joint Commission on Accreditation of Healthcare Organization, APHA American Public Health Association, NSF National Sanitation Foundation 등 여러 단체들이 미국의 급식 · 외식산업의 효과적인 위생교육을 위해 다양한 프로그램 개발에 힘쓰고 있다.

(2) 식품위생관리를 위한 정부 및 산학 간 협동현황

효과적인 식품위생관리 시스템은 생산부터 소비자의 식탁에 이르는 모든 단계에 관련된 사람들이 참여하는 종합적이고 상호의존적 체계로 이루어져야 한다. 현재 미국에서는 'from farm to table' 접근법을 이용하여 위해가 발생할 수 있는 모든 단계에서 적절한 관리와 조치가 수행될 수 있도록 공동의 노력을 추구하고 있다. 이 시스템은 연방주 및 지역의 정부기관, 생산자, 식품업계, 소비자 · 소비자단체, 대학과 연구기관, 대중매체 등 다양한 구성원들로 이루어진다(표 8-7). 이처럼 다양한 구성

표 8-7 미국의 위생관리시스템의 예

구 분	내 용
공공부문	전국적인 위생 점검 시스템을 포함하여 위생 관련 법규를 집행하고, 주요한 연구 및 교육 활동을 주도하고 있다.
사적부문	식품산업과 관련된 모든 단계를 대표하는 생산 · 가공 · 판매업체, 수입업체, 외식급식업체, 기타 전문조직 등이 포함된다. 이들은 소비자에게 안전한 식품을 제공하고, 전문적인 정보를 공유하며, 식품산업 종사원 및 소비자를 위한 위생교육 프로그램을 지원한다. 또한 식품과 관련된 전문조직과 학회들은 식품위생시스템 운영을 위한 전문적인 정보를 제공하고, 연구 및 교육 활동을 책임지고 있다.
교육기관	교수진과 연구자들에 의하여 식품위생과 관련된 연구를 수행하고, 교육자료를 개발하며, 연구결과를 널리 알리는 역할을 한다. 또한 지역사회와 연계하여 위생교육 실시, 공공 · 사적부문의 자문위원회 참여, 법규 제정 과정에 중요한 정보 및 의견을 제공한다.
소비자	소비자들은 구매 의사결정 및 실제 구매 활동을 통해 위생관리시스템에 영향을 미치게 된다. 구매 후 실제 섭취단계까지 식품을 안전하게 유지하기 위해 소비자들은 위생적인 식품관리 및 저장방법을 준수해야 하며 이를 위해 적절한 위생교육이 병행되고 있다.

원으로 이루어진 위생관리시스템은 안전한 식품공급이라는 공동의 목적을 달성하기 위해 긴밀한 협력관계를 통해 법규에 의해 제재되는 활동과 자발적인 활동 간의 통합을 이루고자 애쓰고 있다.

최근 미국에서는 이처럼 식품업계, 정부, 교육기관 및 전문집단, 비영리조직 간의 다양한 파트너십을 바탕으로 한 활동이 활발히 이루어지고 있다. 이들의 목표는 식품위생에 대한 인식을 향상하고, 식품위생교육을 장려하며, HACCP 시스템 실행 장려 등 위생관리 전반을 향상하고자 함이다. 잘 짜여진 식품위생 프로그램은 급식 · 외식업체의 위생관리에서는 필수요소이며 이를 담당하는 관리자도 매우 중요한 역할을 한다. 다음은 이러한 각계의 협력현황에 대한 예이다.

NCFSSNational Coalition for Food Safe Schools는 학교급식을 위해 개발된 공공–사적부문 간의 파트너십이다. 학교급식에서의 식중독 발생을 줄이고, 식품위생관리 향상을 위하여 다양한 협회 및 주 · 연방정부의 대표자들이 구성원으로 참여하고 있다. NCFSS는 웹사이트를 통해 학교급식종사원 및 학생, 학부모, 양호교사, 학교장, 지역의 건강복지관련 공공기관에 식품위생 정보를 제공하고 있다(USDA 식품위생검사국, 미국학교급식협회, 미국영양사협회, National Food Service Management

Institute, Partnership for Food Safety Education 등).

NFSEM National Food Safety Education Month은 1994년에 시작되었으며, NRAEF National Restaurant Association Educational Foundation의 IFSC International Food Safety Council에 의해 후원되는 프로그램으로 식품위생교육의 중요성을 홍보하는 데 효과적으로 이용되고 있다. NFSEM은 급식 · 외식업체 종사원들의 식품위생교육을 강화하고, 일반 소비자에게 가정에서의 올바른 식품관리 방법을 교육하는 것을 목표로 매년 다른 주제를 홍보하고 있다. 특히 매년 9월에는 그해 위생관련 주제의 적극적 홍보를 위하여 업체 및 교육기관들이 식품위생교육을 실시하고 업계 종사원과 학생들이 다양한 교육 프로그램에 참여하도록 하며, 각 대학들은 식품위생 관련 심포지엄과 워크숍을 개최한다.

Partnership for Food Safety Education은 1997년 미농무성, 보건복지부, 교육부 장관들과 식품업계의 단체, 소비자 관련 단체 등의 협의에 의해 시작된 파트너십으로서 식중독 발생을 줄이기 위한 일환으로 National Food Safety Initiative와 함께 'Fight BAC™'이라는 대국민 교육 프로그램을 개발했으며 이는 소비자를 위한 식품위생교육 중 가장 성공적인 예로 손꼽히고 있다. Fight BAC™은 업계로부터 재정적 지원을, 정부와 소비자단체로부터는 전문지식 및 기술, 인력 등을 지원받아 운영되고 있다.

FSTEA Food Safety Training and Educational Alliance는 정부기관, 업계 및 학계 간의 파트너십으로, 1997년 National Food Safety Initiative에 의해 설립되었다. FSTEA의 임무는 소매단계의 위생관리 및 행동을 변화시켜 식품위생교육을 향상하는 데 있다. 이 조직은 웹사이트를 통하여 교육자 및 업체의 관리자들을 위한 식품위생 교육자료, 성공사례, 관련 법규 및 연구비 지원 등과 관련된 다양한 정보를 제공하고 있다.

FSTEI Food Safety and Training and Education Initiative는 산학협동의 한 예로서 미국의 유명한 식품회사인 타이슨식품 Tyson Food과 아칸사대학교 간의 파트너십이다. 이 연합의 목표는 여러 대학에서 사이버 강좌를 통해 제공되는 다양한 식품위생강의를 통합 · 운영하여 식품 및 급식 · 외식업계 종사원들이 특정 교육프로그램을 수료하거나 학부 및 대학원 과정 학위를 취득할 수 있도록 하는 것이다. HACCP 시스템 관리 및 식품위생관리, 경영 등의 수료 프로그램이 있고, 사이버 대학원 과정을 통해 아칸사대학교에서 학위를 받을 수 있다.

CSREESCooperative State Research, Education, and Extension Service 연합은 정부와 학계, 업계 간의 연합으로서, 주된 역할은 일반 시민, 지역사회와 국가 전체에 공헌하는 식품학과, 농학, 환경학 및 가정학 분야에서의 연구와 교육을 발전시키고자 하는 것이다. CSREES는 다양한 환경에서 식품위생교육을 실시하고 있으며 National Integrated Food Safety Initiative Competitive Grant 프로그램을 후원한다. 미국의 절반 이상이 넘는 주에서 CSREES는 지역과 주의 식당협회, 업계, 보건복지부서, 지역의 대학들과 협력하에 ServeSafe 교육을 실시하고 있다. 이 교육 프로그램을 통하여 매년 12,000명 이상의 급식 · 외식업계 종사원 및 관리자들이 식품위생교육을 받고 있다.

'Food–handler permit'는 식품을 다루는 모든 업종에 종사하는 사람을 대상으로 실시하는 식품위생교육 프로그램으로서 4시간 교육을 의무적으로 받아야 하며 시험을 통과한 후 인증서를 받아 자신이 근무하는 곳의 인사기록카드와 같이 보관해야 한다. 각 주마다 조금씩 다른 시스템을 가지고 있어서 유효기간이나 테스트를 받아야 하는 시기에는 차이가 있으나 그 목적은 급식대상자에게 위생적인 음식을 제공하는 데 있다.

:: GROUP ACTIVITY 도우미

1 가상의 급식소나 외식업소 조리종사원을 대상으로 한 연간 위생교육계획을 수립하시오.

2 1일 교육내용에 대한 구체적인 교육안을 작성하시오(Group Activity 도우미 활용).

3 작성한 위생교육안을 토대로 하여 실제 15~20분 정도의 위생교육을 실행하고 필요시 발표 과정에서 동료평가를 병행하시오(Group Activity 도우미 활용).

4 위생교육 후 교육내용을 실행하게 될 교육대상자의 평가계획을 수립하고 실행하시오(Group Activity 도우미 활용).

5 실제로 실행한 위생교육에 대한 위생교육일지를 작성하고 평가하시오(Group Activity 도우미 활용).

1. 연간 위생교육계획 작성

회 차	교육주제	교육내용	교육매체
1월			
2월			
3월			
4월			
5월			
6월			
7월			
8월			
9월			
10월			
11월			
12월			

2. 1일 위생교육안 작성

교육대상자의 특징			
교육주제			
교육목적			
교육일시			
내용 (교육 내용 및 활동)	교육매체	필요 기자재	소요시간
교육평가계획			

3. 위생교육내용 구성의 예(주제 : 올바른 손세척)

손세척	• 식품취급지역에 종사하는 모든 사람은 작업 중에도 손을 흐르는 따뜻한 물로 알맞은 세척도구를 이용하여 철저하게 자주 세척해야 한다.
손세척 시설	• 화장실, 주방 내, 전처리 장소, 출입구 등 필요한 장소에 마련하고 비누, 소독액 등 전용 소독세제를 항상 비치한다.
손을 씻어야 하는 경우	• 작업 전 또는 화장실 출입 후, 날 식품을 취급했을 때 • 신체의 일부를 만졌을 때 • 흡연 및 껌을 씹었을 때 • 쓰레기 등을 취급한 후 • 기기 및 기구 세척 작업을 수행한 후 • 음식물을 섭취한 후 • 자신의 손을 오염시킬 수 있는 물질을 만졌을 때
손을 씻는 과정	1. 온수를 이용하여 손을 적신다. 2. 비누거품을 충분히 내어 손을 닦고 손톱 브러시를 이용하여 손톱 밑을 닦는다. 3. 온수로 완전히 씻어낸다. 4. 손을 건조시킨다(1회용 타월, 건조기 이용). 5. 손을 건조시킨 후 앞치마 등을 만지지 않는다. 6. 손을 재오염시킬 수 있는 모든 행위를 자제한다.
손관리	• 손톱을 짧게 유지한다. • 손톱에 매니큐어를 바르거나 인조 손톱을 부착하지 않는다. • 상처가 있을 때에는 붕대로 감고 플라스틱 장갑을 착용한다.
작업장에서의 올바른 복장 및 행동	• 위생모는 주방 출입 시 항상 착용하고 머리카락이 보이지 않도록 바르게 착용한다. • 식품취급 시 시계, 반지, 목걸이, 귀걸이, 팔찌 등의 장신구는 착용하지 않는다. • 주방 내에서는 음식을 먹거나, 흡연, 껌 씹기, 침 뱉기, 머리 긁기 등 비위생적인 행동은 금해야 하며 반드시 지정된 장소에서 음식을 먹고, 흡연구역을 이용하도록 한다. • 작업복은 작업장 내에서만 착복하도록 한다.

4. 위생교육 발표평가서 양식

위생교육 발표평가서

평가자 : ________조 학번______________ 이름________________

평가항목	1조	2조	3조	4조	5조	6조	7조	8조
1. 발표를 위한 교육자료의 준비는 충분했는가?								
2. 위생교육 태도는 전문가다웠는가?								
3. 유인물은 조리종사원들이 잘 이해할 수 있도록 작성했는가?								
4. 교육시간을 잘 지켰는가?								
5. 전체적인 교육의 진행 및 전개가 적정했는가?								
6. 전체적으로 이해하기 쉽도록 구성된 교육이었는가?								

- 각 항목을 상 · 중 · 하로 평가해 보세요.

- 자신의 조도 평가해 보세요.

- 자신의 조에서 이번 발표수업에 기여도가 가장 높은 사람은 누구인가요? 1명만 선정하세요(본인 제외).

- 급식 · 외식관리자로서 위생교육 진행 시 가장 중요하게 고려해야 할 사항은 무엇이라고 생각하는지 간략히 서술하세요. 혹은 발표수업을 준비하면서 느낀 점을 적어도 좋습니다.

발표수업 준비하느라고 수고가 많았습니다!!! 담당교수

5. 위생교육일지 양식

위생교육일지

일 시	202 년 월 일(: – :)		지 점 명	
교육자	성 명 :	소속 및 직위 :		
참석여부	참석인원 : 전체 ( )명 중 ( )명		불 참 자	
			불참 사유	
교육주제				
교육내용	※ 교육자료 첨부			
질문사항				
교육대상자 반응	상	중	하	
교육자 의견				

6. 위생교육평가지의 예 I (조리종사원 대상)

평가일시	202　년　　　월　　　일　　　요일
평가주제	급식종사원 개인위생
조리원명	____________ (서명)
평가문제	1. 손을 씻어야 할 상황 중 틀린 것은? 가. 모든 작업을 시작할 때 나. 오염원에 접촉한 후 다. 세제나 화학물질 사용 후 라. 손 소독 후 2. 올바른 손 씻기 방법에 대해서 간략하게 설명하세요. * 다음은 개인위생에 대한 내용입니다. 맞는 곳에 ㅇ표, 틀린 곳에 ×표를 하세요. 3. 머리는 항상 단정하고 청결하게 하며, 위생모를 쓰되 머리카락이 흘러나오지 않도록 한다. (　　　　) 4. 위생장갑은 조리용과 세척용으로 구분하여 사용한다. (　　　　) 5. 조리 시에 항상 청결한 위생복을 유지하기 위하여 조리실 내에서 위생복을 세탁한다. (　　　　) 6. 실내화와 실외화를 구분하여 사용한다. (　　　　)

수고하셨습니다.
다음 달에는 급식생산단계별 위생관리에 대한 교육이 있을 예정입니다.

7. 위생교육평가지의 예 II (조리종사원 대상)

평가일시	202 년 월 일 요일
평가주제	7월의 위생교육 주제 : 1. 선행요건프로그램 2. 급식생산단계별 위생관리
조리원명	________________ (서명)
평가문제	* 다음 질문을 읽고 맞는 곳에 ○표, 틀린 곳에 ×표를 하세요. 1. 급식소 공간이 부족한 경우에는 창고와 탈의실을 함께 사용해도 된다. ( ) 2. 식재료 창고나 조리실에 부착된 환풍기는 탈부착이 어려우므로 기름때가 있고 지저분해도 청소하지 않아도 된다. ( ) 3. 달걀은 상온보관제품이다. ( ) 4. 냉장고는 5℃ 이하, 냉동고는 −18℃ 이하로 철저히 온도관리를 한다. ( ) 5. 냉동식품 해동 후 재동결을 금지한다. ( ) 6. 세척제, 유해물질은 반드시 식재료와 분리하여 저장 · 보관한다. ( ) 7. 작업 시작 전, 화장실 사용 후, 신체 부위를 만진 후, 오염된 물건을 만진 후에는 반드시 손을 씻어야 한다. ( ) 8. 자외선 살균기에 컵을 보관할 때 공간이 부족하므로 많이 넣을 수 있게 겹쳐서 보관한다. ( ) 9. 냉장 · 냉동고에 있는 식재료 중 소비(유통)기한이 있는 것은 반드시 재고현황판에 기재하여 관리한다. ( ) 10. 냉장 · 냉동고 기준온도 미달 시에는 온도관리표지판을 이용하여 '위험' 표시를 한 후 열고 닫는 것을 자제한다. ( )

수고하셨습니다.
여러분의 바른 위생실천은 안전한 급식을 제공하는 초석이 됩니다.

부록

부록 1. HACCP 적용업소 인증신청서

부록 2. 선행요건관리 : 인증평가 및 사후관리용

부록 3. HACCP 관리 인증평가표

부록 4. HACCP 적용업소 인증서 양식

부록 5. 학교급식 위생사고 발생 시 행정처분기준

부록 6. 소규모 식품접객업, 운반급식 HACCP 인증평가표와 사후관리용 평가표

부록 7. 원 · 부재료 기준규격서 양식

부록 8. 학교급식 식재료의 품질관리기준

부록 9. HACCP 인증 사후관리용

부록 10. 학교급식 위생 · 안전점검 항목별 평점표

부록 11. 급식소 조리공정흐름도의 예

부록 1. HACCP 적용업소 인증신청서

식품안전관리인증기준(HACCP)적용업소 인증(연장) 신청서

※ 첨부서류는 아래를 참고하시기 바라며, 색상이 어두운 난은 신청인이 적지 않습니다.

<table>
<tr><td>접수번호</td><td>접수일</td><td>발급일</td><td>처리기간</td><td>인증 : 40일
연장 : 60일</td></tr>
</table>

<table>
<tr><td rowspan="7">신청인</td><td colspan="2">영업신고(등록) 번호</td><td colspan="2">영업신고(등록) 연월일</td></tr>
<tr><td colspan="2">영업소명</td><td colspan="2">전화번호</td></tr>
<tr><td rowspan="2">소재지</td><td colspan="3">본사</td></tr>
<tr><td colspan="3">공장(사업장)

※ 집단급식소 중 위탁운영의 경우 그 이름과 소재지, 신고번호를 기재</td></tr>
<tr><td colspan="2">대표자 성명</td><td colspan="2">생년월일
(외국인의 경우 외국인 등록번호)</td></tr>
<tr><td colspan="2">HACCP팀장</td><td colspan="2">생년월일</td></tr>
<tr><td rowspan="7">신청
내용</td><td colspan="2">HACCP적용 식품명(유형)</td><td colspan="2">인증번호</td></tr>
<tr><td colspan="4">HACCP적용 품목별(유형) 1년간 생산실적</td></tr>
<tr><td>품목명</td><td>생산실적(단위 : 천 원)</td><td>품목명</td><td>생산실적(단위 : 천 원)</td></tr>
<tr><td></td><td></td><td></td><td></td></tr>
<tr><td>품목명</td><td>생산실적(단위 : 천 원)</td><td>품목명</td><td>생산실적(단위 : 천 원)</td></tr>
<tr><td></td><td></td><td></td><td></td></tr>
</table>

「식품위생법」 제48조제3항 · 제48조의2제2항 및 같은 법 시행규칙 제63조제1항 · 제68조의2제2항에 따른 식품안전관리인증기준적용업소 인증 또는 인증 유효기간의 연장을 신청합니다.

년 월 일

신청인 (서명 또는 인)

인증기관의 장 귀하

첨부서류	「식품위생법」 제48조제1항에 따른 식품안전관리인증기준에 따라 작성한 적용대상 식품별 식품안전관리인증계획서(중요관리점의 한계 기준, 모니터링 방법, 개선조치 및 검증방법을 기술한 자체 계획서 등을 말합니다)	수수료 「식품위생법 시행규칙」 별표 26 제2호나목에 따라 한국식품안전관리인증원장이 정하는 금액

처리절차

신청서 작성 → 접수 → 서류검토 (HACCP 관리 계획서) → 현지 확인 및 평가(HACCP 실시상황 평가) → 판정 → 결재 → HACCP 적용업소 인증서 발급

신청인

법 제48조 제12항에 따른 위탁기관 (HACCP 적용업소 인증 담당부서)

부록 2. 선행요건관리 : 인증평가 및 사후관리용

집단급식소, 식품접객업(위탁급식영업), 운반급식(개별 또는 벌크 포장)

평가내용(배점)	평가결과 (0~3점)	비 고
영업장 관리		
작업장		
1. 영업장은 독립된 건물이거나 해당 영업신고를 한 업종 외의 용도로 사용되는 시설과 분리(벽 · 층 등에 의하여 별도의 방 또는 공간으로 구별되는 경우를 말한다. 이하 같다)되어야 한다(0~2점).		
2. 작업장(출입문, 창문, 벽, 천장 등)은 누수, 외부의 오염물질이나 해충 · 설치류 등의 유입을 차단할 수 있도록 밀폐 가능한 구조이어야 한다(0~3점).		
3. 작업장은 청결구역(식품의 특성에 따라 청결구역은 청결구역과 준청결구역으로 구별할 수 있다)과 일반구역으로 분리하고, 제품의 특성과 공정에 따라 분리, 구획 또는 구분할 수 있다(0~3점).		
건물 바닥, 벽, 천장		
4. 원료처리실, 제조 · 가공 · 조리실 및 내포장실의 바닥, 벽, 천장, 출입문, 창문 등은 제조 · 가공 · 조리하는 식품의 특성에 따라 내수성 또는 내열성 등의 재질을 사용하거나 이러한 처리를 하여야 하고, 바닥은 파여 있거나 갈라진 틈이 없어야 하며, 작업 특성상 필요한 경우를 제외하고는 마른 상태를 유지하여야 한다. 이 경우 바닥, 벽, 천장 등에 타일 등과 같이 홈이 있는 재질을 사용한 때에는 홈에 먼지, 곰팡이, 이물 등이 끼지 아니하도록 청결하게 관리하여야 한다(0~3점).		
배수 및 배관		
5. 작업장은 배수가 잘되어야 하고 배수로에 퇴적물이 쌓이지 아니하여야 하며, 배수구, 배수관 등은 역류가 되지 아니하도록 관리하여야 한다(0~3점).		
6. 배관과 배관의 연결부위는 인체에 무해한 재질이어야 하며, 응결수가 발생하지 않도록 단열재 등으로 보온 처리하거나 이에 상응하는 적절한 조치를 취하여야 한다(0~1점).		
출입구		
7. 작업장 외부로 연결되는 출입문에는 먼지나 해충 등의 유입을 방지하기 위한 완충구역이나 방충 이중문 등을 설치하여야 한다(0~1점).		
8. 작업장의 출입구에는 구역별 복장 착용 방법을 게시하여야 하고, 개인위생관리를 위한 세척, 건조, 소독 설비 등을 구비하여야 하며, 작업자는 세척 또는 소독 등을 통해 오염 가능성 물질 등을 제거한 후 작업에 임하여야 한다(0~2점).		

평가내용(배점)	평가결과 (0~3점)	비 고
통로		
9. 작업장 내부에는 종업원의 이동경로를 표시하여야 하고 이동경로에는 물건을 적재하거나 다른 용도로 사용하지 아니하여야 한다(0~1점).		
창		
10. 창의 유리는 파손 시 유리조각이 작업장 내로 흩어지거나 원 · 부자재 등으로 혼입되지 아니하여야 한다(0~1점).		
채광 및 조명		
11. 선별 및 검사구역 작업장 등은 육안확인에 필요한 조도(540Lux 이상)를 유지하여야 한다(0~1점).		
12. 채광 및 조명시설은 내부식성 재질을 사용하여야 하며, 식품이 노출되거나 내포장 작업을 하는 작업장에는 파손이나 이물 낙하 등에 의한 오염을 방지하기 위한 보호장치를 하여야 한다(0~1점).		
부대시설		
화장실		
13. 화장실, 탈의실 등은 내부 공기를 외부로 배출할 수 있는 별도의 환기시설을 갖추어야 하며, 화장실 등의 벽과 바닥, 천장, 문은 내수성, 내부식성의 재질을 사용하여야 한다. 또한, 화장실의 출입구에는 세척, 건조, 소독 설비 등을 구비하여야 한다(0~1점).		
탈의실, 휴게실 등		
14. 탈의실은 외출복장(신발 포함)과 위생복장(신발 포함) 간의 교차오염이 발생하지 아니하도록 구분 · 보관하여야 한다(0~1점).		
위생관리		
작업환경 관리		
동선 계획 및 공정 간 오염방지		
15. 식자재의 반입부터 배식 또는 출하에 이르는 전 과정에서의 교차오염 방지를 위하여 물류 및 출입자의 이동 동선을 설정하고 이를 준수하여야 한다(0~2점).		
16. 청결구역과 일반구역별로 각각 출입, 복장, 세척 · 소독 기준 등을 포함하는 위생 수칙을 설정하여 관리하여야 한다(0~3점).		
온도 · 습도 관리		
17. 작업장은 제조 · 가공 · 조리 · 보관 등 공정별로 온도관리를 하여야 하고, 이를 측정할 수 있는 온도계를 설치하여야 한다. 필요한 경우, 제품의 안전성 및 적합성 확보를 위하여 습도관리를 하여야 한다(0~1점).		

(계속)

평가내용(배점)	평가결과 (0~3점)	비 고
환기시설 관리		
18. 작업장 내에서 발생하는 악취나 이취, 유해가스, 매연, 증기 등을 배출할 수 있는 환기시설, 후드 등을 설치하여야 한다(0~1점).		
19. 외부로 개방된 흡 · 배기구, 후드 등에는 여과망이나 방충망, 개폐시설 등을 부착하고 관리계획에 따라 청소 또는 세척하거나 교체하여야 한다(0~1점).		
방충 · 방서 관리		
20. 작업장의 방충 · 방서관리를 위하여 해충이나 설치류 등의 유입이나 번식을 방지할 수 있도록 관리하여야 하고, 유입 여부를 정기적으로 확인하여야 한다(0~1점).		
21. 작업장 내에서 해충이나 설치류 등의 구제를 실시할 경우에는 정해진 위생 수칙에 따라 공정이나 식품의 안전성에 영향을 주지 아니하는 범위 내에서 적절한 보호 조치를 취한 후 실시하며, 작업 종료 후 식품취급시설 또는 식품에 직 · 간접적으로 접촉한 부분은 세척 등을 통해 오염물질을 제거하여야 한다(0~1점).		
개인위생 관리		
22. 작업장 내에서 작업 중인 종업원 등은 위생복 · 위생모 · 위생화 등을 항시 착용하여야 하며, 개인용 장신구 등을 착용하여서는 아니 된다(0~2점).		
작업위생 관리		
교차오염의 방지		
23. 칼과 도마 등의 조리 기구나 용기, 앞치마, 고무장갑 등은 원료나 조리과정에서의 교차오염을 방지하기 위하여 식재료 특성 또는 구역별로 구분하여 사용하여야 한다(0~3점).		
24. 식품 취급 등의 작업은 바닥으로부터 60cm 이상의 높이에서 실시하여 바닥으로부터의 오염을 방지하여야 한다(0~1점).		
전처리		
25. 해동은 냉장해동(10℃ 이하), 전자레인지 해동, 또는 흐르는 물에서 실시한다(0~1점).		
26. 해동된 식품은 즉시 사용하고 즉시 사용하지 못할 경우 조리 시까지 냉장 보관하여야 하며, 사용 후 남은 부분을 재동결하여서는 아니 된다(0~1점).		
조리		
27. 가열 조리 후 냉각이 필요한 식품은 냉각 중 오염이 일어나지 아니하도록 신속히 냉각하여야 하며, 냉각온도 및 시간기준을 설정 · 관리하여야 한다(0~1점).		
28. 냉장 식품을 절단 소분 등의 처리를 할 때에는 식품의 온도가 가능한 한 15℃를 넘지 아니하도록 한 번에 소량씩 취급하고 처리 후 냉장고에 보관하는 등의 온도 관리를 하여야 한다(0~1점).		

평가내용(배점)	평가결과 (0~3점)	비 고
완제품 관리		
29. 조리된 음식은 배식 전까지의 보관온도 및 조리 후 섭취 완료 시까지의 소요시간기준을 설정 · 관리하여야 하며, 유통제품의 경우에는 적정한 소비(유통)기한 및 보존 조건을 설정 · 관리하여야 한다(0~1점). • 28℃ 이하의 경우 : 조리 후 2~3시간 이내 섭취 완료 • 보온(60℃ 이상) 유지 시 : 조리 후 5시간 이내 섭취 완료 • 제품의 품온을 5℃ 이하 유지 시 : 조리 후 24시간 이내 섭취 완료		
배식		
30. 냉장식품과 온장식품에 대한 배식 온도관리기준을 설정 · 관리하여야 한다(0~2점). • 냉장보관 : 냉장식품 10℃ 이하(다만, 신선편의식품, 훈제연어는 5℃ 이하 보관 등 보관온도 기준이 별도로 정해진 식품의 경우에는 그 기준을 따른다) • 온장보관 : 온장식품 60℃ 이상		
31. 위생장갑 및 청결한 도구(집게, 국자 등)를 사용하여야 하며, 배식 중인 음식과 조리 완료된 음식을 혼합하여 배식하여서는 아니 된다(0~1점).		
검식		
32. 영양사는 조리된 식품에 대하여 배식하기 직전에 음식의 맛, 온도, 이물, 이취, 조리 상태 등을 확인하기 위한 검식을 실시하여야 한다. 다만, 영양사가 없는 경우 조리사가 검식을 대신할 수 있다(0~1점).		
보존식		
33. 조리한 식품은 소독된 보존식 전용용기 또는 멸균 비닐봉지에 매회 1인분 분량을 −18℃ 이하에서 144시간 이상 보관하여야 한다(0~3점).		
폐기물 관리		
34. 폐기물 · 폐수처리시설은 작업장과 격리된 일정장소에 설치 · 운영하여야 하며, 폐기물 등의 처리용기는 밀폐 가능한 구조로 침출수 및 냄새가 누출되지 않아야 하고, 관리계획에 따라 폐기물 등을 처리 · 반출하고, 그 관리기록을 유지하여야 한다(0~1점).		
세척 또는 소독		
35. 영업장에는 기계 · 설비, 기구 · 용기 등을 충분히 세척하거나 소독할 수 있는 시설이나 장비를 갖추어야 한다(0~1점).		
36. 세척 · 소독 시설에는 종업원에게 잘 보이는 곳에 올바른 손 세척 방법 등에 대한 지침이나 기준을 게시하여야 한다(0~1점).		

(계속)

평가내용(배점)	평가결과 (0~3점)	비 고
37. 영업자는 다음 각 호의 사항에 대한 세척 또는 소독 기준을 정하여야 한다(0~2점). • 종업원 • 위생복, 위생모, 위생화 등 • 작업장 주변 • 작업실별 내부 • 칼, 도마 등 조리도구 • 냉장 · 냉동설비 • 용수저장시설 • 보관 · 운반시설 • 운송차량, 운반도구 및 용기 • 모니터링 및 검사 장비 • 환기시설(필터, 방충망 등 포함) • 폐기물 처리용기 • 세척, 소독도구 • 기타 필요사항		
38. 세척 또는 소독 기준은 다음의 사항을 포함하여야 한다(0~2점). • 세척 · 소독 대상별 세척 · 소독 부위 • 세척 · 소독 방법 및 주기 • 세척 · 소독 책임자 • 세척 · 소독 기구의 올바른 사용 방법 • 세제 및 소독제(일반명칭 및 통용명칭)의 구체적인 사용 방법		
39. 세제 · 소독제, 세척 및 소독용 기구나 용기는 정해진 장소에 보관 · 관리되어야 한다(0~1점).		
40. 세척 및 소독의 효과를 확인하고, 정해진 관리계획에 따라 세척 또는 소독을 실시하여야 한다(0~3점).		
제조 · 가공 · 조리 시설 · 설비 관리		
41. 조리장에는 주방용 식기류를 소독하기 위한 자외선 또는 전기 살균소독기를 설치하거나 열탕세척 소독시설(식중독을 일으키는 병원성 미생물 등이 살균될 수 있는 시설이어야 한다)을 갖추어야 한다(0~2점).		
42. 식품과 직접 접촉하는 부분은 내수성 및 내부식성 재질로 세척이 쉽고 열탕 · 증기 · 살균제 등으로 소독 · 살균이 가능한 것이어야 한다(0~1점).		
43. 모니터링 기구 등은 사용 전후에 지속적인 세척 · 소독을 실시하여 교차오염이 발생하지 아니하여야 한다(0~1점).		
44. 식품취급시설 · 설비는 정기적으로 점검 · 정비를 하여야 하고 그 결과를 보관하여야 한다(0~1점).		
냉장 · 냉동 시설 · 설비 관리		
45. 냉장 · 냉동 · 냉각실은 냉장 식재료 보관, 냉동 식재료의 해동, 가열 조리된 식품의 냉각과 냉장보관에 충분한 용량이 되어야 한다(0~1점).		

평가내용(배점)	평가결과 (0~3점)	비 고
46. 냉장시설은 내부의 온도를 10℃ 이하(다만, 신선편의식품, 훈제연어는 5℃ 이하 보관 등 보관온도 기준이 별도로 정해진 식품의 경우에는 그 기준을 따른다), 냉동시설은 −18℃로 유지하여야 하고, 외부에서 온도변화를 관찰할 수 있어야 하며, 온도 감응 장치의 센서는 온도가 가장 높게 측정되는 곳에 위치하도록 한다(0~1점).		
용수관리		
47. 식품 제조 · 가공 · 조리에 사용되거나, 식품에 접촉할 수 있는 시설 · 설비, 기구 · 용기, 종업원 등의 세척에 사용되는 용수는 수돗물이나 「먹는 물 관리법」 제5조의 규정에 의한 먹는 물 수질기준에 적합한 지하수이어야 하고, 지하수를 사용하는 경우 취수원은 화장실, 폐기물 · 폐수처리시설, 동물사육장 등 기타 지하수가 오염될 우려가 없도록 관리하여야 하며, 필요한 경우 용수 살균 또는 소독장치를 갖추어야 한다(0~3점).		
48. 가공 · 조리에 사용되거나, 식품에 접촉할 수 있는 시설 · 설비, 기구 · 용기, 종업원 등의 세척에 사용되는 용수는 다음 각 호에 따른 검사를 실시하여야 한다. 가. 지하수를 사용하는 경우에는 먹는 물 수질기준 전 항목에 대하여 연 1회 이상(음료류 등 직접 마시는 용도의 경우는 반기 1회 이상) 검사를 실시하여야 한다. 나. 먹는 물 수질기준에 정해진 미생물학적 항목에 대한 검사를 월 1회 이상 실시하여야 하며, 미생물학적 항목에 대한 검사는 간이검사키트를 이용하여 자체적으로 실시할 수 있다(0~3점).		
49. 저수조, 배관 등은 인체에 유해하지 아니한 재질을 사용하여야 하며, 외부로부터의 오염물질 유입을 방지하는 잠금장치를 설치하여야 하고, 누수 및 오염 여부를 정기적으로 점검하여야 한다(0~1점).		
50. 저수조는 반기별 1회 이상 청소와 소독을 자체적으로 실시하거나 저수조청소업자에게 대행하여 실시하여야 하며, 그 결과를 기록 · 유지하여야 한다(0~1점).		
51. 비음용수 배관은 음용수 배관과 구별되도록 표시하고, 교차되거나 합류되지 아니하여야 한다(0~1점).		
보관 · 운송관리		
구입 및 입고		
52. 검사성적서로 확인하거나 자체적으로 정한 입고기준 및 규격에 적합한 원 · 부자재만을 구입하여야 한다(0~2점).		
53. 부적합한 원 · 부자재는 적절한 절차를 정하여 반품 또는 폐기처분 하여야 한다(0~1점).		
54. 입고검사를 위한 검수공간을 확보하며 검수대에는 온도계 등 필요한 장비를 갖추고 청결을 유지하여야 한다(0~1점).		
55. 원 · 부자재 검수는 납품 시 즉시 실시하여야 하며, 부득이 검수가 늦어질 경우에는 원 · 부자재별로 정해진 냉장 · 냉동 온도에서 보관하여야 한다(0~1점).		

(계속)

평가내용(배점)	평가결과 (0~3점)	비 고
운송		
56. 운송차량(지게차 등 포함)으로 인하여 제품이 오염되어서는 아니 된다(0~1점).		
57. 운송차량은 냉장의 경우 10℃ 이하, 냉동의 경우 -18℃ 이하를 유지할 수 있어야 하며, 외부에서 온도변화를 확인할 수 있도록 임의조작이 방지된 온도 기록 장치를 부착하여야 한다(0~1점).		
58. 운반 중인 식품은 비식품 등과 구분하여 취급해서 교차오염을 방지하여야 한다(0~1점).		
59. 운송차량, 운반도구 및 용기는 관리계획에 따라 세척 · 소독을 실시하여야 한다(0~1점).		
보관		
60. 원료 및 완제품은 선입선출 원칙에 따라 입고 · 출고상황을 관리 · 기록하여야 한다(0~1점).		
61. 원 · 부자재 및 완제품은 구분 관리하고 바닥이나 벽에 밀착되지 아니하도록 적재 · 관리하여야 한다(0~1점).		
62. 원 · 부자재에는 덮개나 포장을 사용하고 날 음식과 가열조리 음식을 구분 보관하는 등 교차오염이 발생하지 아니하도록 하여야 한다(0~1점).		
63. 검수기준에 부적합한 원 · 부자재나 보관 중 소비(유통)기한이 경과한 제품, 포장이 손상된 제품 등은 별도의 지정된 장소에 명확하게 식별되는 표식을 하여 보관하고 반송, 폐기 등의 조치를 취한 후 그 결과를 기록 · 유지하여야 한다(0~1점).		
64. 유독성 물질, 인화성 물질, 비식용 화학물질은 식품취급 구역으로부터 격리된 환기가 잘되는 지정된 장소에서 구분하여 보관 · 취급되어야 한다(0~1점).		
검사관리		
제품검사		
65. 제품검사는 자체 실험실에서 검사계획에 따라 실시하거나 검사기관과의 협약에 의하여 실시하여야 한다(0~1점).		
66. 검사결과에는 다음 내용이 구체적으로 기록되어야 한다(0~1점). • 검체명 • 제조연월일 또는 소비(유통)기한(품질유지기한) • 검사연월일 • 검사항목, 검사기준 및 검사결과 • 판정결과 및 판정연월일 • 검사자 및 판정자의 서명날인 • 기타 필요한 사항		

평가내용(배점)	평가결과 (0~3점)	비 고
시설 · 설비 · 기구 등 검사		
67. 냉장 · 냉동 및 가열처리 시설 등의 온도측정 장치는 연 1회 이상, 검사용 장비 및 기구는 정기적으로 교정하여야 한다. 이 경우 자체적으로 교정검사를 하는 때에는 그 결과를 기록 · 유지하여야 하고, 외부 공인 국가교정기관에 의뢰하여 교정하는 경우에는 그 결과를 보관하여야 한다(0~1점).		
68. 작업장의 청정도 유지를 위하여 공중낙하세균 등을 관리계획에 따라 측정 · 관리하여야 한다. 다만, 식품이 노출되지 아니하거나, 식품을 포장된 상태로 취급하는 작업장은 그러하지 않을 수 있다(0~1점).		
회수프로그램 관리(시중에 유통 · 판매되는 포장제품에 한함)		
69. 영업자는 당해 제품의 유통 경로, 소비 대상과 판매처의 범위를 파악하여 제품 회수에 필요한 업소명과 연락처 등을 기록 · 보관하여야 한다(0~1점)		
70. 부적합품이나 반품된 제품의 회수를 위한 구체적인 회수절차나 방법을 기술한 회수프로그램을 수립 · 운영하여야 한다(0~1점).		
71. 부적합품의 원인규명이나 확인을 위한 제품별 생산장소, 일시, 제조라인 등 해당 시설 내의 필요한 정보를 기록 · 보관하고 제품추적을 위한 코드표시 또는 로트관리 등의 적절한 확인 방법을 강구하여야 한다(0~1점).		

종합 평가		
종합 평가	점수 합계	**〈판정기준〉** • 인증평가 : 각 항목에 대한 취득점수의 합계가 85점 이상일 경우에는 적합, 70점 이상에서 85점 이하는 보완, 70점 미만이면 부적합으로 판정한다. 다만, 평가 제외 항목이 있을 경우 평가 제외 항목을 제외한 총점수 대비 취득점수를 백분율로 환산하여 85%(소수 첫째 자리 반올림 처리) 이상일 경우에는 적합, 70%에서 85% 미만은 보완, 70% 미만이면 부적합으로 판정한다. 다만, 평가항목 47, 52번은 필수항목으로 인증평가 시 미흡한 경우 부적합으로 판정한다. • 정기 조사 · 평가 : 각 항목에 대한 취득점수의 합계가 85점 이상일 경우에는 수정 · 보완하도록 조치하되, 85점 미만이면 부적합으로 판정한다. 다만, 평가 제외 항목이 있을 경우 평가 제외 항목을 제외한 총점수 대비 취득점수를 백분율로 환산하여 85%(소수 첫째 자리 반올림 처리) 이상일 경우에는 적합, 85% 미만이면 부적합으로 판정한다.
	점(%)	**〈감점기준〉** • 정기 조사 · 평가 : 전년도 정기 조사 · 평가의 개선조치를 이행하지 않은 경우 해당 항목에 대한 감점 점수의 2배를 감점한다.

부록 3. HACCP 관리 인증평가표

[식품(식품첨가물 포함)제조 · 가공업, 건강기능식품제조업, 집단급식소, 집단급식소식품판매업, 식품접객업(위탁급식영업), 운반급식(개별 또는 벌크 포장), 축산물가공업, 식용란선별포장업]

평가항목	평가내용(배점)	평가 결과 (0~10점)	비고
1. HACCP팀	1. HACCP팀을 구성하고 팀원별 책임과 권한 및 인수인계 방법을 부여하고 있는가?(0~5) 2. 팀구성원이 HACCP의 개념과 원칙, 절차 등과 각자의 역할에 대하여 충분히 이해하고 있는가?(0~5) 3. 팀장은 HACCP팀에 주도적으로 참여하고 있으며, 각 팀원은 적극적으로 참여하여 활동하고 있는가?(0~5)		
	소 계(0~15)		
2. 제품설명서 및 공정흐름도	1. 제품설명서가 구체적으로 기술되어 있는가?(0~5) 2. 공정흐름도를 작성하고 있는가?(0~5) 3. 공정흐름도가 현장과 일치하는가?(0~5)		
	소 계(0~15)		
3. 위해요소분석	1. 발생 가능한 위해요소를 충분히 도출하고, 발생원인을 구체적으로 기술하고 있는가?(0~10) 2. 도출된 위해요소에 대한 위해평가기준(심각성, 발생 가능성 등) 및 평가결과의 활용원칙이 제시되어 있는가?(0~10) 3. 개별 위해요소에 대한 위해평가가 적절하게 이루어졌는가?(0~5) 4. 도출된 위해요소를 관리하기 위한 현실성 있는 예방조치 및 관리방법을 도출하였는가?(0~10) 5. 위해요소분석을 위한 과학적인 근거자료를 제시하고 있는가?(0~5) 6. 위해요소분석에 대한 개념과 절차를 잘 이해하고 있는가?(0~5)		
	소 계(0~45)		

평가항목	평가내용(배점)	평가 결과 (0~10점)	비고
4. 중요관리점의 결정 및 한계기준의 설정	1. CCP 결정도(Decision Tree)에 따라 CCP가 적절하게 결정되었는가?(0~10) 2. 팀원은 제시된 CCP 결정도의 개념을 잘 숙지하고 있는가?(0~5) 3. 한계기준의 관리항목과 기준이 구체적으로 설정되어 있으며, 설정된 한계기준은 도출된 위해요소를 관리하기에 충분한가?(0~10) 4. CCP 모니터링 담당자가 설정된 한계기준을 숙지하고 있는가?(0~10) 5. 한계기준 설정을 위해 활용한 유효성 평가자료는 현장의 특성을 반영하고 있는가?(0~10)		
	소 계(0~45)		
5. CCP의 모니터링 및 개선조치	1. 모니터링 방법은 한계기준을 충분히 관리할 수 있도록 설정되어 있는가?(0~10) 2. 모니터링 담당자는 모니터링 절차에 따라 지정위치에서 모니터링하고 있는가?(0~10) 3. 모니터링 담당자는 훈련을 통하여 자신의 역할을 잘 숙지하고 있는가?(0~5) 4. 모니터링에 사용되는 장비는 적절히 교정하여 관리하고 있는가?(0~5) 5. 개선조치 절차 및 방법은 수립되어 있으며 책임과 권한에 따라 자신의 역할을 잘 숙지하고 있는가?(0~5) 6. 개선조치를 신속하고 구체적으로 실시하고 있으며 그 결과를 적절히 기록유지하고 있는가?(0~10)		
	소 계(0~45)		
6. HACCP 시스템 검증	1. 검증업무 절차 및 검증계획이 적절히 수립되어 있는가?(0~10) 2. 검증계획에 따라 HACCP 관리계획수립 후 최초 검증을 적절히 실시하였는가?(0~5) 3. 검증결과, 부적합 사항에 대한 개선조치 등 사후관리가 수행되었는가?(0~5)		
	소 계(0~20)		
7. 교육 · 훈련	1. HACCP 시스템의 효율적 운영을 위한 교육 · 훈련 절차 및 계획이 확립되어 있는가?(0~10) 2. 교육 · 훈련은 교육 · 훈련계획 및 절차에 따라 실시되고 그 기록이 유지되고 있는가?(0~5)		
	소 계(0~15)		
종 합 평 가(0~200)			

(계속)

〈판정기준〉

① 평가항목의 배점에 대한 점수는 아래 평가점수표에 따라 부여한다.

〈평가점수표〉

구분	배점	
	0~5	0~10
평가점수	0	0
	1	2
	2	4
	3	6
	4	8
	5	10

② 총점수 200점 중 170점 이상을 적합, 140점 이상 170점 미만은 보완, 140점 미만이면 부적합으로 판정한다. 다만, 평가항목 4-1, 4-3, 5-2, 5-6번은 필수항목으로 인증평가 시 미흡한 경우 부적합으로 판정한다.

〈가점기준〉

인증평가 : 자동 기록관리 시스템 적용업소로 등록된 업소[모든 중요관리점(CCP)에 자동 기록관리 시스템을 적용한 업소에 한함]에 대해서는 총점에서 6점을 가산한다.

부록 4. HACCP 적용업소 인증서 양식

■ 식품위생법 시행규칙 [별지 제53호서식] 〈개정 2017. 1. 4.〉

한글증명서 (앞쪽)

제 호

식품안전관리인증기준(HACCP)적용업소 인증서

○ 대 표 자 : (생년월일:)

○ 업 소 명 :

○ 소 재 지 :

○ 식품종별 :

○ 중요관리점 :

○ 유효기간 : 년 월 일부터 년 월 일까지

○ 조 건 :

「식품위생법」 제48조제3항 · 제48조의2제3항 및 같은 법 시행규칙 제63조제3항 · 제68조의2제3항에 따라 식품안전관리인증기준적용업소로 인증합니다.

년 월 일

인증기관의 장 직인

부록 5. 학교급식 위생사고 발생 시 행정처분기준

1) 학교급식 위생 · 안전점검결과 처분기준

지적내용	학교(직영, 위탁)		위탁급식 업체(업자)	비 고
	학교장	담당자(관련자)		
1. 무표시 제품(표시기준 위반, 허위표시) 보관 및 사용	1회 : 주의 2회 : 경고	1회 : 경고 2회 : 경징계	1회 : 경고 2회 : 계약 해지	• 반품 또는 폐기 • 처분청에 통보 • 계약서에 명시
2. 소비(유통)기한 경과 제품 보관 및 사용	1회 : 주의 2회 : 경고	1회 : 경고 2회 : 경징계	1회 : 경고 2회 : 계약 해지	• 반품 또는 폐기 • 처분청에 통보 • 계약서에 명시
3. 영양사 및 조리사 미고용(미배치)	1회 : 주의 2회 : 경고		1회 : 경고 2회 : 계약 해지	• 시정결과 보고 • 계약서에 명시
4. 급식시설 정기 방역소독 미실시	1회 : 주의 2회 : 경고	1회 : 주의 2회 : 경고	1회 : 경고 2회 : 계약 해지	• 시정결과 보고 • 계약서에 명시
5. 집단급식소 무신고(위탁급식영업 무신고)	주의	경고	계약 해지	• 시정결과 보고 • 계약서에 명시
6. 종사자 건강진단 미실시	주의	경고	경고	• 시정결과 보고
7. 보존식 미보존	1회 : 주의 2회 : 경고	1회 : 경고 2회 : 경징계	1회 : 주의 2회 : 경고 3회 : 계약 해지	• 계약서에 명시
8. 세균검사결과 양성(균 검출)	1회 : 시정 2회 : 주의 3회 : 경고	1회 : 시정 2회 : 주의 3회 : 경고	1회 : 시정 2회 : 주의 3회 : 경고	• 시정결과 보고 • 재검 2개월 내
9. 급식위생 · 안전점검 평가 결과 E 등급(60점 미만)	1회 : 시정 2회 : 주의 3회 : 경고	1회 : 시정 2회 : 주의 3회 : 경고	1회 : 시정 2회 : 주의 3회 : 경고	• 시정결과 보고 • 재검 2개월 내

* 1~7번 항목은 식품위생법 위반사항으로서 2개 이상 중복 또는 반복될 경우 가중처분 가능

2) 학교급식 위생사고 피해보상기준

판단항목	직영급식 (학교장, 납품업자 등)	위탁급식 (위탁급식업자)	비 고
1. 식중독 원인균 검출 (식재료에 의한 원인)	납품업자 보상	위탁급식업자 보상	납품 및 위탁업자 보증보험증권 등 징구
2. 식중독 원인균 검출 (조리부적정 등 취급 소홀, 종사자 및 시설오염 등)	학교 보상 (학교안전공제회)	위탁급식업자 보상	위탁업자 보증보험증권 등 징구
3. 식중독 원인균 미검출 (원인불명)	학교 보상 (학교안전공제회)	역학조사결과에 따라 보상자 결정	납품 및 위탁업자 보증보험증권 등 징구

3) 위생사고 발생 시 처분기준

구 분			관련자	처분기준	비 고
공통 기준	1. 집단환자 발생 보고(신고) 소홀(2명 이상의 동일증세 환자 발생 사실 인지 시)	① 환자발생 인지 즉시 미보고(미신고)	관리자	주의	인지시점 24시간 내 미보고
			담당자	주의	
		② 환자발생 인지 24시간 이후에 보고(신고)	관리자	경고	
			담당자	경고	
		③ 환자발생 인지 후 은폐 · 축소 미보고(미신고)	관리자	경징계	고의적 은폐 · 축소 미보고(미신고)의 경우
			담당자	경징계	
	2. 보존식 미보관 또는 훼손 등 관리 소홀		관리자	경고	고의성이 있는 경우 가중 처분
			담당자	경징계	
	3. 음용수 위생관리 소홀		관리자	주의	균 검출 시 경고
			담당자	주의	
위탁 급식	1. 원인균 검출		위탁급식업자	계약 해지	계약서에 명시, 학운위 심의(자문) 거쳐서 처분
			관리자	경고	
			담당자	경고	
	2. 원인균 불검출		위탁급식업자	계약서에 정한 규정	계약서에 정하지 않은 경우 역학조사서 등을 참고하여 학교장이 결정
			관리자	주의, 경고	역학조사결과 등을 참고하여 교육장(감), 학교장이 결정
			담당자	주의, 경고	

(계속)

구 분		관련자	처분기준	비 고
직영 급식	1. 위생사고 원인이 식재료에 기인한 경우	식재료 납품업자	계약 해지	계약서에 명시, 학운위 심의(자문) 거쳐서 처분
		관리자	경고	
		담당자	경고	
	2. 위생사고 원인이 조리과정, 종사자 개인위생 등에 기인한 경우	관리자	경고	
		담당자	경고	
		원인제공 당사자	중징계	감염병 등 개인위생에 의한 경우는 당사자 해임 등
	3. 방역기관의 역학조사결과 원인균 불검출 등 원인불명 시	식재료 납품업자	계약서에 정한 규정	계약서에 정하지 않은 경우 역학조사서 등을 참고하여 학교장이 결정
		관리자	주의, 경고	역학조사결과 등을 참고하여 교육장(감), 학교장이 결정
		담당자	주의, 경고	

- 관리자는 학교의 장, 담당자는 학교장의 사무분장에 의한 학교급식전담직원 또는 급식담당교직원
- 관리자는 1년 이내에, 위탁업자 · 식재료납품업자는 계약기간 내 위생사고 재발 시 가중처분
- 중복 시는 가중처분할 수 있으며, 관련자의 업무처리 정황 등을 참작하여 조정 적용 가능

부록 6. 소규모 식품접객업, 운반급식 HACCP 인증평가표와 사후관리용 평가표

1) 식품접객업 평가표(선행요건관리)

평가내용	평가결과 (0~3점)	비 고
1. 작업장은 외부의 오염물질이나, 해충 · 설치류 등의 유입을 차단할 수 있도록 밀폐 또는 위생적으로 관리하여야 한다(0~3점).		
2. 작업장은 청결구역(식품의 특성에 따라 청결구역은 청결구역과 준청결구역으로 구별할 수 있다)과 일반구역으로 분리, 구획 또는 구분하여야 한다. 이 경우 화장실 등 부대시설은 작업장에 영향을 주지 않도록 분리되어야 한다(0~3점).		
3. 종업원은 작업장 출입 시 이물제거 도구 등을 이용하여 이물을 제거하여야 하고, 개인장신구 등 휴대품을 소지하여서는 아니 된다(0~3점).		
4. 종업원은 작업장 출입 시 손 · 위생화 등을 세척 · 소독하여야 하며, 청결한 위생복장을 착용하고 입실하여야 한다(0~3점).		
5. 포충등, 쥐덫, 바퀴벌레 포획도구 등에 포획된 개체수를 정해진 주기에 따라 확인하여야 한다(0~3점).		
6. 작업장 내부는 정해진 주기에 따라 청소를 하여야 한다(0~3점).		
7. 배수로, 제조설비의 식품(축산물을 포함한다. 이하 같다)과 직접 닿는 부분, 식품과 직접 접촉되는 작업도구 등은 정해진 주기에 따라 청소 · 소독을 실시하여야 한다(0~3점).		
8. 식품안전과 관련된 소비자 불만, 이물 혼입 등 발생 시 개선조치를 실시하고, 그 결과를 기록 · 유지하는 등 식품위생법에서 정하는 준수사항을 지켜야 한다(0~3점).		
9. 식품과 직접 접촉되는 모니터링 도구(온도계 등)는 사용 전 · 후 세척 · 소독을 실시하여야 한다(0~2점).		
10. 파손되거나 정상적으로 작동하지 아니하는 제조설비를 사용하여서는 아니 되며 식품위생법 및 축산물 위생관리법에서 정한 시설기준에 적합하게 관리하여야 한다. 이 경우 제조가공에 사용하는 압축공기, 윤활제 등은 제품에 직접 영향을 주거나 영향을 줄 우려가 있는 경우 관리대책을 마련하여 청결하게 관리하여 위해요인에 의한 오염이 발생하지 아니하여야 한다(0~3점).		
11. 가열기 및 냉장 · 냉동창고의 온도계는 정해진 주기에 따라 검 · 교정을 실시하여야 한다(0~3점).		
12. 냉장 · 냉동 창고의 온도를 적절히 관리하여야 한다(0~3점).		

(계속)

평가내용	평가결과 (0~3점)	비 고
13. 식품의 제조 · 가공 · 조리 · 선별 · 처리에 사용되거나, 식품에 접촉할 수 있는 시설 · 설비, 기구 · 용기, 종업원 등의 세척에 사용되는 용수는 수돗물이나 「먹는 물관리법」 제5조의 규정에 의한 먹는 물 수질기준에 적합한 지하수이어야 하며, 필요한 경우 살균 또는 소독장치를 갖추어야 한다. 또한, 저수조를 설치하여 사용하는 경우 정해진 주기에 따라 청소 · 소독을 하여야 한다(0~3점).		
14. 원 · 부재료 입고 시 시험성적서를 수령하거나, 육안검사를 실시하여야 한다(0~3점).		
15. 원 · 부자재, 반제품 및 완제품 등은 지정된 장소에 바닥이나 벽에 밀착되지 않도록 적재 · 보관하고, 교차오염 예방 및 청결하게 관리하여야 한다(0~3점).		
16. 운반 중인 식품 · 축산물은 비식품 · 축산물 등과 구분하여 교차오염을 방지하여야 하며, 냉장의 경우 10℃ 이하(단, 가금육 −2~5℃ 운반과 같이 별도로 정해진 경우에는 그 기준을 따른다), 냉동의 경우 −18℃ 이하로 유지 · 관리하여야 한다(0~3점).		
17. 완제품에 대한 검사를 정해진 주기에 따라 실시하여야 하며, 기준 및 규격에 적합한 제품을 제조 · 판매하고 부적합 제품에 대한 회수관리를 하여야 한다(0~3점).		

종합평가	점수 합계	〈판정기준〉 • 인증평가 : 각 항목에 대한 취득점수의 합계가 43점 이상일 경우에는 적합, 35점 이상에서 43점 미만은 보완, 35점 미만이면 부적합으로 판정한다. 다만, 평가 제외 항목이 있을 경우 평가 제외 항목을 제외한 총점수 대비 취득점수를 백분율로 환산하여 85%(소수 첫째 자리 반올림 처리) 이상일 경우에는 적합, 70%에서 85% 미만은 보완, 70% 미만이면 부적합으로 판정한다. 다만, 평가항목 13, 14번은 필수항목으로 인증평가 시 미흡한 경우 부적합으로 판정한다. • 정기 조사 · 평가 : 각 항목에 대한 취득점수의 합계가 43점 이상일 경우에는 적합, 43점 미만이면 부적합으로 판정한다. 다만, 평가 제외 항목이 있을 경우 평가 제외 항목을 제외한 총점수 대비 취득점수를 백분율로 환산하여 85%(소수 첫째 자리 반올림 처리) 이상일 경우에는 적합, 85% 미만이면 부적합으로 판정한다.
	점(%)	〈감점기준〉 • 정기 조사 · 평가 : 전년도 정기 조사 · 평가의 개선조치를 이행하지 않은 경우 해당 항목에 대한 감점 점수의 2배를 감점한다. 또한 「식품위생법」에 따른 식품제조 · 가공업 및 「축산물 위생관리법」에 따른 축산물가공업, 식육포장처리업에 대해 전년도 행정처분 이력이 확인되는 경우 위반내용과 동일한 평가항목에 대해서는 감점한다.

2) 식품접객업 평가표(HACCP관리)

평가내용(배점)	평가결과 (0~10점)	비 고
1. 중요관리점(CCP) 결정도(Decision tree)에 따라 CCP가 적절하게 결정되었는가?(0~5점)		
2. 중요관리점(CCP)에 대한 한계기준을 수립하여 관리하여야 하며, 변경 등 발생 시 기준을 적절하게 설정 및 관리하고 있는가?(0~5점)		
3. 한계기준 설정을 위해 활용한 유효성 평가자료는 현장 특성을 반영하고 있는가?(0~5점)		
4. 모니터링 담당자는 절차에 따라 지정위치에서 모니터링하여 기록 · 유지하고 있는가?(0~10점)		
5. 모니터링 기구 · 장비 등은 매년 유지 · 보수하거나 검 · 교정을 실시하고 있는가?(0~5점)		
6. 한계기준 이탈 시 개선조치를 실시하고, 그 결과를 기록 · 유지하고 있는가?(0~10점)		
7. 중요관리점(CCP)에 대한 관리상황을 정해진 주기에 따라 검증하고, 그 결과를 기록 · 유지하고 있는가?(0~5점)		
8. 종업원을 대상으로 정해진 주기에 따라 위생 및 HACCP관리 교육을 실시하고 있는가?(0~5점)		
종합평가(0~50)		

종합평가 / 점수합계

〈판정기준〉

① 평가항목의 배점에 대한 점수는 아래 평가점수표에 따라 부여한다.

〈평가점수표〉

구분	배점	
	0~5	0~10
평가점수	0	0
	1	2
	2	4
	3	6
	4	8
	5	10

② 인증평가 : 총점수 50점 중 43점 이상을 적합, 35점 이상 43점 미만은 보완, 35점 미만이면 부적합으로 판정한다. 다만, 평가항목 1, 2, 4, 6번은 필수항목으로 인증평가 시 미흡한 경우 부적합으로 판정한다.

③ 조사평가 : 총점수 50점 중 43점 이상이면 적합, 43점 미만이면 부적합으로 판정한다.

〈감점기준〉

정기 조사 · 평가 : 전년도 정기 조사 · 평가의 개선조치를 이행하지 않은 경우 해당 항목에 대한 감점 점수의 2배를 감점한다. 또한 「식품위생법」에 따른 식품제조 · 가공업 및 「축산물위생관리법」에 따른 축산물가공업, 식육포장처리업에 대해 전년도 행정처분 이력이 확인되는 경우 위반내용과 동일한 평가항목에 대해서는 감점한다.

〈가점기준〉

인증평가 : 자동 기록관리 시스템 적용업소로 등록된 업소[모든 중요관리점(CCP)에 자동 기록관리 시스템을 적용한 업소에 한함]에 대해서는 총점에서 3점을 가산한다.

3) 운반급식(개별 또는 벌크포장) 평가표(선행요건관리)

평가내용(배점)	평가결과 (0~3점)	비 고
1. 작업장은 외부의 오염물질이나, 해충 · 설치류 등의 유입을 차단할 수 있도록 밀폐 또는 위생적으로 관리하여야 한다(0~3점).		
2. 작업장은 청결구역(식품의 특성에 따라 청결구역은 청결구역과 준청결구역으로 구별할 수 있다)과 일반구역으로 분리하고, 제품의 특성과 공정에 따라 분리, 구획 또는 구분할 수 있다. 이 경우 화장실 등 부대시설은 작업장에 영향을 주지 않도록 분리되어야 한다(0~2점).		
3. 종업원은 작업장 출입 시 이물제거 도구 등을 이용하여 이물을 제거하여야 하고, 개인장신구 등 휴대품을 소지하여서는 아니된다(0~3점).		
4. 종업원은 작업장 출입 시 손 · 위생화 등을 세척 · 소독하여야 하며, 청결한 위생복장을 착용하고 입실하여야 한다(0~3점).		
5. 포충등, 쥐덫, 바퀴벌레 포획도구 등에 포획된 개체수를 정해진 주기에 따라 확인하여야 한다(0~3점).		
6. 작업장 내부는 정해진 주기에 따라 청소를 하여야 한다(0~3점).		
7. 배수로, 제조설비의 식품과 직접 닿는 부분, 식품과 직접 접촉되는 작업도구 등은 정해진 주기에 따라 청소 · 소독을 실시하여야 한다(0~3점).		
8. 식품안전과 관련된 소비자 불만, 이물 혼입 등 발생 시 개선조치를 실시하고, 그 결과를 기록 · 유지하는 등 식품위생법에서 정하는 준수사항을 지켜야 한다(0~2점).		
9. 가열 조리 후 냉각이 필요한 식품은 냉각 중 오염이 일어나지 않도록 신속히 냉각하여야 하며, 냉각온도 및 시간기준을 설정 · 관리하여야 한다(0~2점).		
10. 조리된 음식은 배식 전까지의 보관온도 및 조리 후 섭취 완료 시까지의 소요시간 기준을 설정 · 관리하여야 하며, 유통제품의 경우에는 적정한 소비(유통)기한 및 보존 조건을 설정 · 관리하여야 한다(0~2점).		
11. 냉장식품과 온장식품에 대한 배식 온도관리기준을 설정 · 관리하여야 한다(0~2점). • 냉장보관 : 냉장식품 10℃ 이하(다만, 신선편의식품, 훈제연어, 가금육은 5℃ 이하 보관 등 보관온도 기준이 별도로 정해진 식품의 경우에는 그 기준을 따른다) • 온장보관 : 온장식품 60℃ 이상		
12. 영양사는 조리된 식품에 대하여 배식하기 직전에 음식의 맛, 온도, 이물, 이취, 조리 상태 등을 확인하기 위한 검식을 실시하여야 한다. 다만, 영양사가 없는 경우 조리사가 검식을 대신할 수 있다(0~2점).		
13. 조리한 식품은 소독된 보존식 전용용기 또는 멸균 비닐봉지에 매회 1인분 분량을 −18℃ 이하에서 144시간 이상 보관하여야 한다(0~2점).		

평가내용(배점)	평가결과 (0~3점)	비 고
14. 파손되거나 정상적으로 작동하지 아니하는 제조설비를 사용하여서는 아니 되며 식품위생법에서 정한 시설기준에 적합하게 관리하여야 한다. 이 경우 제조가공에 사용하는 압축공기, 윤활제 등은 제품에 직접 영향을 주거나 영향을 줄 우려가 있는 경우 관리대책을 마련하고 청결하게 관리하여 위해요인에 의한 오염이 발생하지 아니하여야 한다(0~3점).		
15. 가열기 및 냉장 · 냉동창고의 온도계는 정해진 주기에 따라 검 · 교정을 실시하여야 한다(0~2점).		
16. 냉장 · 냉동 창고의 온도를 적절히 관리하여야 한다(0~3점).		
17. 식품의 제조 · 가공 · 조리 · 선별 · 처리에 사용되거나, 식품에 접촉할 수 있는 시설 · 설비, 기구 · 용기, 종업원 등의 세척에 사용되는 용수는 수돗물이나 「먹는 물관리법」 제5조의 규정에 의한 먹는 물 수질기준에 적합한 지하수이어야 하며, 필요한 경우 살균 또는 소독장치를 갖추어야 한다. 또한, 저수조를 설치하여 사용하는 경우 정해진 주기에 따라 청소 · 소독을 하여야 한다(0~3점).		
18. 원 · 부재료 입고 시 시험성적서를 수령하거나, 육안검사를 실시하여야 한다(0~3점).		
19. 원 · 부자재, 반제품 및 완제품 등은 지정된 장소에 바닥이나 벽에 밀착되지 않도록 적재 · 보관하고, 교차오염 예방 및 청결하게 관리하여야 한다(0~2점).		
20. 완제품에 대한 검사를 정해진 주기에 따라 실시하여야 하며, 기준 및 규격에 적합한 제품을 제조 · 판매하고 부적합 제품에 대한 회수관리를 하여야 한다(0~2점).		

종합평가		
종합 평가	점수 합계	〈판정기준〉 • 인증평가 : 각 항목에 대한 취득점수의 합계가 43점 이상일 경우에는 적합, 35점 이상에서 43점 미만은 보완, 35점 미만이면 부적합으로 판정한다. 다만, 평가 제외 항목이 있을 경우 평가 제외 항목을 제외한 총점수 대비 취득점수를 백분율로 환산하여 85%(소수 첫째 자리 반올림 처리) 이상일 경우에는 적합, 70%에서 85% 미만은 보완, 70% 미만이면 부적합으로 판정한다. 다만, 평가항목 17, 18번은 필수항목으로 인증평가 시 미흡한 경우 부적합으로 판정한다. • 정기 조사 · 평가 : 각 항목에 대한 취득점수의 합계가 43점 이상일 경우에는 수정 · 보완하도록 조치하되, 43점 미만이면 부적합으로 판정한다. 다만, 평가 제외 항목이 있을 경우 평가 제외 항목을 제외한 총점수 대비 취득점수를 백분율로 환산하여 85%(소수 첫째 자리 반올림 처리) 이상일 경우에는 적합, 85% 미만이면 부적합으로 판정한다.
	점(%)	〈감점기준〉 • 정기 조사 · 평가 : 전년도 정기 조사 · 평가의 개선조치를 이행하지 않은 경우 해당 항목에 대한 감점 점수의 2배를 감점한다.

4) 운반급식(개별 또는 벌크포장) 평가표(HACCP 관리)

평가내용(배점)	평가결과 (0~10점)	비 고
1. 중요관리점(CCP) 결정도(Decision tree)에 따라 CCP가 적절하게 결정되었는가?(0~5점)		
2. 중요관리점(CCP)에 대한 한계기준을 수립하여 관리하여야 하며, 변경 등 발생 시 기준을 적절하게 설정 및 관리하고 있는가?(0~5점)		
3. 한계기준 설정을 위해 활용한 유효성 평가자료는 현장 특성을 반영하고 있는가?(0~5점)		
4. 모니터링 담당자는 절차에 따라 지정위치에서 모니터링하여 기록 · 유지하고 있는가?(0~10점)		
5. 모니터링 기구 · 장비 등은 매년 유지 · 보수하거나 검 · 교정을 실시하고 있는가?(0~5점)		
6. 한계기준 이탈 시 개선조치를 실시하고, 그 결과를 기록 · 유지하고 있는가?(0~10점)		
7. 중요관리점(CCP)에 대한 관리상황을 정해진 주기에 따라 검증하고, 그 결과를 기록 · 유지하고 있는가?(0~5점)		
8. 종업원을 대상으로 정해진 주기에 따라 위생 및 HACCP관리 교육을 실시하고 있는가?(0~5점)		
종합평가(0~50)		

종합평가 / 점수합계

〈판정기준〉

① 평가항목의 배점에 대한 점수는 아래 평가점수표에 따라 부여한다.

〈평가점수표〉

구분	배점	
	0~5	0~10
평가점수	0	0
	1	2
	2	4
	3	6
	4	8
	5	10

② 인증평가 : 총점수 50점 중 43점 이상을 적합, 35점 이상 43점 미만은 보완, 35점 미만이면 부적합으로 판정한다. 다만, 평가항목 1, 2, 4, 6번은 필수항목으로 인증평가 시 미흡한 경우 부적합으로 판정한다.

③ 조사평가 : 총점수 50점 중 43점 이상이면 적합, 43점 미만이면 부적합으로 판정한다.

〈감점기준〉

정기 조사 · 평가 : 전년도 정기 조사 · 평가의 개선조치를 이행하지 않은 경우 해당 항목에 대한 감점 점수의 2배를 감점한다.

부록 7. 원 · 부재료 기준규격서 양식

원 · 부재료 기준규격서

※ 자사의 특성에 맞게 사진 등을 첨부하여 수정 보완할 것

원 · 부재료 기준규격	규격번호	
	제 · 개정일	
	작성자	
	품명	
	보관방법	
	판매원	
	제조원	
	산지(등급)	
	주요 원재료	
	성상(색상)	
	기타	

구분	항목				
포장규격	형태	외포장		내포장	
	중량				
	표시사항				
	기타				
공전분류	영업허가			식품의 종류	
	식품유형			소비(유통)기한	
	정의				

(계속)

실험규격				
항목	단위	법적규격 공통규격	자사규격 개별규격	검사주기
성상		정상	정상	입고 시
온도	℃	–	0~10	입고 시
수분	%	–	80 이하	입고 시
Brix	Brix	–	25 이상	입고 시
pH	pH	–	7.0~7.8	입고 시
효모, 곰팡이		–	음성	주 1회
살모넬라		–	음성	주 1회
대장균군		–	음성	주 1회
유산균		–	1,000,000 이상	주 1회
일반세균		–	10,000 CFU/g 이하	주 1회
항생제				1회/6개월 시험성적서 수령

입고검수규격		
항목		규격
허가사항	영업허가	영업허가 필
	품목제조보고	있음
	원료, 첨가물	
	표시사항	부착되어야 함
소비(유통)기한	누락	잘 보이는 곳에 표기함
	오기	00.00.00까지 또는 00년00월00일 표기되어야 함
품질규격	이물	이물이 없어야 함
	포장	파손된 곳이 없어야 함
	제품 온도	0~10℃
	이미, 이취	이미, 이취가 없어야 함
	중량	표기중량과 유사함
	선도	신선한 제품이어야 함
기타	특이적 문제점이 없어야 함	

부록 8. 학교급식 식재료의 품질관리기준(학교급식법 시행규칙 제4조 제1항 관련)

1. 농산물

가. 「농수산물의 원산지 표시에 관한 법률」 제5조 및 「대외무역법」 제33조에 따라 원산지가 표시된 농산물을 사용한다. 다만, 원산지 표시 대상 식재료가 아닌 농산물은 그러하지 아니하다.

나. 다음의 농산물에 해당하는 것 중 하나를 사용한다.

1) 「친환경농어업 육성 및 유기식품 등의 관리・지원에 관한 법률」 제19조에 따라 인증받은 유기식품 등 및 같은 법 제34조에 따라 인증받은 유기식품 등 및 무농약농수산물

2) 「농수산물 품질관리법」 제5조에 따른 표준규격품 중 농산물표준규격이 "상" 등급 이상인 농산물. 다만, 표준규격이 정해져 있지 아니한 농산물은 상품가치가 "상" 이상에 해당하는 것을 사용한다.

3) 「농수산물 품질관리법」 제6조에 따른 우수관리인증농산물

4) 「농수산물 품질관리법」 제24조에 따른 이력추적관리농산물

5) 「농수산물 품질관리법」 제32조에 따라 지리적표시의 등록을 받은 농산물

다. 쌀은 수확연도부터 1년 이내의 것을 사용한다.

라. 부득이하게 전처리(前處理)농산물(수확 후 세척, 선별, 박피 및 절단 등의 가공을 통해 즉시 조리에 이용할 수 있는 형태로 처리된 식재료)을 사용할 경우에는 나목과 다목에 해당되는 품목으로 다음 사항이 표시된 것으로 한다.

1) 제품명(내용물의 명칭 또는 품목)

2) 업소명(생산자 또는 생산자단체명)

3) 제조연월일(전처리작업일 및 포장일)

4) 전처리 전 식재료의 품질(원산지, 품질등급, 생산연도)

5) 내용량

6) 보관 및 취급방법

마. 수입농산물은 「대외무역법」, 「식품위생법」 등 관계 법령에 적합하고, 나목부터 라목까지의 규정에 상당하는 품질을 갖춘 것을 사용한다.

2. 축산물

가. 공통 기준은 다음과 같다. 다만, 「축산물 위생관리법」 제2조제6호에 따른 식용란(食用卵)은 공통 기준을 적용하지 아니한다.

1) 「축산물 위생관리법」 제9조제2항에 따라 위해요소중점관리기준을 적용하는 도축장에서 처리된 식육을 사용한다.

2) 「축산물 위생관리법」 제9조제3항에 따라 위해요소중점관리기준 적용 작업장으로 지정받은 축산물가공장 또는 식육포장처리장에서 처리된 축산물(수입축산물을 국내에서 가공 또는 포장처리 하는 경우에도 동일하게 적용)을 사용한다.

나. 개별기준은 다음과 같다. 다만, 닭고기, 달걀 및 오리고기의 경우에는 등급제도 전면 시행 전까지는 권장사항으로 한다.

1) 쇠고기 : 「축산법」 제35조에 따른 등급판정의 결과 3등급 이상인 한우 및 육우를 사용한다.

2) 돼지고기 : 「축산법」 제35조에 따른 등급판정의 결과 2등급 이상을 사용한다.

3) 닭고기 : 「축산법」 제35조에 따른 등급판정의 결과 1등급 이상을 사용한다.

4) 달걀 : 「축산법」 제35조에 따른 등급판정의 결과 2등급 이상을 사용한다.

5) 오리고기 : 「축산법」 제35조에 따른 등급판정의 결과 1등급 이상을 사용한다.

6) 수입축산물 : 「대외무역법」, 「식품위생법」, 「축산물 위생관리법」 등 관련 법령에 적합하며, 1)부터 5)까지에 상당하는 품질을 갖춘 것을 사용한다.

3. 수산물

가. 「농수산물의 원산지 표시에 관한 법률」 제5조 및 「대외무역법」 제33조에 따른 원산지가 표시된 수산물을 사용한다.

나. 「농수산물 품질관리법」 제14조에 따른 품질인증품, 같은 법 제32조에 따라 지리적 표시의 등록을 받은 수산물 또는 상품가치가 "상" 이상에 해당하는 것을 사용한다.

다. 전처리수산물

1) 전처리수산물(세척, 선별, 절단 등의 가공을 통해 즉시 조리에 이용할 수 있는 형태로 처리된 식재료를 말한다. 이하 같다)을 사용할 경우 나목에 해당되는 품목으로서 다음 시설 또는 영업소에서 가공 처리(수입수산물을 국내에서 가공 처리

하는 경우에도 동일하게 적용한다)된 것으로 한다.

가) 「농수산물 품질관리법」 제74조에 따라 위해요소중점관리기준을 이행하는 시설로서 해양수산부장관에게 등록한 생산 · 가공시설

나) 「식품위생법」 제48조제1항에 따른 식품안전관리인증기준을 적용하는 업소로서 「식품위생법 시행규칙」 제62조제1항제2호에 따른 냉동수산식품 중 어류 · 연체류 식품제조 · 가공업소

2) 전처리수산물을 사용할 경우 다음 사항이 표시된 것으로 한다.

가) 제품명(내용물의 명칭 또는 품목)

나) 업소명(생산자 또는 생산자단체명)

다) 제조연월일(전처리작업일 및 포장일)

라) 전처리 전 식재료의 품질(원산지, 품질등급, 생산연도)

마) 내용량

바) 보관 및 취급방법

라. 수입수산물은 「대외무역법」, 「식품위생법」 등 관련법령에 적합하고 나목 및 다목에 상당하는 품질을 갖춘 것을 사용한다.

4. 가공식품 및 기타

가. 다음에 해당하는 것 중 하나를 사용한다.

1) 「식품산업진흥법」 제22조에 따라 품질인증을 받은 전통식품

2) 「산업표준화법」 제15조에 따라 산업표준 적합 인증을 받은 농축수산물 가공품

3) 「농수산물 품질관리법」 제32조에 따라 지리적표시의 등록을 받은 식품

4) 「농수산물 품질관리법」 제14조에 따른 품질인증품

5) 「식품위생법」 제48조제1항에 따른 식품안전관리인증기준을 적용하는 업소에서 생산된 가공식품

6) 「식품위생법」 제37조에 따라 영업 등록된 식품제조 · 가공업소에서 생산된 가공식품

7) 「축산물 위생관리법」 제9조에 따라 위해요소중점관리기준을 적용하는 업소에서 가공 또는 처리된 축산물가공품

8)「축산물 위생관리법」 제6조제1항에 따른 표시기준에 따라 제조업소, 소비(유통) 기한 등이 표시된 축산물 가공품

나. 김치 완제품은「식품위생법」 제48조제1항에 따른 식품안전관리인증기준을 적용하는 업소에서 생산된 제품을 사용한다.

다. 수입 가공식품은「대외무역법」,「식품위생법」 등 관련법령에 적합하고 가목에 상당하는 품질을 갖춘 것을 사용한다.

라. 위에서 명시되지 아니한 식품 및 식품첨가물은 식품위생법령에 적합한 것을 사용한다.

5. 예외

가. 수해, 가뭄, 천재지변 등으로 식품수급이 원활하지 않은 경우에는 품질관리기준을 적용하지 않을 수 있다.

나. 이 표에서 정하지 않는 식재료, 도서(島嶼) · 벽지(僻地) 및 소규모학교 또는 지역여건상 학교급식 식재료의 품질관리기준 적용이 곤란하다고 인정되는 경우에는, 교육감이 학교급식위원회의 심의를 거쳐 별도의 품질관리기준을 정하여 시행할 수 있다.

부록 9. HACCP 인증 사후관리용

[식품(식품첨가물 포함)제조 · 가공업, 건강기능식품제조업, 집단급식소, 집단급식소식품판매업, 식품접객업(위탁급식영업), 운반급식(개별 또는 벌크 포장), 축산물가공업, 식용란선별포장업]

평가항목	평가내용(배점)	평가 결과 (0~10점)	비고
1. HACCP팀	1. 팀구성원이 HACCP의 개념과 원칙, 절차 등과 각자의 역할에 대하여 충분히 이해하고 있는가?(0~5) 2. 팀장은 HACCP팀에 주도적으로 참여하고 있으며, 각 팀원은 적극적으로 참여하여 활동하고 있는가?(0~5) 3. 팀구성원 교체 또는 변동 시 인수인계가 철저히 이루어지고 있는가?(0~5)		
	소 계(0~15)		
2. 제품설명서 및 제조공정 설비도면	1. 제품설명서 및 공정흐름도를 기준서에 반영하고 있는가?(0~10) 2. 공정흐름도 및 제조공정 설비 도면이 현장과 일치하는가?(0~5)		
	소 계(0~15)		
3. 위해요소분석	1. 위해요소분석과 관련된 새로운 정보의 지속적인 수집 및 보완이 이루어지고 있는가?(0~5) 2. 발생 가능한 위해요소에 변경사항이 있는 경우 잠재적인 위해요소를 충분히 도출하여 위해요소분석을 실시하고 있는가?(0~5) 3. 위해요소분석을 위한 과학적인 근거자료를 제시하고 있는가?(0~5) 4. 위해요소분석에 대한 개념과 절차를 잘 이해하고 있는가?(0~5)		
	소 계(0~20)		
4. 중요관리점의 결정 및 한계기준	1. 팀원은 제시된 CCP 결정도의 개념을 잘 숙지하고 있는가?(0~5) 2. 한계기준이 도출된 위해요소를 관리하기에 충분한가?(0~10) 3. 한계기준 설정을 위해 활용한 유효성 평가자료는 현장 특성의 반영하고 있는가?(0~5)		
	소 계(0~20)		

(계속)

평가항목	평가내용(배점)	평가 결과 (0~10점)	비고
5. CCP의 모니터링 및 개선조치	1. 모니터링 방법은 한계기준을 충분히 관리할 수 있도록 설정되어 있는가?(0~10) 2. 모니터링 담당자는 절차에 따라 지정위치에서 모니터링하여 기록 · 유지하고 있는가?(0~10) 3. 모니터링 담당자는 훈련을 통하여 자신의 역할을 잘 숙지하고 있는가?(0~5) 4. 모니터링에 사용되는 장비는 적절히 교정하여 관리하고 있는가?(0~10) 5. 개선조치 절차 및 방법은 수립되어 있으며 책임과 권한에 따라 자신의 역할을 잘 숙지하고 있는가?(0~5) 6. 개선조치를 실시하고 있으며 그 결과를 적절히 기록유지하고 있는가?(0~10)		
	소 계(0~50)		
6. HACCP 시스템 검증	1. 검증대상에 따른 검증계획, 방법, 주기는 적절하게 확립되어 있는가?(0~10) 2. 검증요원은 검증절차, 방법 및 역할을 잘 숙지하고 있는가?(0~10) 3. 검증계획 및 절차에 따라 검증을 실시하고 있는가?(0~10) 4. 검증결과, 부적합 사항에 대한 개선조치 등 사후관리가 수행되고 있는가?(0~10) 5. 검증결과를 주기적으로 검토, 분석하여 HACCP 시스템 운영에 반영하고 있는가?(0~10)		
	소 계(0~50)		
7. 교육 · 훈련	1. HACCP 시스템의 효율적 운영을 위한 교육 · 훈련절차 및 계획이 확립되어 있는가?(0~10) 2. 교육 · 훈련은 교육 · 훈련계획 및 절차에 따라 실시되고 그 기록이 유지되고 있는가?(0~10) 3. HACCP팀원은 교육 · 훈련결과를 주기적으로 검토, 분석하여 HACCP 시스템 운영에 반영하고 있는가?(0~10)		
	소 계(0~30)		
종 합 평 가(0~200)			

〈판정기준〉

① 평가항목의 배점에 대한 점수는 아래 평가점수표에 따라 부여한다.

〈평가점수표〉

구분	배점	
	0~5	0~10
평가점수	0	0
	1	2
	2	4
	3	6
	4	8
	5	10

② 총점수 200점 중 170점 이상을 적합, 170점 미만은 부적합으로 판정한다.

〈감점기준〉

정기 조사 · 평가 : 전년도 정기 조사 · 평가의 개선조치를 이행하지 않은 경우 해당 항목에 대한 감점 점수의 2배를 감점한다.

부록 10. 학교급식 위생 · 안전점검 항목별 평점표

1) 학교급식 위생 · 안전관리기준 준수사항

- 점검 항목 : 17개(적합 3점, 부적합 0점)

구분	점 검 항 목	부적합 기준 (적합 3점, 부적합 0점)	주요 점검기준 (참고사항)
시설관리	1. 급식시설 · 설비, 기구 등에 대한 청소 및 소독계획을 수립 · 시행하여 항상 청결하게 관리하는지 여부	청소 · 소독 계획 미수립 및 청결상태 불량	• 주기별 청소 및 소독계획 수립 – 주기별 청소 및 소독계획 수립 여부 확인 – 청소 점검표 작성 여부 확인 * [학교급식 위생관리 지침서] 제1장 참고 • 청결 상태 확인 – 천장은 응축수가 맺혀 떨어질 수 있으므로 월 1회 이상 청소(권장) • 주된 지적 내용 : 후드, 냉난방기, 에어커튼, 환풍기, 급식실 출입구, 세척기 내부 및 필터, 배수로 및 그리스 트랩, 천장, 바닥, 타일벽, 덤웨이터, 오븐, 부침기, 냉장고 손잡이, 기타 ※ 참고사항 – 덕트 청소는 전문 업체에 용역의뢰 권장 – 배관 테이핑 및 도색도 관리(심하면 감점) 〈다른 법령 관련 규정〉 • 원료보관실, 제조가공실, 조리실 등의 내부는 청결하게 관리(식품위생법 제3조, 시행령 제67조) ☞ 과태료 : 50(1차), 100(2차), 150만 원(3차) • 집단급식소의 시설기준에 맞지 않아 시설 개수 명령 이후 개선하지 않는 경우(식품위생법 제74조, 제88조, 시행령 제67조) ☞ 과태료 : 200(1차), 300(2차), 400만 원(3차) ※ 식품위생법 시행규칙 제96조 별표25 참고(집단급식소의 시설기준, 조리장, 급수시설, 창고 등 보관시설, 화장실 등)

구분	점 검 항 목	부적합 기준 (적합 3점, 부적합 0점)	주요 점검기준 (참고사항)
시설관리	2. 냉장·냉동고의 온도, 식기세척기의 최종 헹굼수 온도 또는 식기소독보관고의 온도를 기록·관리하는지 여부	CP1과 CP2의 온도를 지속적으로 기록관리 하지 않는 경우	• 출근 직후, 배식 후 청소 직전(또는 퇴근 전)에 CP1 온도 지속적 당일 현장기록 – 모든 냉장·냉동고 관리(단, 보존식 냉동고 및 우유 냉장고는 현실에 맞게 관리) • CP2 식기세척기 헹굼수 온도 71℃ 이상 또는 식기소독고 정상적 작동 여부 확인 및 기록 – Thermo-label 확인 후 부착관리(월 1회 이상) • CP2 잔류세제 확인(월 1회 이상) – 특히, 자동식기세척기에 사용하는 세척제는 수산화나트륨(NaOH) 함량 5% 미만 제품만 사용 ※ 참고사항 – 출근 직후(냉장·냉동고 문 열기 전)와 배식 후 청소 직전에 정상 온도가 유지되는지 반드시 확인하고 기록 – 2식 이상 급식실시 학교는 냉장·냉동고 온도 추가 확인[출근 직후, 중식 후, 석식 배식 후 청소 직전(또는 퇴근 전)] 〈다른 법령 관련 규정〉 • 부패·변질되기 쉬운 식품 등은 냉동·냉장시설에 보관·관리(식품위생법 제3조, 시행령 제67조) ☞ 과태료 : 30(1차), 60(2차), 90만 원(3차) • 식품 등의 보관·운반·진열 시에는 보존 및 보관기준(냉장 10℃, 냉동 −18℃ 이하)에 적합하도록 관리(식품위생법 제3조, 시행령 제67조) ☞ 과태료 :100(1차), 200(2차), 300만 원(3차)

(계속)

구분	점 검 항 목	부적합 기준 (적합 3점, 부적합 0점)	주요 점검기준 (참고사항)
시설관리	3. 조리용수로 수돗물이 아닌 지하수를 사용하는 경우 소독 또는 살균하여 사용하는지 여부	지하수 소독·살균 미실시, 상수도가 있음에도 지하수 사용 * 상수도 사용은 3점	• 지하수 사용학교 조리용수 위생관리 확인 – 지하수 분기별 수질검사결과 적합 여부 – 지하수 소독장치 설치 여부 및 소독 또는 살균하여 조리용수로 사용하는지 확인 * 업무 담당자 협조 등을 통해 확인 〈다른 법령 관련 규정〉 • 지하수 등을 먹는 물 또는 식품의 조리·세척 등에 사용하는 경우 먹는 물 수질검사기관에서 검사를 받아 적합하다고 인정되는 물 사용(식품위생법 제88조, 시행령 제67조) ☞ 과태료(수질검사 미실시) : 50(1차), 100(2차), 150만 원(3차) ☞ 과태료(부적합 판정 지하수 사용) : 100(1차), 200(2차), 300만 원(3차)
개인위생	4. 식품취급 및 조리 종사자는 6개월에 1회 건강진단을 실시하고, 그 기록을 2년간 보관하는지 여부(다만, 폐결핵 검사는 연 1회 검사 가능)	식품을 직접 취급하는 자가 기한 내 건강진단 미실시, 2년간 기록 미보관	• 영양교사·영양사, 조리종사자, 납품업체 배송직원, 배식 및 운반도우미, 조리종사자 대체인력의 6개월마다 1회 건강진단 실시 및 2년간 기록 보관 • 검진일 기준으로 확인 – 영양교사·영양사, 조리종사자는 차기검진일 확인(판정까지 1주일 정도 소요)토록 건강진단 기록표를 작성하고 점검 시 날짜 단위까지 확인 – 배식·운반도우미, 납품업체 배송직원은 점검 시점에서 건강진단 기한(6개월 이내 ⇒ 방학기간 포함) 유효한지 확인 〈다른 법령 관련 규정〉 • 학교급식 종사자의 건강진단 실시(식품위생법 제40조, 시행령 제67조) ☞ 과태료 : 10(1차), 20(2차), 30만 원(3차) • 건강진단을 받지 아니한 자를 영업에 종사(식품위생법 제40조, 시행령 제67조) ☞ 과태료 : 20~50(1차), 40~100(2차), 60~150만 원 (3차) * 조리종사자 및 건강진단 미검진 인원에 따라 다름 • 건강진단 결과 타인에게 위해를 끼칠 우려가 있는 질병이 있다고 인정된 자를 영업에 종사(식품위생법 제40조, 시행령 제67조) ☞ 과태료 : 100(1차), 200(2차), 300만 원(3차)

구분	점 검 항 목	부적합 기준 (적합 3점, 부적합 0점)	주요 점검기준 (참고사항)
개 인 위 생	5. 조리종사자들의 올바른 손 씻기, 소독으로 손에 의한 오염이 일어나지 않도록 하는지 여부	손을 씻지 않거나 소독을 아니한 상태에서 조리작업을 하는 경우	• 고무장갑 착용 전, 작업변경 시 손 씻기(특히, 오염된 캔 · 공산품 포장 등 취급 시 주의) • 올바른 손 씻기 방법으로 세척 – 손톱솔, 물비누 사용 – 고무장갑도 손에 준하여 관리 ※ 참고사항 • 손을 씻어야 하는 경우 – 작업 시작 전 – 화장실을 이용한 후 – 지저분하거나 오염된 기구와 접촉했을 경우 – 쓰레기나 청소도구를 취급한 후 – 일반구역에서 청결구역으로 이동하는 경우 – 육류, 어류, 난각 등의 식품과 접촉한 후 – 귀, 입, 코, 머리 등 신체일부를 만졌을 때 – 음식찌꺼기를 처리했을 때 또는 식기를 닦고 난 후 – 음식 또는 차를 섭취한 후 – 전화를 받고 난 후 – 식품 검수를 한 후 – 코를 풀거나 기침, 재채기를 한 후 • 세정대에서 손세척 금지

(계속)

구분	점 검 항 목	부적합 기준 (적합 3점, 부적합 0점)	주요 점검기준 (참고사항)
식재료관리	6. 식재료 검수 시 「학교급식 식재료의 품질관리 기준」에 적합한 품질 및 신선도와 수량, 위생상태 등을 확인하여 기록하는지 여부	식재료 품질관리 기준에 부적합한 품질 및 수량, 원산지, 제조일 또는 소비(유통)기한, 납품온도 등 CCP1의 기록관리가 미흡한 경우	• 식재료 품질관리 기준 준수 및 기록(품질등급, 원산지, 생산연도 등) • 쌀(생산연도 1년 이내), 축산물(등급) • 계량용 저울을 사용하여 중량 확인 ※ 참고사항 – 식품안전관리인증기준(HACCP) 의무 적용품목은 인증 제품 사용 – 축산물 등급 확인 및 [축산유통정보서비스] 시스템에 발급번호 입력 – 수입 축산물을 사용할 경우 등급에 대한 기준 학교 운영위원회 심의 • 대면검수 – 납품과 검수가 분리되어 별도로(선 납품 후 검수) 이루어질 때 식재료의 위생과 안전에 중대한 영향을 미칠 수 있으므로 영양교사 · 영양사 등 학교 관계자가 입회하여 반드시 대면검수 • 복수검수 – 영양교사 · 영양사, 교직원, 학부모 등 2명 이상이 검수에 참여하고 모두 검수서에 서명 – 검수 시 이물질 포함 등 위생상태 불량, 규격 및 품질등급 미달 등 불량식품 적발 시 그 내용을 기록하고 반품조치 및 교체요구 • 검수하지 않고 전처리 및 조리작업 시행 시 부적합 ※ 참고사항 • 식품온도 기준 – 냉장식품 및 전처리농산물 : 10℃ 이하(HACCP 제품 중 신선편의식품, 불린 고사리, 콩나물, 숙주, 달걀 등) * 단, 당일 사용할 냉장 어육류 및 훈제연어 5℃ 이하 – 냉동식품 : 냉동상태 유지, 녹은 흔적이 없을 것 • 전처리 농산물의 정의 – 수확 후 세척, 선별, 박피 및 절단 등의 가공을 통하여 즉시 조리에 이용할 수 있는 형태로 처리된 식재료 〈다른 법령 관련 규정〉 • 집단급식소 설치 · 운영자가 소비(유통)기한이 경과된 원료 또는 완제품을 조리 목적으로 보관 · 사용 금지(식품위생법 제88조, 시행령 제67조) ☞ 과태료 : 100(1차), 200(2차), 300만 원(3차) • 위해평가가 완료되기 전 일시적으로 금지된 식품 등 사용 · 조리(식품위생법 제88조, 시행령 제67조) ☞ 과태료 : 30(1차), 60(2차), 90만 원(3차) • 「축산물 위생관리법」 제12조에 따라 검사를 받지 아니한 축산물 사용(식품위생법 제88조, 시행령 제67조) ☞ 과태료 : 30(1차), 60(2차), 90만 원(3차)

구분	점 검 항 목	부적합 기준 (적합 3점, 부적합 0점)	주요 점검기준 (참고사항)
작 업 위 생	7. 식재료나 조리 과정에서 교차오염을 방지하기 위하여 칼과 도마, 고무장갑 등 조리기구 및 용기를 용도별 및 조리 전·후로 구분하여 사용하고, 적절히 세척·소독하는지 여부	CCP2 용도별 및 조리 전·후로 구분하여 사용하지 않고, 세척·소독 미실시	• 모든 조리기구(용기 등) 및 앞치마·고무장갑 등은 조리 전·후로 구분하되, 교차오염 방지를 위해 칼, 도마는 용도별(채소, 육류, 어류)로 구분 사용하고 세척·소독 실시 여부 – 소독용액 농도 준수 – 소독고에 보관 중인 칼·도마, 고무장갑, 앞치마, 위생화 등의 청결관리 – 조리 전·후 구분 : 소독('기구 등의 살균소독제' 제품별 용량과 용법에 따라 사용), 가열(75℃ 이상) 전·후로 구분(작업구분), 충분한 수량 확보 및 관리 – 플라스틱 소쿠리 사용 금지(불가피한 경우 전처리용으로 제한적 사용) – 재사용 시에는 세척 및 소독 철저 – 사용한 고무장갑·면장갑 등은 별도로 모아두었다가 세척·소독 후 보관 – 사용 후 세탁할 면장갑, 식탁용 행주 등은 화장실에 보관하지 않도록 지도 • 검식 시 검식용 용기 구분 사용 〈다른 법령 관련 규정〉 • 어류·육류·채소류를 취급하는 칼·도마는 구분 사용(식품위생법 제3조, 시행령 제67조) ☞ 과태료 : 50(1차), 100(2차), 150만 원(3차) • 물수건, 수저, 식기, 찬기, 도마, 칼 및 행주, 그 밖에 주방용구는 기구 등의 살균소독제 또는 열탕의 방법으로 소독한 것을 사용(식품위생법 제88조, 시행령 제67조) ☞ 과태료 : 30(1차), 60(2차), 90만 원(3차)
	8. 식품취급 등의 작업은 바닥으로부터 60cm 이상의 높이에서 실시하여 식품의 오염이 방지되는지 여부	60cm 이하에서 식품 취급(운반 및 오염방지 시설이 설치된 경우는 제외)	• 모든 식재료는 60cm 이상에서 관리(단, 식품창고 내에서는 15cm 이상에서 오염되지 않도록 관리) ※ 참고사항 – 조리실에서 국을 퍼 담기 위해 국통을 잠시 파레트, L형 카트 위에 둔 경우는 제한적 인정 – 오븐 작업 시 주의(꽂을 때는 위에서부터, 뺄 때는 아래서부터)하도록 지도

(계속)

구분	점 검 항 목	부적합 기준 (적합 3점, 부적합 0점)	주요 점검기준 (참고사항)
작업위생	9. 조리가 완료된 식품과 세척·소독된 배식기구·용기 등은 교차오염 우려가 있는 기구·용기 또는 식재료 등과 접촉에 의해 오염되지 않도록 관리하는지 여부	조리완료된 식품 및 배식기구 등의 위생적 보관관리 상태가 미흡한 경우	• 조리가 완료된 식품은 조리 전 식품과 교차오염되지 않게 구분 관리 • 소독된 배식기구(수저, 식판 등)는 세척·소독되지 아니한 기구와 혼용 또는 오염되지 않도록 보관 • 교차오염을 일으킬 수 있는 모든 작업위생 과정 확인 ※ 추가 확인사항 – 밑간해 놓은 불고기, 생선가스, 다진 마늘 등을 상온에 뚜껑 없이 방치하는지 여부 – 조리과정 중 조리기기, 기구 세척으로 인한 교차오염 발생 여부 – 냉장(동)고 및 식기소독고에 식재료 보관 시 덮개 사용 여부
	10. 해동방법이 적절하고, 재냉동하여 사용하지 않는지 여부	냉동식품을 부적절한 방법(실온방치 등)으로 해동하는 경우	• 해동은 냉장(10℃ 이하), 전자레인지 또는 흐르는 물(21℃ 이하)에서 실시하는지 여부 • 냉장해동(냉장고 등에 "해동 중" 표식 부착) 및 유수해동 준수 • 냉동식품 튀김 시, 소량씩 출고하여 조리(상온에 다량 적재 금지) • 녹았다 언 흔적이 있는 냉동식품을 재냉동하거나 재사용하는지 확인
	11. 생으로 먹는 채소류, 과일류를 충분히 세척·소독하고 농도를 확인하는지 여부	CCP2 충분한 세척 및 소독 미실시	• Test-paper 사용 및 소독액 소비(유통)기한 확인 • 소독 전·후 세척 및 헹굼관리 철저 – 소독액 농도 확인(염소농도 100~130ppm 또는 이와 동등한 소독효과를 가진 살균소독제 사용) 후 5분간 침지, 흐르는 물에 충분히 헹굼 ※ 참고사항 – 소독순서 : 다듬기 → 세척 → 소독 → 헹굼(소독제 냄새가 나지 않을 때까지 충분히) – 타이머 사용 권장
	12. 가열조리 식품의 중심부가 75℃(패류는 85℃) 이상에서 1분 이상 가열되고 있는지 온도계로 확인하고, 그 온도 적정 여부를 기록·유지하는지 여부	CCP2 중심온도 미측정 및 지속적 기록 미실시	• 튀김, 볶음, 조림 ☞ 중심온도 체크 • 온도계 및 시계(타이머) 구비 – 중심온도 및 시간 측정은 밥, 국을 제외한 모든 가열조리 식품의 중심부가 75℃(패류는 85℃) 이상에서 1분 이상임을 확인 ※ 참고사항 – 온도계 및 보관함의 위생상태, 중심온도 측정 시 탐침이 오염되지 않도록 위생관리 철저

구분	점 검 항 목	부적합 기준 (적합 3점, 부적합 0점)	주요 점검기준 (참고사항)
작업위생	13. 조리가 완료된 식품의 온도와 시간관리를 통하여 미생물 증식을 억제하는지 여부	CCP3 조리가 완료된 음식에 대해 온도 또는 시간관리 미흡	• 밥, 국을 포함한 열장식품은 57℃ 이상 유지 또는 조리완료 시점에서 배식완료까지 2시간 이내로 관리
배식 및 검식	14. 조리된 음식의 안전한 급식을 위하여 운반 및 배식기구 등을 청결히 관리하여야 하며, 배식 중에 운반 및 배식기구 등으로 인하여 오염이 일어나지 않도록 조치하는지 여부	운반 및 배식기구 등이 청결하지 않으며 배식 중 교차오염의 우려가 있으나 조치하지 않는 경우	• 배식차, 엘리베이터 등 세척 · 소독실시 • 엘리베이터(여건상 불가피한 경우 덤웨이터)로 배식차 운반 시, 분무 소독 등 공간살균 후 탑재(권장) • 배식시간 동안 급식관계자 외 탑승 제한 • 화물용 덤웨이터의 경우 사람 탑승 금지 ※ 참고사항 – 복도배식은 위생적으로 문제가 있으므로 교실 배식으로 전환토록 지도
	15. 조리된 식품에 대하여 조리완료 시 음식의 맛, 온도, 조화(영양적인 균형, 재료의 균형), 이물, 불쾌한 냄새, 조리상태 등을 확인하기 위한 검식을 실시하는지 여부	검식을 지속적으로 실시하지 않거나 기록하지 않은 경우	• 급식일지에 검식기록을 하는 경우 NEIS 급식일지에 검식기록 여부 확인 – 검식일지 별도 사용 지양 – 기재내용 : 맛, 온도, 조화(영양적인 균형, 재료의 균형), 이물, 불쾌한 냄새, 조리상태

(계속)

구분	점 검 항 목	부적합 기준 (적합 3점, 부적합 0점)	주요 점검기준 (참고사항)
세척 및 소독	16. 식기구를 세척·소독 후 배식 전까지 위생적으로 보관·관리하는지 여부	식기구의 세척, 소독 및 위생적인 보관관리 미흡	• 식판, 수저 등 식기구 보관 및 운반 시 덮개 사용 – 단, 교실배식의 경우 식기구 운반 시 밀폐용기 또는 운반차 내부 보관 • 소독 및 건조된 식기구의 이물질 등 청결 상태 확인 • 점검자가 식판 잔류세제 검사 후 세제 잔류 확인 시 감점 〈다른 법령 관련 규정〉 • 기계·기구 및 음식기는 사용 후에 세척·살균 등 청결하게 유지·관리(식품위생법 제3조, 시행령 제67조) ☞ 과태료 : 50(1차), 100(2차), 150만 원(3차) • 동물의 내장을 조리한 경우 사용한 기계·기구류 등을 세척·소독(식품위생법 제88조, 시행령 제67조) ☞ 과태료 : 30(1차), 60(2차), 90만 원(3차)
	17. 감염병의 예방 및 관리에 관한 법률 시행령 제24조에 따라 급식시설 방역을 실시하고 소독증명서를 비치하는지 여부	정기방역을 미실시한 경우	• 하절기(4~9월 중) 2개월 1회 이상 실시, 동절기(10~3월 중) 3개월 1회 이상 실시 여부 확인 * 업무 담당자 협조 등을 통해 확인 ※ 참고사항 – 개학 직전 2월에 시작하여 2개월에 1회 권장(감염병의 예방 및 관리에 관한 법률 제51조, 83조, 시행령 제24조, 시행규칙 제36조) ☞ 과태료 : 50(1회), 100만 원(2회) – 신설학교의 경우 급식개시 전에 소독실시 지도

2) 학교급식 지도 및 권장사항

- 배점 : 19개 항목 × (2~3점)

구분	점 검 항 목	점검척도 및 평점	주요 점검기준 (참고사항)
시설관리	18. 일반작업구역과 청결작업구역으로 구분되어 식품취급 작업의 흐름이 교차되지 않는지 여부	• 우수 : 전처리실, 차단벽 설치 등으로 일반작업과 청결작업 구역 구분(2점) • 보통 : 작업구역은 미구분되나 작업대·세정대 등 분리 사용 (1점) • 미흡 : 작업구역 미구분 및 작업대·세정대 등 분리 사용 안 함(0점)	• 현대화사업 추진학교(각 실별 벽과 문으로 차단 시) 우수 점수 – 벽이나 문으로 차단이 곤란한 경우 바닥에서 1m 정도의 높이로 구역을 구분한 경우도 가능 – 단, 양문형 냉장고, 양문형 식기소독고 등으로 인해 위쪽 벽이 개방되어 있는 경우도 가능하나, 개선할 수 있도록 지도 • 작업구역은 구분되지 않으나, 작업별로 작업대, 세정대를 시간 또는 공간적으로 구분하여 분리 사용할 경우 보통 점수 ※ 참고사항 – 일반작업구역 : 검수, 전처리(가열 전·소독 전 식품절단), 식재료 저장, 세정 등 – 청결작업구역 : 식품절단, 조리(가열·비가열/가열 후·소독 후 식품절단), 정량 및 배선, 식기보관구역 등
	19. 조리장의 시설(바닥·벽·천장 등)의 파손 및 고장 난 설비·기구의 관리 여부	• 우수 : 시설 파손 및 고장 난 설비·기구 없음(3점) • 보통 : 시설 파손(경미) 또는 고장 난 설비·기구 있음(수리 의뢰)(1.5점) • 미흡 : 시설 파손(여러 곳) 또는 고장 난 설비·기구 방치(0점)	• 파손된 곳 및 고장 난 설비·기구가 없을 시 우수 • 열기, 습기에 약하거나 운반카트에 부딪혀 타일 파손된 곳, 보일러 배관, 에어컨 가스 배관, 바닥 배수로 등으로 인해 생긴 구멍, 천장 텍스가 떨어진 경우, 조리장 누수 등의 경우 파손으로 간주 • 주요 설비·기구 확인 사항 – 오븐, 소독고, 형광등, 자외선등(등센서 작동 여부), 스팀배관(증기누출 여부), 바퀴, 릴호스 밸브, 에어커튼, 손소독기, 식기세척기 등 • 설비·기구의 고장 확인 및 수리 의뢰 – 고장 난 설비·기구는 "고장수리 의뢰 중"표시 부착 지도 ※ 참고사항 – 조리장 바닥, 벽, 천장의 전면 공사 필요시 추후예산을 확보하여 개선·검토하도록 안내

(계속)

구분	점 검 항 목	점검척도 및 평점	주요 점검기준 (참고사항)
시설관리	20. 검수장소 및 조리 작업장소(작업대 · 가스대 · 국솥 등)의 조도 기준 준수 여부	• 우수 : 검수장소 540Lux, 조리장(작업대 · 가스대 · 국솥 등) 220Lux 이상(2점) • 보통 : 일부 작업공간의 조도가 기준 미달(1점) • 미흡 : 모든 작업공간의 조도가 기준 미달(0점)	• 한 곳이라도 기준 조도 미달일 경우 보통 • 식재료 창고 및 워크인 냉장(동)고 포함 확인(조리작업 장소 기준 조도 220Lux 이상 준수) • 형광등 고장으로 인한 조도 미달 확인 ※ 참고사항 – 조도계 사용(허리 높이에서 측정, 날씨와 관계없이 측정)
	21. 조리장의 후드는 열 및 증기 발생 시 즉시 배출되고, 응축수가 식품에 직접 떨어지지 않는 구조인지 여부	• 우수 : 열, 증기 발생 시 즉시 배출되며, 응축 수가 식품에 직접 떨어지지 않는 구조(3점) • 보통 : 열, 증기 배출이 다소 지연되나, 응축 수가 식품에 직접 떨어지지 않는 구조(1.5점) • 미흡 : 배기팬 고장 또는 환기불량(0점)	• 후드 가동 시 스팀 조리기구(스팀국솥, 다단식스팀취사기, 세척기 등) 위 후드 내부 및 주변 천장에서 응축수가 식품에 떨어지지 않는 구조이면 우수 • 응축수가 식품에 낙하하는 구조이거나, 후드 기름입자 제거용 필터(튀김솥, 볶음솥, 부침기, 오븐기) 미설치 시 미흡 • 후드 응축수 밸브 미설치, 조리 중 후드 응축수 밸브 열고 작업 시 감점

구분	점 검 항 목	점검척도 및 평점	주요 점검기준 (참고사항)
시설관리	22. 조리장 내 온도 및 습도를 적정하게 관리하는지 여부	• 우수 : 냉 · 난방기 또는 공기조화 시설 등을 갖추어 조리장 온도 및 습도를 적정하게 관리함(3점) • 보통 : 조리장의 온 · 습도관리 보통(1.5점) • 미흡 : 조리장의 온 · 습도관리 미흡(0점)	• 각 실별 냉 · 난방기(충분한 용량) 모두 설치되어 있어, 적정 온 · 습도 지속적 관리 • 조리장, 식품창고 온 · 습도계 비치 지도 • 조리장 내 실내온도는 18℃ 이하를 유지하는 것이 이상적 – 실질적으로는 이 조건을 충족하기 어려우므로 에어컨 등을 설치하여 가능한 한 낮은 온도 유지 – 공조시스템 설치 후 관리가 잘될 경우 우수 • 조리장 내 적정 실내습도는 50~70% 유지
	23. 식품보관실은 적정하게 설치되어 있으며, 소모품 보관실과 분리되어 있는지 여부	• 우수 : 식품보관실은 환풍기 또는 환기창이 설치되어 환기상태 적정, 소모품보관실 별도 설치 또는 공간구획 구분(2점) • 보통 : 일부 기준 미흡(1점) • 미흡 : 모든 기준 미달(0점)	• 별도의 소모품 보관실 설치 또는 공간구획 구분 – 경량칸막이와 자바라로 공간이 구획되거나 구분되어 있는 경우 인정 * 다만, 자바라의 경우 학교 자체 또는 교육청 협의를 거쳐 개선토록 노력 • 환풍기 설치 및 작동 여부 확인 • 온 · 습도계 비치 • 나무 깔판 사용금지 • 보관선반은 바닥에서 15cm 이상 • 쌀 보관 시 바닥과 벽에서 15cm 이상 이격 ※ 참고사항 – 식품창고가 시멘트 바닥일 경우 방수페인트 또는 타일부착 안내

(계속)

구분	점 검 항 목	점검척도 및 평점	주요 점검기준 (참고사항)
시설관리	24. 조리종사자 전용 화장실이 있으며, 청소와 관리상태가 양호하고, 출입문이 조리실에 바로 면하지 않고, 화장실 내 환풍기 또는 환기창이 설치되어 있는지 여부	• 우수 : 조리종사자 전용 화장실이 있을 경우 청소와 관리상태가 양호하며, 출입문이 조리실에 바로 면하지 않고, 환풍기 또는 환기창이 설치됨 (2점) • 보통 : 일부 기준 미흡(1점) • 미흡 : 모든 기준 미달(0점)	• 조리종사자 전용 화장실 설치 여부 확인 * 다만, 급식소 밖 화장실에 조리종사자 이외 사용을 금지하면서 청소와 관리상태가 양호한 경우는 보통으로 인정 • 화장실 출입문이 조리실에 바로 면하는지 확인 – 화장실 출입문이 조리실에 면하고 있으나, 출입문을 폐쇄하여 사용하지 않을 경우 인정(자바라 등 설치한 경우는 인정 안 됨) • 환풍기 설치 및 작동 여부 확인 • 화장실의 전반적인 위생관리 상태 확인(화장실용 신발, 종이타월, 휴지통덮개 등) ※ 참고사항 – 조리화를 신고 화장실로 바로 들어갈 수 있게 설계된 경우는 화장실용 신발로 갈아 신도록 지도
	25. 조리장 내 수세시설과 신발소독 시설은 적정하게 설치되어 있고 올바르게 사용하는지 여부	• 우수 : 조리장 내 수세시설 적정설치(수량, 위치, 온수, 손잡이는 페달식 또는 원터치식), 신발소독 시설 적정 설치 및 이용(3점) • 보통 : 일부 기준 미흡(1.5점) • 미흡 : 모든 기준 미달(0점)	• 수세시설 적정 설치 및 이용 – 구획구분 되어 있는 경우 실별로 설치(단, 세척실 설치 권장), 온수공급(40℃ 이상), 모든 수세시설 손잡이는 페달식 또는 원터치식으로 설치 • 손소독시설, 물비누, 손톱솔, 종이타월 비치(화장실 손세정대 포함) • 신발소독시설 적정 설치 및 이용 – 조리실 외부와의 출입구, 화장실 출입구 설치 – 일반구역과 청결구역의 경계면 설치(조리장이 벽과 문으로 구분된 경우) – 소독제 용량 · 용법에 맞는 상시적 농도 유지 ※ 참고사항 – 수세시설 손잡이가 페달식 또는 원터치식이 아닐 경우는 페달식으로 추가 설치하도록 안내 – 수세시설 옆 휴지통 비치 권장 – 핸드드라이기는 종이타월로 교체하도록 지도

구분	점 검 항 목	점검척도 및 평점	주요 점검기준 (참고사항)
시설관리	26. 조리장 내 싱크대 등은 배수관이 배수로와 직접 연결되어 바닥을 오염시키지 않도록 조치하고 있는지 여부	• 우수 : 모든 싱크대의 배수관이 배수로와 연결 및 관리상태 양호(2점) • 보통 : 일부 배수관이 배수로와 연결되지 않았거나 관리상태 미흡(1점) • 미흡 : 모든 기준 미달(0점)	• 배수관 연결 및 관리상태 현장 확인 – 세미기, 손세정대, 세척기, 담금세정대, 세탁기(화장실에 세탁기 설치된 경우는 제외) 등 배수관 연결 여부 – 이동식 세정대, 소쿠리 운반카트 등 이용 시 트렌치 위에서 배수하되, 바닥을 오염시키지 않도록 관리 ※ 참고사항 – 급식기구 및 배식도구 등을 안전하고 위생적으로 세척할 수 있도록 온수 공급설비를 갖추어야 함
	27. 조리장, 식품보관실, 식당 등의 방충·방서설비 및 관리상태가 적정한지 여부	• 우수 : 출입문·창문에 모두 설치 및 관리상태 우수(3점) • 보통 : 출입문·창문에 일부 미설치 또는 관리상태 미흡(1.5점) • 미흡 : 모든 기준 미달(0점)	• 외부로 통하는 경우 에어커튼, 방충망 모두 설치(다만, 문 개폐 시 자동으로 에어커튼이 작동되는 등 방충대책이 완벽한 경우는 한 개만 설치되어도 인정) • 조리실 바닥, 외부에 구멍 뚫린 곳이 없는지 확인 • 보일러실, 조리종사자 휴게실, 급식관리실 방충·방서시설 설치 • 환풍기에 개폐시설이 없는 경우 방충망 설치 • 살충등 실제 사용 여부, 관리상태 확인 ※ 참고사항 – 에어커튼 방향의 바깥쪽으로 향하도록 안내 – 유인살충등을 사용하는 경우 고전압 살충등은 조리 중에 사용하지 않도록 하고, 포집등을 설치하도록 안내
	28. 급수설비의 적정성 및 이를 위생적으로 관리(수도전 위치, 수량 등)하는지 여부	• 우수 : 수도전이 충분하여 호스 미사용, 호스가 바닥에 닿지 않게 짧게 설치하여 적정 사용(2점) • 보통 : 일부 기준 미흡(1점) • 미흡 : 모든 기준 미달(0점)	• 호스 바닥에 닿게 사용 시 감점 • 국솥이나 세정대의 호스가 식재료에 닿거나 물에 잠기게 사용하는 경우 감점 ※ 참고사항 – 릴호스 청소·소독하도록 안내 – 수량 부족 시 릴호스 설치 안내

(계속)

<table>
<tr><th>구분</th><th>점 검 항 목</th><th>점검척도
및 평점</th><th>주요 점검기준
(참고사항)</th></tr>
<tr><td>시
설
관
리</td><td>29. 냉동 · 냉장시설의 적정용량 확보 및 온도유지, 급식품 외 보관하는 것은 없는지 여부</td><td>• 우수 : 적정용량 확보, 온도유지, 온도계 설치, 급식품외 보관하는 것 없음(3점)
• 보통 : 일부 기준 미흡(1.5점)
• 미흡 : 모든 기준 미달(0점)</td><td>• 용량기준 확인
– 냉장 · 냉동고 용량의 70% 이하, 워크인 냉장고는 40% 이하로 보관
※ 급식학교 냉동 · 냉장고 용량기준(권장) 참고
• 외부 온도계 설치 및 온도 유지
– 냉장고 내부 온도계는 설정온도가 아닌 실제 현재 온도가 측정되고 있는 경우만 인정
– 점검 시점에서 냉장 · 냉동고 온도 유지가 잘되고 있는지 확인
• 개인물품이나 식재료 샘플은 별도의 냉장고에 보관
– 보존식냉동고에 보존식 외 물품 일체 보관 금지
• 냉장고 안 칸막이 선반 부식 시 선반 교체
※ (참고) 급식학교 냉동 · 냉장고 용량기준(권장)
<table>
<tr><th rowspan="2">급 식
인원수</th><th rowspan="2">학교
급별</th><th colspan="2">식재료 보관용(ℓ)</th><th rowspan="2">조리완성식품
냉장보존용(ℓ)</th><th rowspan="2">식재료보관용
워크인 냉장고</th></tr>
<tr><th>냉장고</th><th>냉동고</th></tr>
<tr><td rowspan="3">500명
이하</td><td>초</td><td>432</td><td>112</td><td>115</td><td rowspan="8">(2,000~ 2,817)W × 2,200H × 1,800D</td></tr>
<tr><td>중</td><td>516</td><td>142</td><td>120</td></tr>
<tr><td>고</td><td>629</td><td>183</td><td>148</td></tr>
<tr><td rowspan="3">501~
1,000명</td><td>초</td><td>865</td><td>222</td><td>230</td></tr>
<tr><td>중</td><td>1,032</td><td>283</td><td>241</td></tr>
<tr><td>고</td><td>1,256</td><td>365</td><td>296</td></tr>
<tr><td rowspan="3">1,001~
1,500명</td><td>초</td><td>1,296</td><td>332</td><td>341</td></tr>
<tr><td>중</td><td>1,548</td><td>423</td><td>361</td></tr>
<tr><td>고</td><td>1,884</td><td>548</td><td>444</td><td rowspan="4">(2,600~ 3,692)W × 2,200H × 1,800D</td></tr>
<tr><td rowspan="3">1,501~
2,000명</td><td>초</td><td>1,729</td><td>442</td><td>460</td></tr>
<tr><td>중</td><td>2,063</td><td>565</td><td>481</td></tr>
<tr><td>고</td><td>2,513</td><td>730</td><td>592</td></tr>
</table>
자료 : 학교급식 냉장 · 냉동고의 용량 기준설정에 관한 연구(교육부, 2005년)

〈다른 법령 관련 규정〉
• 보존 및 보관기준에 적합한 온도가 유지되는 냉장 · 냉동시설 구비(식품위생법 제74조, 제88조, 시행령 제67조)
☞ 시설기준 부적합 시 시설 개수 명령, 명령 위반 시 과태료 : 200(1차), 300(2차), 400만 원(3차)
• 조리 · 제공한 식품의 매회 1인분 분량을 –18℃ 이하에서 144시간 이상 보관(식품위생법 제88조, 시행령 제67조)
☞ 과태료 : 300(1차), 400(2차), 500만 원(3차)
※ 식중독 발생 시 보관 또는 사용 중인 보존식이나 식재료를 폐기하거나 현장을 훼손하는 경우
☞ 과태료 : 30(1차), 60(2차), 90만 원(3차)</td></tr>
</table>

구분	점 검 항 목	점검척도 및 평점	주요 점검기준 (참고사항)
개인위생	30. 종사자의 개인위생 준수 여부 및 건강 상태 확인 후 적절히 조치하는지 여부	• 우수 : 작업 전 건강 확인(소화기 질환 및 손 상처자), 필요약품 구비 및 적정관리(3점) • 보통 : 작업 전 건강 상태 확인(소화기질환 및 손 상처자) 적정 조치는 하였으나, 필요 약품 구비 미흡(1.5점) • 미흡 : 모든 기준 미달(0점)	• 작업 전에 건강상태 확인 – 반드시 당일 작업시작 전까지 손 상처자나 설사 여부 체크 및 개선 조치 • 필요약품 구비 및 소비(유통)기한 확인 – 구급약품 : 소화제, 진통제, 화상 치료제, 상처 치료제, 밴드, 골무 등 • 마스크 착용 여부 확인 • 신규 급식 종사자(학부모 모니터요원 포함)에 대한 건강문진 작성 • 개인위생관리 상태 확인 – 머리카락, 매니큐어, 장신구 착용 등 – 영양교사 · 영양사 및 조리종사자 위생모 착용 시 머리카락이 보이지 않아야 함(캡모자, 주방장 모자 사용 금지) – 위생복 청결상태 및 긴팔 위생복 착용 확인(위생 · 안전상 반팔 위생복 착용 지양) ※ 참고사항 – 위생복은 가급적 밝은 색상으로 제작하거나 구입하여 청결하게 관리(어두운 색상은 지양) 〈다른 법령 관련 규정〉 • 위생모 및 마스크를 착용하는 등 개인위생관리 철저(식품위생법 제3조, 시행령 제67조) ☞ 과태료 : 20(1차), 40(2차), 60만 원(3차)
	31. 종사자를 대상으로 위생교육을 정기적으로 실시하는지 여부	• 우수 : 종사자에 대한 정기적 교육 실시(2점) • 미흡 : 일부 교육 누락 및 미실시(0점)	• 조리종사자 월 1회 위생 · HACCP 교육 실시 확인 – 신규자에 대하여는 기본적인 위생관리 및 안전사고 예방 등에 관한 사전교육 실시 * 학교급식 종사자의 자체 위생교육과는 별도로 집단급식소 설치 · 운영자(식품위생 책임자 지정하여 대신 교육 가능) 및 영양사, 조리사는 식품위생법령에 따라 교육을 받도록 규정하고 있음(식품위생법 제41조, 제56조) ☞ 과태료 : 20(1차), 40(2차), 60만 원(3차)

(계속)

구분	점 검 항 목	점검척도 및 평점	주요 점검기준 (참고사항)
배식	32. 배식 시 위생복장을 적정하게 착용하는지 여부	• 우수 : 모든 배식자가 위생복장(앞치마, 위생모, 마스크 등) 착용(3점) • 보통 : 일부 미착용(1.5점) • 미흡 : 모두 미착용(0점)	• 배식 시 위생복장(앞치마, 위생모, 마스크 등) 착용 확인 • 위생복장 청결상태 확인 ※ 참고사항 – 위생장갑 또는 청결한 도구(집게, 국자) 등 사용, 맨손 배식 금지 – 부득이하게 배식 시 도구사용이 어려울 경우 1회용 위생장갑 사용 가능 – 배식자용 마스크는 코와 입을 막을 수 있는 마스크 사용 권장
환경위생관리	33. 조리실 내·외부의 쓰레기는 적정 처리하고 주변을 청결하게 관리하고 있는지 여부	• 우수 : 조리실 내·외부의 쓰레기통은 덮개 사용 등 주변 청결관리(2점) • 보통 : 덮개 미사용 등 주변 청결관리 일부 미흡(1점) • 미흡 : 관리실태 불량(0점)	• 페달 달린 덮개 있는 전용 쓰레기통 비치·사용 확인(전처리 쓰레기통 포함) • 쓰레기통(잔반통) 내·외부 및 주변 청결관리 실태 확인 • 잔반 매일 수거 확인 ※ 참고사항 – 음식물쓰레기 수거업체(폐기물관리법에 의한 허가·신고) 적정 여부 확인 – 잔반은 매일 수거를 원칙으로 지도
HACCP	34. HACCP 적용에 대한 자체분석 후 협의를 거쳐서 적절한 개선 조치를 취하고 있는지 여부	• 우수 : HACCP 적용에 대한 자체분석 후 적절한 조치(3점) • 보통 : 자체분석은 실시, 적절한 조치 미흡(1.5점) • 미흡 : 자체분석 및 개선조치 미이행(0점)	• 월 1회 CCP별 점검결과 및 조치 기록표 작성 확인 • 연 2회 HACCP 자체분석 실시(4, 10월 중 권장) – HACCP 자체검증 결과표 작성 확인 – HACCP팀 구성·회의(회의록 작성), 교육, 측정기구 확보 및 적정 사용 여부 등 – 미생물 분석을 통한 음식과 환경의 안전성 확인 권장 ※ 참고사항 – CCP별 점검결과 및 조치사항, HACCP 자체검증 결과표, 온도계 자가 검교정 기록지 : [학교급식 위생관리 지침서] 참고

구분	점 검 항 목	점검척도 및 평점	주요 점검기준 (참고사항)
HACCP	35. CCP확인표를 담당자가 올바로 이해하고, 현장기록을 실시하고 있는지 여부	• 우수 : CCP 올바로 이해, 현장기록 철저(3점) • 보통 : CCP 올바로 이해, 담당자 미지정, 현장기록 미흡(1.5점) • 미흡 : CCP 현장 기록 미이행(0점)	• CCP기록지 현장 비치 및 기록 확인 • 담당자 지정 확인 • CCP2 모든 조리과정 작성(밥, 국과 같이 끓이는 음식은 온도측정 제외) • CCP3 완제품을 제외한 모든 음식 기록 • CP2 식판 잔류세제 확인 기록(테스트 페이퍼, 페놀프탈레인 검사 실시) ※ 참고사항 – 학교급식 위생 · 안전관리기준 점검항목의 2번, 6번, 7번, 11번, 12번, 13번 문항 전부 실시했는지 확인 – 학교급식시설 현대화사업의 일환으로 "위생관리 시스템정보화" 등을 통해 실시간 CCP기록관리 업무전산화 권장
안전관리	36. 학교자체에서 일일 위생 점검을 실시하고 있는지 여부	• 우수 : 점검실시 및 기록유지(3점) • 미흡 : 점검미실시 또는 기록 미유지(0점)	• 점검표의 기록 유지 관리 확인 • 점검표 작성 시기 적정 확인 – 미리 작성하거나, 미작성 시 감점 ※ 참고사항 – 시 · 도교육청별로 통일된 일일 위생 · 안전 점검표 제공 및 사용 권장

3) 직전 위생 · 안전점검 지적사항 개선 여부 사항 등

• 평가항목 : 5개 항목(해당 항목 부적합 시 감점)

평가항목	평가점검내용	평가점검 세부기준
위반 · 지적사항 이행 여부	1. 직전 점검 시 학교급식 법령 준수사항 항목 중 지적된 사항을 개선하였는지 여부	• 학교급식법령을 위반하여 시정 명령을 받은 이후 시정조치 확인 점검 시까지 정당한 사유 없이 이행하지 않음(1개 항목당 감점 10점) ※ 관계교직원은 관할 교육청 징계위원회에 징계 요구
	2. 직전 점검 시 지도 · 권장 사항 항목 중 지적된 사항을 개선하였는지 여부	• 현장지도를 받은 이후 확인평가 시까지 정당한 사유 없이 이행하지 않음(1개 항목당 감점 5점) ※ 시설개선 등 예산이 많이 소요되어 교육청과 협의를 거쳐 개선 계획을 수립한 경우는 제외 ※ 문서로 시정조치 지시(통보)
	3. 직전 점검 시 지도 · 권장 사항 항목 중 지적된 사항을 개선하지 않아 문서로 시정조치를 받은 이후에 개선하였는지 여부	• 현장지도 사항에 대한 확인평가 시 이행하지 않아 문서로 통보받았음에도 정당한 사유 없이 이행하지 않음(1개 항목당 감점 10점) ※ 시설개선 등 예산이 많이 소요되어 교육청과 협의를 거쳐 개선 계획을 수립한 경우는 제외
	4. 식품위생관계법령 위반으로 과태료 등 행정처분을 받았는지 여부	• 학교급식 관련 식품위생법, 산업안전보건법 등 관계법령을 위반하여 관할청으로부터 과태료 등 행정처분을 받음(감점 10점) ※ 지난번 점검 이후의 내역 반영
	5. 학교급식 식중독이 발생하였는지 여부	• 방역당국의 역학조사 결과 식중독 발생원인이 학교인 경우(감점 10점) ※ 지난번 점검 이후의 내역 반영

부록 11. 급식소 조리공정흐름도의 예

1. 설렁탕의 조리공정흐름도

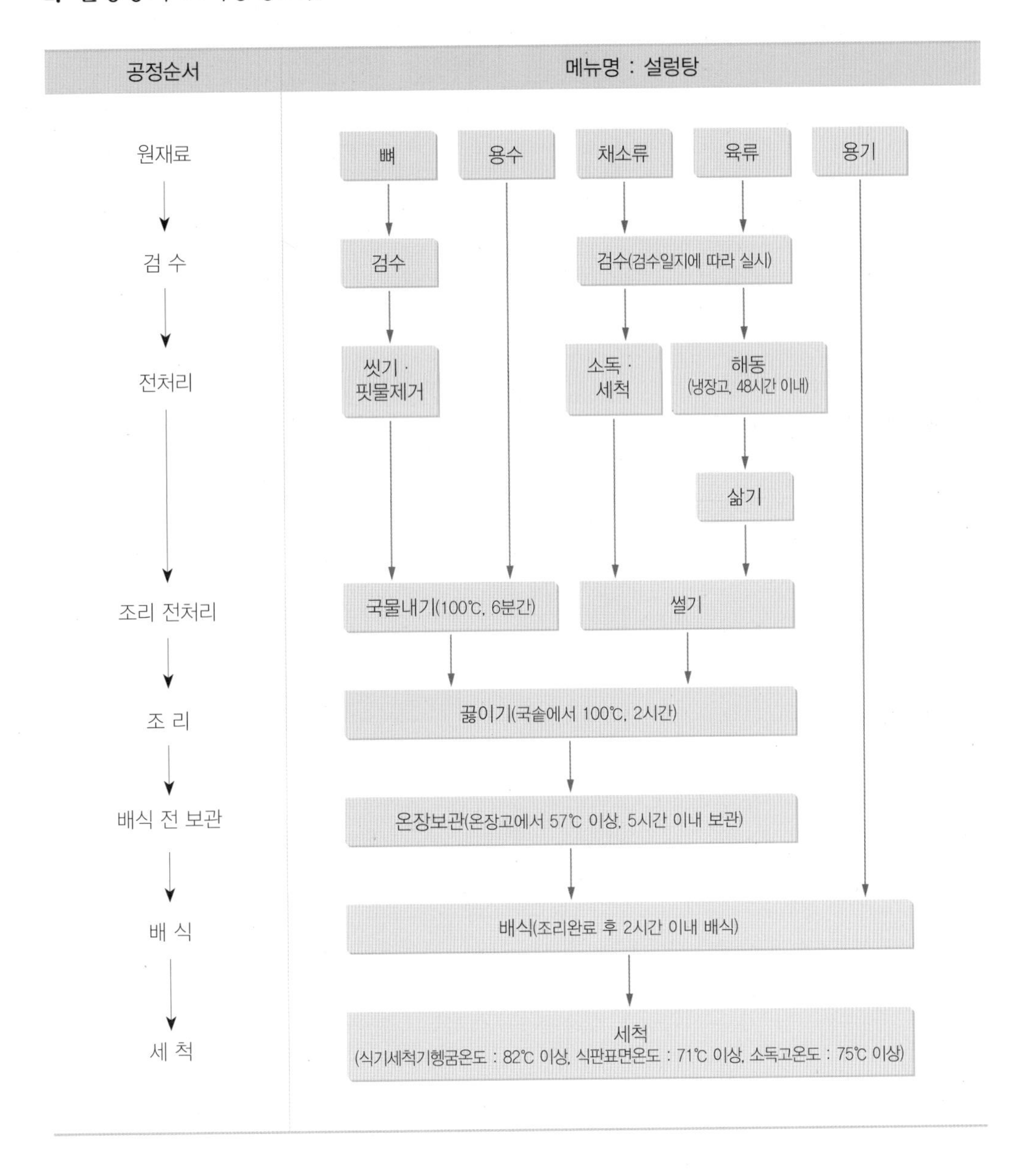

2. 불고기의 조리공정흐름도

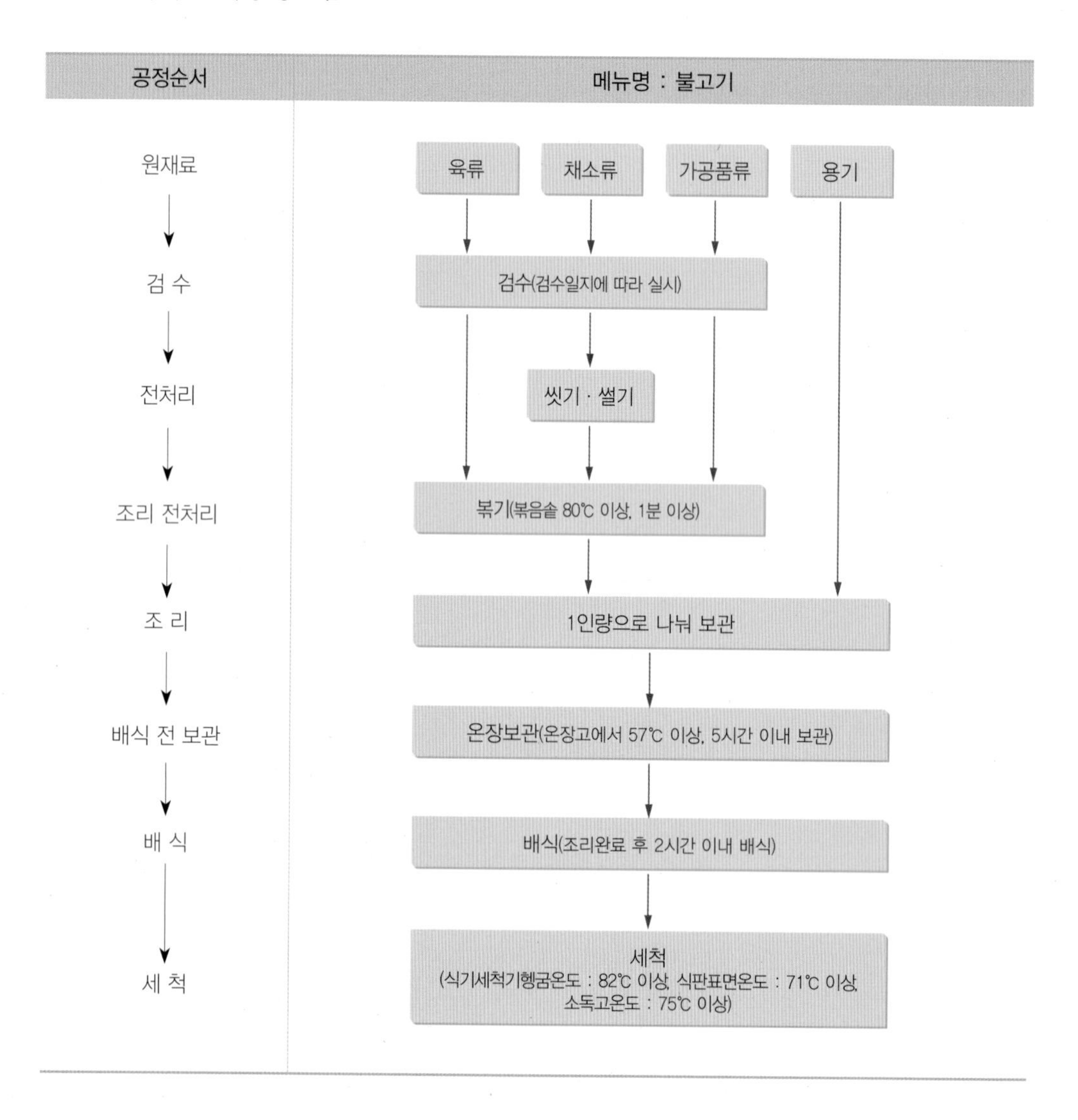

3. 오징어숙회의 조리공정흐름도

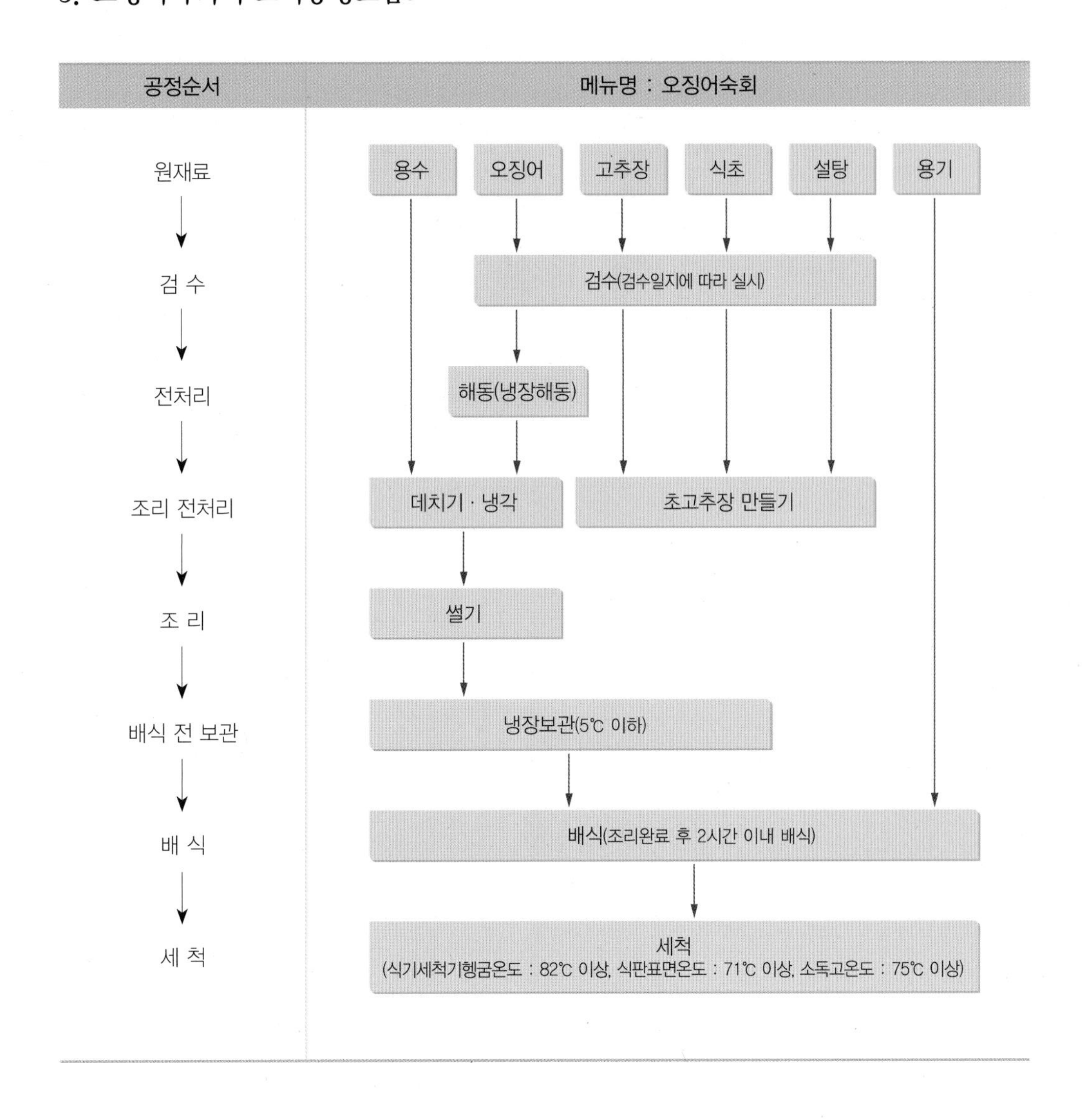

4. 도라지오이생채의 조리공정흐름도

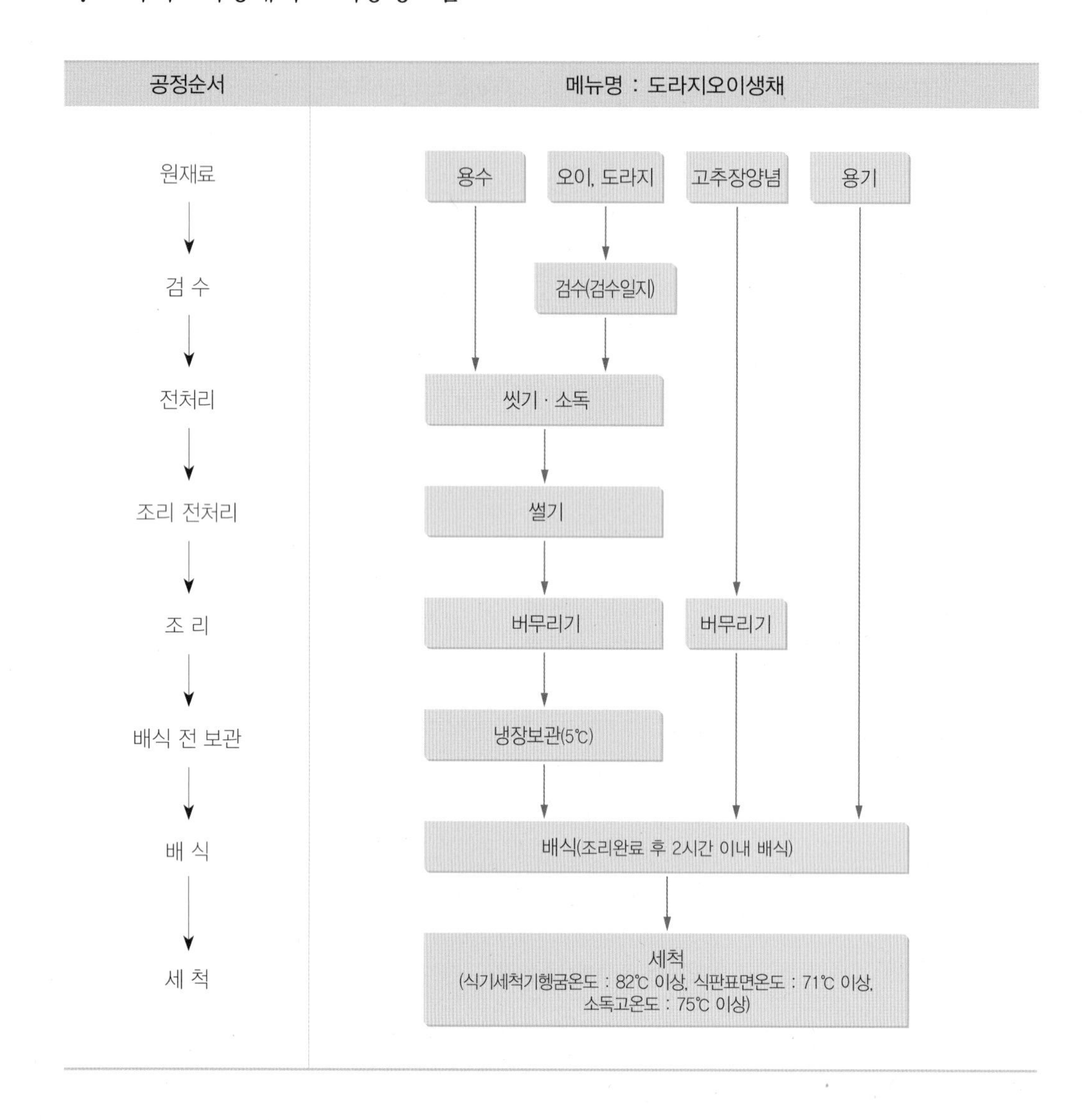

5. 스파게티의 조리공정흐름도

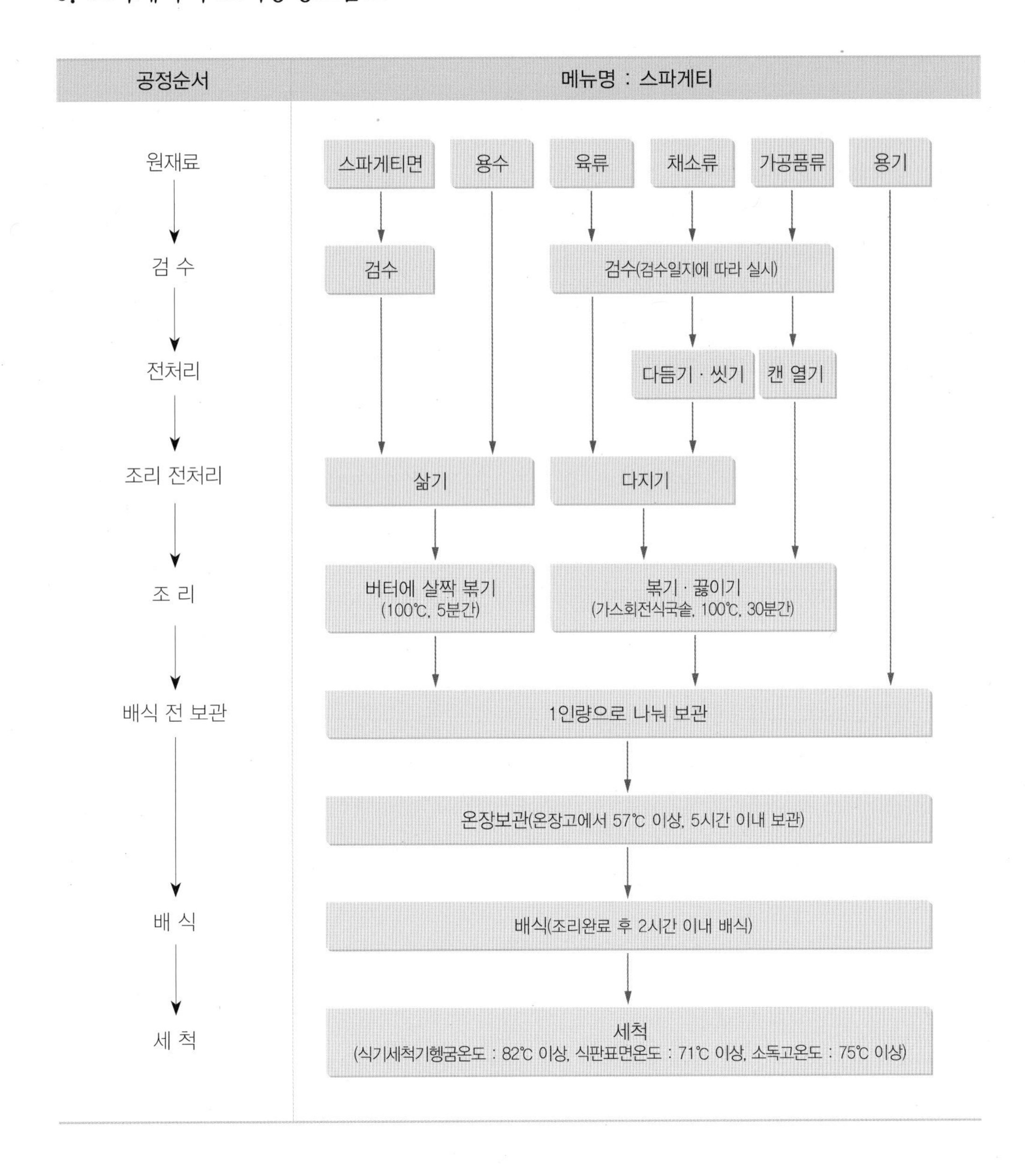

참고문헌

강영재(2003). HACCP 실무. 경상북도 학교급식위생전문과정 교육자료집. p.135-136.

강희진(2003). 학교급식에서의 HACCP시스템 적용에 따른 시설·설비. 학교급식위생관리학회 춘계 학술대회자료집. p.57.

교육부(2010). 학교급식 위생관리 지침서. 제3차 개정판. http://www.moe.go.kr.

교육부(2016). 학교급식 위생관리 지침서. 제4차 개정판. http://www.moe.go.kr.

교육부(2021). 학교급식 위생관리 지침서. 제5차 개정판. http://www.moe.go.kr.

권훈정, 김정원, 유화춘, 정현정(2011). 식품위생학. 개정판. 교문사.

김낙경(2001). 단체급식과 외식업체에서 어떻게 위생을 관리할 것인가?. 식품과학과 산업 34:4-8.

김미경(2004). 학교급식 운영의 실제. 경상북도 학교급식위생전문과정 교육자료집. p.106-107.

김영찬(2012). 국내 HACCP 적용 현황 및 효과. 식품안전의 날 기념 학술세미나 자료집. p.10-35.

김종수(2011). 지구온난화대비 식중독 예방 관리. http://www.foodnara.go.kr/foodnara/

김지해(2011). HACCP 시스템 구축 및 적용사례. 대학생 HACCP 아카데미 자료집.

김지해(2012). HACCP 지정 집단급식소의 운영 현황 및 관리방안. 식품안전의 날 기념 학술세미나 자료집. p.39-58.

노건우(2011). 외식업계 HACCP 적용 준비 현황 및 계획. 2011년도 HACCP 기술세미나 자료집.

노민정(2004). 가공식품 위해요소의 평가. 한국급식위생관리학회 춘계학술대회 자료집. p.43-58.

노병의(1997). 외국의 학교급식의 관리현황–미국의 학교급식위생을 중심으로. 한국식품안전성학회지 12:261-266.

노우섭(2001). 정량적 위해평가를 통한 가공유, 분유, 아이스크림 위해관리시스템 모델 개발. 한국보건산업진흥원.

대한급식신문(2011). CJ, 숫자로 보여주는 손씻기 위생점검. 2011년 5월 16일 자.

박해정, 배현주(2006). 대학급식소 고객의 손 위생에 대한 미생물학적 위해 평가. 한국식품영양과학회지 35(7):940-944.

박희경(2003). 바이러스성 식중독의 대비를 위한 급식현장에서의 대처 방안. 한국급식위생관리학회 추계 학술 심포지엄 자료집.

법제처(2023). 먹는 물 수질기준 및 검사 등에 관한 규칙. http://www.moleg.go.kr.

법제처(2023). 식품위생법, 식품위생법 시행령, 식품위생법 시행규칙. http://www.moleg.go.kr.

배현주(2002). 단체급식소의 위생관리실태와 HACCP 제도 도입에 따른 개선효과. 숙명여자대학교 박사학위논문.

배현주(2003). 식품위생의 범위와 정의. 경상북도 학교급식위생전문과정 교육자료집. p.83-91.

배현주(2004). 급식소 위생관리 및 위생교육. 경상북도 학교급식위생전문과정 교육자료집. p.25-34.

배현주(2005). 급식소 HACCP 관리항목에 대한 영양사의 중요성 인지도 평가. 대한영양사협회학술지 11(1):105-113.
배현주(2007). 개인위생관리와 위생교육. 경상북도 학교급식위생전문과정 교육자료집.
배현주(2008). 식중독 예방을 위한 집단급식소에서의 조리단계별 효과적인 관리방안. 영양사 식품위생교육자료집. p.115-130.
배현주(2012). 학교급식소 조리종사원 위생교육. 국민영양 7·8월호.
배현주, 박해정(2007). 즉석섭취 샌드위치류의 황색포도상구균에 대한 위해분석. 한국식품영양과학회지 36(7):938-943.
배현주, 박해정(2011). 시판 즉석섭취 샌드위치류의 미생물학적 위해분석과 HACCP 적용 후 품질개선 효과. 한국식품조리과학회지 27(4):55-65.
배현주, 이혜연(2012). 급식소 위생관리방안에 대한 급식소 관리자의 중요도 평가. 대한지역사회영양학회 15(2):266-274.
배현주, 전은경, 이혜연(2008). 급식시설설비 위생관리에 대한 중요도-수행도 분석. 한국식품조리과학회지 24(3):325-332.
배현주, 전희정(2003). 급식소 조리기구 및 작업환경에 대한 미생물학적 위해분석과 HACCP 적용 후 개선효과. 한국식품조리과학회지 19(2):231-240.
식품공전(2023). 식품접객업소(집단급식소 포함)의 조리식품 등에 대한 기준 및 규격. https://various.foodsafetykorea.go.kr/fsd/#/ext/Document/FC.
식품산업통계정보(2023). 외식산업통계. http://www.atfis.or.kr.
식품안전나라(2012). 방사선 조사. http://www.foodsafetykorea.go.kr.
식품의약품안전처 식중독 예방 홍보 사이트(2016). 식중독 발생통계. http://www.mfds.go.kr.
식품의약품안전처 식중독 예방 홍보 사이트(2016). 식중독 이해. http://www.mfds.go.kr.
식품의약품안전처(2015). 소비자 및 식품접객업소 수산물 위생관리 매뉴얼. http://www.mfds.go.kr.
식품의약품안전처(2019). 법령정보. http://www.mfds.go.kr.
식품의약품안전처·한국식품안전관리인증원(2016). 평가 사례로 풀어보는 HACCP 운영 개선집. http://www.haccp.or.kr.
식품의약품안전처 식중독예방 대국민 홍보사이트(2011). 미국산 멜론 식중독 주의. http://www.mfds.go.kr.
식품의약품안전처(2008). 안전한 수산물 취급 위생관리. http://www.mfds.go.kr.
식품의약품안전처(2009). 기후변화에 따른 식중독 발생 영향 분석 및 관리 체계 연구. http://www.mfds.go.kr.
식품의약품안전처(2010). 곤충독소단백질 확인시험법. http://www.mfds.go.kr.
식품의약품안전처(2023). 식품공전. http://www.mfds.go.kr.
심우창(2011). HACCP 7원칙 Ⅰ, Ⅱ. 2011년 HACCP Academy 교육 자료집.
우건조, 이동하, 박종석, 강윤숙, 김창민(2002). 식중독 예방과 식품안전관리 방안. 식품산업과 영양. 7(1):17-21.

월간식당(2011). 외식업계 여름준비. 월간식당 7월호.
유하민(2011). 신선편의점식품의 HACCP 적용 사례. HACCP 기술세미나 자료집.
윤보람(2011). HACCP 7원칙 III. 2011년 HACCP Academy 교육 자료집.
윤지영(2003). 학교급식 선진 운영방안. 경상북도 학교급식위생전문과정 교육자료집. p.203-212.
이복희, 허경숙, 김인호(2004). HACCP 적용을 위한 피자 전문 레스토랑의 위생관리기준 설정-피자 생산을 중심으로. 한국식품과학회지 36(1):174-182.
이순형, 채종일, 홍성태(1996). 기생충학 개요. 고려의학.
이진향, 배현주(2010). HACCP을 적용하여 생산한 김밥의 유통기한 설정. 한국식품조리과학회지 27(2):61-71.
이진향, 배현주(2011). HACCP을 적용한 김밥의 유통기한 설정. 한국식품조리과학회 27(2):61-71.
이혜란(2001). HACCP 관리법 교육과 사례연구 워크숍 자료집. 서울대학교 생활과학연구소.
이혜연(2011). 선행요건프로그램 해설. 대학생 HACCP 아카데미 자료집.
이혜연(2013). 학교급식소 적용 HACCP의 적합성 검증 및 급식품질 개선방안. 대구대학교 박사학위논문.
이혜연, 배현주(2016). HACCP 적용 학교 급식소의 조리종사자 대상 위생교육 프로그램 개발. 대한지역사회영양학회지 21(1):84-92.
이혜연, 장혜원, 배현주(2011). 학교급식소 조리원 담당 위생관리항목에 대한 중요도-수행도 분석. 한국식품조리과학회지 27(1):21-31.
장혜원, 배현주(2010). HACCP 적용 학교 급식소 조리원의 위생지식과 위생관리 수행도 분석. 한국식품조리과학회지 26(6):781-790.
전은경, 배현주(2009). 일부 경북지역 학교 급식시설·설비 위생관리 수행도 평가. 한국식품조리과학회지 25(1):62-73.
전희정, 주나미, 백재은, 배현주, 정현아(2023). 단체급식관리. 4판. 파워북.
조민규(2011). HACCP 사전 5단계. 2011년 HACCP Academy 교육자료집.
조현옥, 배현주(2016). 위생교육 실시에 따른 조리종사원의 손위생 개선 효과. 한국식품영양과학회지 45(2):284-292.
지영미(2003). 최근 발생하는 바이러스성 식중독 특성과 역학 조사를 통한 예방 대책. 한국식품위생관리학회 추계 학술심포지엄 자료집. p.9-25.
질병관리청(2011). 부산 금정구 소재 한 음식점의 달걀말이에서 발생한 살모넬라 감염증 집단발생. http://www.kdca.go.kr.
질병관리청(2011). 서울 성북구 소재 한 학교의 캠필로박터 제주니 감염증 집단발생. http://www.kdca.go.kr.
천병렬(2004). 식중독 예방의 원리 및 대책. 경상북도 학교급식위생전문과정 교육자료집. p.40-51.
최숙희(2003). 학교급식에서 관리자 및 조리종사원의 효과적인 위생교육 방안. 한국급식위생관리학회 추계 심포지엄 자료집.
최용훈(2011). 2012년 HACCP 정책 방향. 2011년도 HACCP 기술세미나 자료집.

한국도로공사(2019). 휴게소 정보. http://www.ex.co.kr.
한국보건산업진흥원(2000). HACCP 전문과정 연수교재.
한국보건산업진흥원(2005). HACCP 팀장과정 연수교재.
한국식품안전관리인증원(2013). 식품접객업 HACCP 관리. http://www.haccp.or.kr.
한국식품안전관리인증원(2015). 집단급식소 HACCP 관리기준서. http://www.haccp.or.kr.
한국식품안전관리인증원(2016). HACCP 소개. http://www.haccp.or.kr.
한국식품안전관리인증원(2016). 고속도로 휴게소 HACCP관리. http://www.haccp.or.kr.
한국식품안전관리인증원(2016). 공감해썹 12월호. http://www.haccp.or.kr.
한국식품안전관리인증원(2016). 제2회 기술세미나 자료. http://www.haccp.or.kr.
한국식품안전관리인증원(2018). 알기 쉬운 HACCP 관리. 개정판. http://www.haccp.or.kr.
한국식품안전관리인증원(2022). 2022년 식품원료별 위해요소 분석 정보집.
한국식품안전관리인증원(2023). 식품 및 축산물 안전관리인증기준 고시. http://www.haccp.or.kr.
한국식품안전관리인증원(2023). 인증업체현황. http://www.haccp.or.kr.
한국식품안전관리인증원(2023). HACCP 2022 연차보고서.
한국표준협회(2023). ISO 9001, ISO 14001과 ISO 45001 인증제도. http://ksa.or.kr/ksa_kr/6624/subview.do.
홍완수, 윤지영(2003). 중·고등학교 급식종사자들의 위생관련 업무 수행도 분석. 한국식품조리과학회지 19(4):403-412.
홍완수, 윤지영, 최은희, 이경은, 배현주(2023). 알기 쉬운 외식위생관리와 HACCP. 3판. 백산출판사.
ISO 인증센터(2003). ISO 22000의 개요. http://www.iso-center.co.kr/iso/iso22000_product.php.

Bucklew JJ., Schaffner DW., Sorberg M.(1995). Surface sanitation and microbiologicla food quality of a university foodservice operation. J Foodservice systems 9:25-29.
Internatinal Flight Services Association(2016). World Food Safety Guidelines for Airline Catering. http://www.ifsanet.com/?page=World_Guidelines.
Longree K., Armbruster G.(1996). Quantity Food Sanitation. 5th ed. John Wiley & Sons. New York.
National Restaurant Association(2012). ServSafe Coursebook. 6th ed. Chicago & Sons. New York.
Oxoid(2007). 식품매개성 병원균들. Oxoid 교육자료집.
Shanklin CW.(2003). Industry, government, and academia coopertation to improve food safety in the foodservice in the United States. 한국급식위생관리학회 춘계학술심포지엄 proceeding. p.7-32.

Smith K.(2000). An evaluation of food safety training using videotaped instruction. Foodservice Research 12:41-50.

Solberg M., Buckalew JJ., Chen CM., Schaffner DW., O' neill K., Mcdowell J., Post LS., Boderck M.(1990). Microbiological safety assurance system for foodservice facilities. J Food Tech. 44(12):68-73.

U.S., Food and Drug Administration(2009). Food Code 2009. http://www.fda.gov.

Walker E., Pritchard C., Forsythe S.(2003). Food handlers' hygiene knowledge in small food business. Food Control 14:339-343.

찾아보기